U0324603

城乡建设发展系列

生态宜居视角下工程堆积体土壤侵蚀与防治研究

程 磊◎著

STUDY ON SOIL EROSION AND PREVENTION OF ENGINEERING
SPOIL HEAPS FROM THE PERSPECTIVE OF ECOLOGICAL LIVABILITY

中国经济出版社
CHINA ECONOMIC PUBLISHING HOUSE
北 京

图书在版编目（CIP）数据

生态宜居视角下工程堆积体土壤侵蚀与防治研究／
程磊著 .--北京：中国经济出版社，2022.12
ISBN 978-7-5136-7025-8

Ⅰ.①生… Ⅱ.①程… Ⅲ.①建筑工程-土壤侵蚀-
防治 Ⅳ.①S157.9

中国版本图书馆 CIP 数据核字（2022）第 254849 号

策划编辑　叶亲忠
责任编辑　罗　茜
责任印制　马小宾
封面设计　华子设计

出版发行　中国经济出版社
印 刷 者　河北宝昌佳彩印刷有限公司
经 销 者　各地新华书店
开　　本　710mm×1000mm　1/16
印　　张　19.25
字　　数　325 千字
版　　次　2022 年 12 月第 1 版
印　　次　2022 年 12 月第 1 次
定　　价　88.00 元
广告经营许可证　京西工商广字第 8179 号

中国经济出版社 网址 www.economyph.com 社址 北京市东城区安定门外大街 58 号 邮编 100011
本版图书如存在印装质量问题，请与本社销售中心联系调换（联系电话：010-57512564）

前 言
PREFACE

　　工程堆积体土壤侵蚀是现代侵蚀的主要类型，受侵蚀下垫面通常包括扰动地表、工程开挖面、堆积体三个方面，这些土壤侵蚀正逐渐破坏着人们宜居的生态环境。生态宜居讲求人与自然和谐共处，包含适宜居住的生态环境和地质环境。运用植物固土护坡、防治工程堆积体土壤侵蚀是生态宜居理念的生动体现。本书以宜阳县（以下简称研究区）的工程堆积体土壤侵蚀为调查对象，分析土壤侵蚀特征，评价土壤侵蚀风险，总结土壤侵蚀规律；研究植物固土护坡特征、机理，推导植物根系固土计算模型，提出运用植物防治工程堆积体土壤侵蚀的技术方法，具有重要的理论意义和现实意义。本书编写有如下三个特色。

　　（1）基础性和先进性相结合。植物根系固土的植物学理论及力学理论、地理地质环境与社会经济生态系统特征、土壤侵蚀的风险评价与生态宜居理论及政策是分析工程堆积体土壤侵蚀问题的基础；总结植物固土护坡规律、推导根系固土计算模型是提出工程堆积体土壤侵蚀防治技术方法的理论基础；将生态宜居理念和工程问题解决相结合、人文科学与自然科学相结合，具有一定的先进性。

　　（2）多学科交叉明显。本书涉及生态宜居政策与地理地质环境、生态宜居理论与植物固土机理、地貌重塑与土壤重构、植被重建与景观再现、土壤侵蚀防治技术与堆积体绿化设计等方面。

　　（3）理论与工程案例相结合。本书将生态宜居理论、植物防治土壤侵蚀理论与研究区域堆积体土壤侵蚀案例相结合，梳理研究区土壤侵蚀特征，评价研究区土壤侵蚀风险；结合研究区典型案例，提出了土壤侵蚀防治技术与设计思路。本书获取了狗牙根植物（以下简称"植物"）根系形态分布规律与根系特征参数间的规律表达，发现植物根系密度、根长密度、根体积、根系横截面积比、根表面积指数沿土层深度向下均呈指数函数递减规律，根表面积指数随根系横截面积比的增大呈线性增大。本书通过双环入渗试验与室内土水特征曲线试验，总结出了植物根系特征参数与土体基质吸力间的关系、根系对土体基质吸力的影响深度，提出了适用于含根土体水力特性的函数模型。本书通过原状与重塑含根土样直剪试验，建立了植物根系横截面积比与土体抗剪强度指标间的关系表述，总结出了含水率、根系倾斜角度对含根土抗剪强度指标的作用规律。本书利用试验成果、含根土体水力特性函数模型、根系吸水理论方程，通过推导含根土体力学模型、不同雨强时堆积体孔隙水压力解析解与湿润锋深度解析解，结合堆积体潜在滑移面深度与根系分布深度、根系对土体基质吸力影响深度、湿润锋面深度的相对位置，建立了植物根系固土计算模型。

程　磊

2022 年 7 月于郑州

目　录
CONTENTS

1

绪 论

1.1 研究背景及意义

1.1.1 研究背景

土壤侵蚀是影响社会经济发展的重要因素之一。从广义上讲，社会是土壤侵蚀作用的对象，没有社会也就无所谓土壤侵蚀；反过来，大量的土壤侵蚀又受到社会经济系统与自然环境系统的双重控制。社会与土壤侵蚀构成了一个复杂的反馈系统。无疑，土壤侵蚀造成的人员伤亡、财产损失是其对社会经济的最大危害和影响所在。此外，土壤侵蚀还可能在更大的社会范围内导致超越直接危害以外的社会经济影响，这种影响一旦出现将是巨大且难以计算的，有时甚至是一种无形的间接损失，从而大大加剧土壤侵蚀对社会经济生活的破坏。

党的十八大以来，我国城乡建设快速发展。根据国家统计局数据，截至2021年末，我国城镇常住人口达到91425万人，比2020年末增加1205万人；常住人口城镇化率为64.72%，比2020年末提高0.83个百分点。与城镇化率持续走高相伴生的是城乡建设快速发展、堆积体大量存在，堆积体土壤侵蚀、次生土壤侵蚀及渐变型地质环境问题频发多发，人们生态宜居的家园正在遭受不同程度的影响，新时代的城乡建设、乡村振兴任务正面临地质环境方面的严峻挑战。在全世界都呼吁重视人居环境的今天，人们已经逐渐意识到城乡环境破坏，特别是堆积体土壤侵蚀问题带来的不仅仅是经济利益的损失，更是人们赖以生存的自然生态环境的不断恶化。城乡建设中创造生态宜居的地质环境和优良城镇正引起居民普遍关注。

一方面，城乡生态环境近年来遭受了不同程度的毁坏，开山、填湖、毁林等城乡建设工程是乡村生态遭到破坏的主要原因。虽然我国对生态保护红线的划定已经有了明确规定，但在解决乡村生态方面的问题上执行力度仍然不够，导致堆积体土壤侵蚀问题严重。建材类矿产资源在我国基础设施建设中发挥着重要作用，长期以来大规模和高强度的开发利用，为国家建设和发展做出了巨大贡献。但是，矿产资源开发对环境的影响一直未得到足够重视。矿区内岩质坚硬，因采矿引起的崩塌、落石、泥石流土壤侵蚀等时有发生。尤其雨季土壤侵蚀现象频发，对交通线路的影响巨大。以生态宜居为基础的堆积体土壤侵蚀与防治首先要把堆积体看作自然的一部分，然后利用自然生态使堆积体得到有效治理与可持续发展。城乡生活环境是自然的场所，我们要把堆积体土壤侵蚀的防治与生态宜居融为一体。为了实现对地质环境的保护、复垦损毁的土地，将生态宜居理念融入堆积体土壤侵蚀的防治，是如今城乡建设中堆积体土壤侵蚀防治的关键环节，国内外一直都在对此问题进行不断的探索。

另一方面，生态宜居是乡村振兴战略实施的关键环节，是检验乡村振兴战略是否达标的标准。我们要的乡村振兴不是一个禁锢人类灵性的城镇，我们需要同时将城乡建设和生态环境有机统筹起来，两者虽然目标不同，但统筹兼顾能提高人类生存的质量。宜居性是人类居住环境设计的重要组成部分，虽然城乡宜居性研究已经相对成熟，但对新型城镇化中的宜居性的研究却较少。从近几年的研究成果看，虽然我国在城乡规划建设方面取得了可喜的成绩，居民生态宜居水平也不断提高，但同时也面临着许多挑战，概括起来是：环境脏乱差影响乡村居民生活质量、忽视了城乡地域特色(城乡规划在城乡空间规划中被套用的现象)、缺乏指导性规划、受自然灾害的威胁。上述问题的存在，从不同层面影响着城乡宜居性的进一步改善，我们需要对其进行系统性的研究，探索综合性解决方法。

植物是防治堆积体土壤侵蚀的天然工程师。我国提出"建设美丽中国，加大生态系统保护力度"，将开展国土绿化行动、推进水土流失综合治理、加强堆积体地质环境灾患综合治理等地质环境问题、基础研究列为今后科技发展的重点范畴，将生态脆弱区域生态系统功能的恢复重建、人类活动对地球系统的影响机制、交叉学科和新兴学科建设列为优先主题(王自高，2015)。雨水入渗侵蚀对生态堆积体浅部土体的破坏属于环境问题，而植物护坡是通过植物茎叶与根系涵水固土的原理加固堆积体，同时绿化、亮化堆积体环境的一种新技术，是涉及生态工程、堆积体工程、水土保持工程、景观生态工程等多工程、多学科的综合工程技术（常金源，2015）。该工程技术的理论创新研究是涉及土壤侵蚀防治理论与方法、土力学、植物生态学、材料力学、水土保持理论、数学等多学科交织的基础性研究，按照该科学技术工程规划发展纲要所阐述的精神，加强草本植物根系护坡技术的机理研究，对于促进堆积体浅部稳定和亮化生态环境的发展，以及推动基础研究和相互交织学科的发展具有重要的研究意义和现实意义（丁秀美，2005）。

习近平总书记在黄河流域生态保护和高质量发展座谈会上的讲话中指出：黄河中游水土流失严重是导致流域生态环境脆弱的重要诱因之一，要坚持绿水青山就是金山银山的理念，坚持生态优先，绿色发展。属于黄河中游的伊洛河流域是中原经济区规划的重要构成部分，随着规划的落实，工程建设活动开展得如火如荼，但随之造成大量堆积体，扰动了原有地形地貌和原生植物，形成大量浅部不稳定堆积体，其成分混杂、结构无序，一般无胶结或弱胶结，厚度从几米到几十米，常伴随有简易植物做护坡处理，涵养水源能力差、无生物多样性、降低了堆积体水土保持功能、水质恶化、土壤侵蚀类灾害时有发生，环境负面效应影响很大，成为影响人们生态宜居的重要一环。其中，伊洛河流域宜阳境内的堆积体土壤侵蚀问题尤为突出，渐变型地质环境问题普遍，土壤侵蚀严重，生态环境日渐脆弱。因势利导地将生态宜居理念与堆积体土壤侵蚀防治相结合正成为城乡建设的必要环节，这迫切需要对堆积体土壤侵蚀机理及生态宜居视角下的防治、防护有深入、准确的认识。

综上所述，生态宜居视角下深刻剖析堆积体土壤侵蚀的特征、梳理堆积体土壤侵蚀的形成脉络、总结堆积体土壤侵蚀的规律、研究堆积体土壤侵蚀机理、做堆积体土壤侵蚀风险评价并制定防治方案，正成为人们不断思索的热点问题。开展生态宜居视角下的工程堆积体土壤侵蚀与防治研究正当其时。

1.1.2 研究意义

城乡建设以适宜人类居住的需求为前提，然而目前城乡建设过程中的许多问题并不满足生态宜居的标准，堆积体土壤侵蚀便是其中最突出的问题之一。我国目前的生态宜居城乡建设仍在探索之中，取得了些许成就，也积累了生态宜居的城乡建设经验，可随着新型城镇化的快速推进，人居环境与自然之间的矛盾日益突出，我们应该发挥自己的专业特长，在生态宜居城乡建设这一目标指引下，探索出生态宜居的堆积体土壤侵蚀防治方法，合理地构建城乡与自然环境之间的和谐共存关系。本书是在生态宜居目标下对堆积体土壤侵蚀防治进行探索，期望得出一套适用于实际需要的科学防治方法，以最大限度发挥绿植的功能，使生态宜居性得到最佳体现。新型城镇化中的绿地系统是权衡城乡建设生态环境好坏、居住环境优劣和舒适度的重要因素，堆积体土壤侵蚀防治是绿地系统建设的关键环节。马斯洛的需求层次理论提出，人们基本的生活需求得到满足后，必然会要求有更高品质的绿地空间和环境条件。在当代全球都期盼生态平衡的浪潮中，人们比任何时期都渴望居住环境向着更加回归自然、更加满足可持续发展要求、更加靠近"生态宜居"标准的方向发展。新型城镇化中的堆积体土壤侵蚀防治作为实现这一目标的关键，其合理建设已成为生态宜居城乡建设的重心。但因为我国堆积体土壤侵蚀防治起步较晚，传统的土壤侵蚀防治方法不利于生态宜居，没有切实重视堆积体土壤侵蚀防治应满足的生态、景观和防灾避险等功能，已不能适应建设生态宜居城乡的要求。新时代新形势呼唤着新的理论方法，将生态宜居理论和方法与堆积体土壤侵蚀防治相结合，能为解决这一问题提供新的原动力。

一方面，植物护坡与"绿水青山就是金山银山"理念高度契合，是生态宜居理论的应有之义。生态宜居对城乡生态环境的改善和人民生活水平的提高有着极为重要的作用，可以促进城乡的可持续发展。生态宜居城乡作为居民理想的生活模式，应结合景观生态学、工程地质学、可持续发展等理论，系统、科学地发展，在绿色发展的基础上，促进人与自然和谐共处，保证人们在人居环境上实现真正意义的生态宜居。其中，作为城乡建设发展中一个重要部分的堆积体土壤侵蚀直接或间接影响着城乡的生态环境发展。实施科学、可行、有效的堆积体土壤侵蚀防治方法是改善城乡生态环境的有效途径，是建设生态宜居城乡的有效途径。

另一方面，从常见植被护坡固土的角度对宜阳境内堆积体土壤侵蚀进行分析研究、提出更完善的分析计算方法，理论联系实际具有探索性和实践意义。狗牙根等绿植广泛分布于宜阳境内，在道旁、河岸、村庄周边、荒地、山坡经常可以看到，其茎蔓延生长能力强，生存能力极强，可快速成网成坪，因此常被作为路堤、堆积体等固堤保土的固土护坡绿化植物。在堆积体的浅层稳定性分析中，如何将降雨、土体、根系进行耦合，如何分析根系形态特征参数，如何考虑根系、土体含水率、土体物理力学特性对土体抗剪强度指标的影响，如何考虑降雨入渗深度、堆积体根土体孔隙水压力水头变化、根系对堆积体稳定性的影响，如何提高堆积体稳定性计算模型的实用性与分析问题效率，建立一个既顾及降雨雨强形式又考虑堆积体坡体特征、含根土体各向异性特征的不同雨强时根系固坡计算模型，并获取更高精度的含根土体抗剪强度参数，达到防治堆积体浅层稳定和治理水土流失的目的，是堆积体土壤侵蚀防治研究的重点。根系固土实际上是一种根系形态特征与堆积体浅层土体稳定需求的匹配，不仅要考虑根系对浅层土体强度的影响机理，还要能量化根系的固土能力，便于堆积体土壤侵蚀的科学防治。然而，以往涉及植物根系固土的研究多是从静态角度考虑，土体水致劣化视角下植物根系固土机理的研究还有待进一步完善。此外，植物根系固土是一个复杂的、处理自然地理环境下植物根系与土体的动态变形协调的问题，不论是宏观上的生态工程堆积体浅层的破坏模式，还是微观上根与土的相互作用机理，都涉及变形协调问题，同时根土复合体的各向异性特征使得问题更加复杂。传统的静态弹性非线性方法解决如此复杂的堆积体土壤侵蚀问题较为片面；而基于土工试验及原理，做土体水致劣化效应的根—土相互作用机理分析及根土复合体强度试验数据优化处理的方法，进而构建量化植物根系固土能力的模型，有助于更为全面地解决这一难题。

伊洛河流域是河南省土壤侵蚀发生数量较多、损失程度较大的地区之一，而宜阳县是典型的土壤侵蚀多发区、易发区和重灾区，土壤侵蚀的危害程度已上升为各种自然灾害之首。本书基于对研究区土壤侵蚀资料的综合研究，从研究土壤侵蚀引起的损失和对社会经济影响的大小，分析其对该县的直接和间接社会经济影响，总结研究区域山地土壤侵蚀的特征，在此基础上进一步探讨该县有关防灾减灾的原则和对策，这对研究区城乡社会经济的可持续发展具有十分重要的意义。

因此，本书以生态宜居为视角，以植物（草本植物，以狗牙根为主）根系固土为切入点，将生态宜居与土工原理及试验相结合，开展根系固土强度及机理研究，总结生态宜居的堆积体土壤侵蚀防治目标、思路和评价指标体系，有助于激励生态宜居城乡的建设，为城乡绿地系统及其他各项城乡建设提供参考，对生态宜居的城乡建设具有现实的指导意义，对解决当前城乡开发建设过程中浅层滑坡频发和草本植物根系固土护坡理论落后等问题十分必要，能够为堆积体土壤侵蚀预防和治理提供新的研究思路，为植物护坡建设提供理论支撑，具有重要的理论与现实意义：①有利于揭示草本植物根系与堆积体土体相互作用机理，丰富植物根系固土护坡理论体系；②有助于实现利用植物防护堆积体土壤侵蚀的科学化，拓展堆积体土壤侵蚀防护优化研究的技术方法；③植物防治堆积体土壤侵蚀为生态宜居城乡建设开拓思路，为人类生态宜居城乡的建设贡献力量。

1.2 国内外研究现状

生态宜居视角下堆积体土壤侵蚀与防治研究的国内外研究现状分为三个方面：一是城乡建设中的生态宜居性研究现状；二是堆积体土壤侵蚀研究进展；三是土壤侵蚀防治理论与方法研究现状。

1.2.1 城乡建设中的生态宜居性研究现状

党的十八大以来，习近平总书记围绕生态文明建设提出的一系列新理念、新思想、新战略，成为新时代生态文明建设的根本遵循和行动指南。建设生态宜居的美丽乡村，是贯彻习近平生态文明思想，实施乡村振兴战略、推进美丽中国建设的一项重要内容。这是实现社会主义现代化强国目标的内在要求。党的十九大明确了"建成富强民主文明和谐美丽的社会主义现代化强国"的奋斗目标，把"坚持人与自然和谐共生"这一理念纳入新时代坚持和发展中国特色社会主义的基本方略，进一步明确了建设生态文明、建设美丽中国的总体要求。

推动生态宜居城乡建设，就是要补齐城乡生态环境的短板，为建设美丽中国、实现中华民族永续发展做出积极贡献。生态宜居是坚持以人为本发展理念的具体体现。随着经济社会不断发展，日益严重的环境污染和频繁发生的食品安全事件已成为民生之患、民心之痛。人民群众过去"盼温饱"、现在"盼环保"，过去"求生存"、现在"求生态"，对干净的水源、清新的空气、安全的食品、优美的环境等方面的要求越来越高。良好的生态环境是最公平的公共产品，是最普惠的民生福祉。推动生态宜居城乡建设，就是要充分发挥乡村良好生态环境这个最大优势将经济发展与生态文明建设有机融合起来，为广大人民群众提供更多优质生态产品，努力满足人民对美好生活的向往。

生态宜居是推动城乡面貌整洁，实现"质的提升"的必然选择。经过上一轮的新城乡建设，城乡普遍硬化了道路、安装了路灯、改建了厕所、完善了健身设施等，城乡面貌有了很大的改善，但生态环境仍然存在不少问题，农业生态系统亟待改善。城乡面貌整洁侧重于外表的干净整洁，而生态宜居更加注重人与自然和谐共生，更加强调尊重自然、顺应自然、保护自然，是对城乡面貌整洁"质的提升"。推动生态宜居城乡建设，就是要在为人们提供充足、优质、安全农产品的基础上，还要提供怡静的田园风光、清新的自然环境等生态产品，以及农耕文化、乡情乡愁等精神产品。

建设生态宜居美丽乡村，重要的是对"宜"字有深刻的认识，科学把握美丽城乡建设和经济发展之间的辩证关系，努力实现二者的相互促进、相得益彰，实现自然之美与人文之美、传统之美与现代之美的有机统一。客观确定生态宜居城乡建设的阶段目标。生态宜居城乡建设，不仅要体现在改善乡村生态环境质量上，更要反映在提升广大农民群众对乡村美好生活的满意度上。生态宜居城乡建设目标应和实施乡村振兴战略的总目标相一致，分为两个阶段：第一阶段，城乡人居环境明显改善，美丽宜居城乡建设扎实推进，城乡生态环境明显好转，农业生态服务能力逐步提高；第二阶段，城乡生态环境根本好转，美丽宜居乡村基本实现。笔者将其概括为"清、爽、安、定"四个字。"清"和"安"强调的是农民群众对居住环境最基本的需求，属外在的表现；"爽"和"定"强调的是农民群众对生活质量精神层次的追求，属内在的本质。"清"是环境优美的外在表现。整洁的人居环境、干净的水源和清洁的空气，是建设生态宜居美丽乡村的首要目标。要学好用好浙江"千万工程"经验，深入实施城乡人居环境整治三年行动，重点围绕城乡污水处理、生活垃圾收集处置、城乡厕所改造和城乡面貌提升等关键性内容，加大统筹推进力度，完善各项基础设施，打好实施乡村振兴战略的第一场硬仗，描绘出一幅城乡面貌整洁、山清水秀、环境优美的美丽乡村新画卷。"爽"是环境优美的内在需求。"爽"是一种幸福感，是发自内心深处、油然而生的一种惬意、爽快，是人们在环境清新、绿色生态、鸟语花香的自然状态中，由眼、耳、鼻、舌、身的感知，进而达到神清气爽、内心愉悦。建设生态宜居美丽乡村，既要保持天朗气清的自然环境，又要打造优美怡然的生态环境，让广大农民群众过上幸福美满的生活。"安"是舒适宜居的物质满足。住房安全和食品安全是人类生活与健康的基础，前者是乡村最基本的民生保障，后者是广大人民群众的共同追求。建设生态宜居美丽乡村，亟须加快改善农民群众住房条件，全面加强饮用水水源地保护，大力发展绿色优质农产品，确保农民群众住得安全、吃得放心。"定"是舒适宜居的精神享受。改革开放40余年来，农民的生活条件得到极大改善，现在农民的要求不仅限于有放心的农产品和安全适用的住所等，公平正义、和谐有序的社会环境也已成为人们生活的重要需求。建设生态宜居美丽乡村，不仅要让农民群众有稳定可靠的收入，有配套完善的公共服务，而且要有平安稳定、无忧无虑的生活，不断提升他们的获得感、幸福感、安全感。

关于矿山的生态建设方面，何芳、徐友宁、乔冈等（2010）认为我国矿区的生态恢复工作可分为四个发展阶段：第一阶段，20 世纪 50 年代，通过填埋、刮土、覆土等措施将退化土地改造成可耕种土地；第二阶段，20 世纪 70—80 年代，土地修复开始系统化；第三阶段，20 世纪 90 年代，土地修复中生态修复加强；第四阶段，进入 21 世纪以来，以矿区生态系统健康和环境安全为目标，多技术综合恢复治理。张进德、张德强、田磊（2007）梳理我国矿山地质环境保护与恢复治理的发展进程：2001 年，国家财政投入资金，通过设立矿山地质环境治理工程项目的形式在全国范围内对土壤侵蚀隐患严重与危害巨大、生态环境破坏严重的矿山地质环境治理工程进行引导性资助；2005 年，我国开始立法强制采矿权人对其所有的在矿山开采中产生的环境问题进行治理，并建立了矿山地质环境保证金制度；自 2009 年起，我国将矿山地质环境保护与恢复治理方案编制和矿山土地复垦方案编制作为申请采矿权或采矿权延续、年检的前置条件；自 2010 年开始，我国加大对遗留矿山地质环境治理专项经费投入，先后部署了历史遗留老矿山环境治理项目、资源枯竭型城乡矿山地质环境治理项目和矿山地质环境治理示范工程项目等一系列的治理工程。姜建军、刘建伟、张进德等（2005）认为长期大规模和超强度的矿产资源开发，为国家建设做出贡献的同时，也造成了生态环境的严重破坏甚至生态失衡；随着乡村振兴战略的实施，新型城镇化不断推进，城乡建设步伐加快，资源需求增加与生态环境恶化之间的矛盾日渐突出，生态宜居压力越来越大。

在国外，为塑造生态宜居的生存环境，诸多发达国家十分重视矿山地质环境的治理、恢复、土地复垦。Cullen（1998）提出英国矿山开发之初必须同时提出生态恢复及管理计划，并制定了生态恢复的衡量标准。Neri A. C.（2010）指出，澳大利亚采取崇尚自然、以人为本、恢复原始的闭矿理念，实施边开采边关闭的治理工程，生态恢复包括植被分布及动物栖息地在内的多种设计，并要求环境管理活动贯穿于整个矿山的开采、运营至闭矿的过程。Reid C.（2009）对加拿大、丹麦等国开展露天煤矿开发对生态环境的影响机制与恢复进行了研究，要求解决好环境和安全两方面的问题。Fourie A.（2006）阐释了清洁生产工艺及高新采矿技术对煤矿开发生态保护的作用等，不仅要求恢复土地的使用价值，而且要求恢复生态平衡，保持环境的优美和生态系统的稳定。

1.2.2　堆积体土壤侵蚀研究进展

常见的工程建设堆积体一般来源于矿山开发、表土剥离、硐室开挖、尾矿堆筑等过程，受挖填方施工时段、材料质量、标段划分、运距等诸多因素的影响，各种生产建设项目在施工中很难做到土石方挖填平衡，容易形成大量堆积体，为人为水土流失提供了充足的物质来源。各种堆积体失去了原生土壤的结构且一般具有较陡松散堆积面，是人为水土流失的主要地貌单元。不同的生产建设项目对地表的扰动情况及弃土弃渣的堆置形式存在较大差异，线性工程建设项目多沿施工作业面呈线状堆积，水利水电、城建等项目多呈点状或面状堆积。不同的堆积体由于其物料来源、堆积方式、汇水面积、土壤类型、坡度坡长等条件的不同，其水土流失类型和形式差异较大。

1994 年，国际侵蚀控制学会提出需要解决生产建设项目区的土壤侵蚀问题。美国在 1997 年颁布了《露天采矿管理与复垦法》，是首个为生产建设项目弃土场复垦立法的国家。该法的实施极大地促进了美国等西方国家弃土场水土保持工作的进程，推动了矿区弃土的土壤侵蚀机理、控制及其生态恢复方面的研究。Zhao Z. 等（2013）、Heras 等（2008）、Haigh 和 Gentcheva（2002）、Kalin C.（2002）研究强调了矿区地表的生态恢复以生态系统本身自组织和自调控能力为主、人工调控为辅的手段。高速公路基建场地的水土流失也是国外扰动地表水土流失研究的热点，Macdonald 等（2015）研究表明，道路建设工程形成的大量裸露下垫面会改变原地表径流及地下水等水文要素，进而影响土壤流失。山区高速公路修建在其涵洞或者道路排水沟处侵蚀沟发育的风险增大，Nysse 等（2002）认为道路填方堆积体也极易发生重力侵蚀；Wemple 等（2001）认为高速公路修建形成了一系列环境敏感区，其中堆积体的土壤侵蚀程度和强度最大，加之重力、水力等作用，泥石流、滑坡等突发性侵蚀形式也极易发生。Gardner 和 Gerrard（2003）、Takken 等（2001）认为矿产开采的发展较快，开采过程中由于人为大量扰动，矿区堆积体对漫流、产流、产沙过程会产生直接或间接影响，因此矿区土壤侵蚀是研究焦点所在。20 世纪 60 年代，苏联对矿区排土场的土地复垦技术进行研究。Wolman 和 Schick C.（1967）提出了由于施工和采矿而堆积形成松散物的侵蚀问题。Meyer 等（1971）用径流小区模拟 6 种不同下垫面条件的堆积体，发现裸露下垫面侵蚀最严重，有覆盖措施可明显减少水土流失。Rubio 等（1984）研究了矿区堆积体侵蚀的特性，认为表层风化程度增加、入渗能力下降，侵蚀量会随之减小。

在国内，自 20 世纪 50 年代以来，学者开始关注生产建设活动造成的水土流失，矿山地质环境保护及其土地复垦工作的探索与实践也在快速发展。20 世纪 70 年代，朱显谟院士提出人类需要控制人为加速侵蚀；80 年代，随着采矿业高速发展，矿区的复垦研究被提上日程；90 年代，我国召开生产建设项目土地退化的防治技术研讨会后，我国关于生产建设项目的土壤侵蚀及其防治技术的研究逐渐增多，堆积体土壤侵蚀引起了广泛关注。蔺明华（2008）提出弃土弃渣和人为扰动地表是生产建设项目新增水土流失的主要来源，并详细介绍了其成因、侵蚀过程与机理。随着我国综合国力的提升，快速增长的基础设施建设与生态环境的矛盾日趋凸显。近十年来，国内大批学者对生产建设项目不同类型下垫面水土流失特征进行研究，张翔等（2016）、戎玉博等（2016）、王雪松等（2015）、史东梅等（2015）、张乐涛等（2013）旨在构建有针对性的水土流失测算模型，为准确测算生产建设下垫面土壤侵蚀量、合理控制水土流失提供依据。

生产建设项目区的堆积体的侵蚀类型包括水力侵蚀、重力侵蚀、风蚀和其他特殊侵蚀类型，有着区别于传统农耕地土壤侵蚀的特殊性及严重性。李夷荔（2001）关注到 20 世纪 40 年代生产建设项目造成的水土流失问题。吕佼容（2021）对堆积体类型进行概化研究，确定了 3 种标准堆积体下垫面，分别为散乱锥状堆积、坡顶平台车辆碾压堆积、依坡倾倒堆积。散乱锥状堆积和依坡倾倒中的坡面薄层堆积在后期研究中更名为土方无来水堆积体，而依坡倾倒中的坡沟堆积和坡顶平台车辆碾压堆积更名为土方有来水堆积体。康宏亮等（2016）、王雪松等（2015）、史倩华等（2015）、李建明等（2014）认为堆积体是扰动下垫面物质的集合，粒径大小不一的砾石广泛存在于堆积体中，特别是在土石山区开挖建设的情况下；中砾石含量仅设置在 0~30% 范围内，对于砾石含量超过 40% 的堆积体鲜有研究涉及，且这些研究中所用砾石粒径均小于 5cm，未涉及其他更大粒径的情况。吕佼荣（2021）为了深入了解砾石在堆积体土壤侵蚀中的作用机制，发现加大砾石含量、粒径涵盖范围以及考虑不同粒径混合的影响可扩充对砾石在堆积体水蚀过程中作用机理的认识；同时发现量化含量和粒径两方面特性分别的贡献率对深入了解砾石在堆积体土壤侵蚀中的作用、改进模型中土石质因子取值的科学性也有重要的参考价值。该学者还认为目前已有堆积体土壤侵蚀的研究，均忽视了微地形的影响，堆积体因其结构松散、坡度陡的特征，在侵蚀过程中有比一般山区坡面更剧烈的微地形变化，反过来在微地形演化的过程中，径流的空间分布也随之响应，进而对径流侵蚀力学性质产生影响，反作用于侵蚀产沙过程；因此探究微地形时空变异特征与土壤侵蚀的关系可丰富堆积体土壤侵蚀研究成果，为土壤流失量测算提供新的思路。

堆积体一般以土石混合体的形式存在于各类施工区内，堆积体所含砾石是土壤中粒径大于1cm的块石或者结构体。Cerda(2001)、赵暄等(2012)认为砾石是影响水文和侵蚀过程的关键因子，其影响体现在土壤侵蚀测算模型中的土石质因子中；深入了解砾石对土壤侵蚀的影响，对提高土石质因子取值的科学性和可靠性有重要意义。Nearing 等(2017)、Wang 等(2012)、Cousin 等(2003)、Bunte 和 Poesen(1993)认为，土壤中的砾石一方面保护土壤免受雨滴击溅和径流冲刷的直接影响，另一方面还通过影响土壤的物理性质(如容重、孔隙度、含水量、表土结皮等)、水文过程(如降雨再分配、土壤入渗、径流产生及地表径流的水动力学特性等)间接地对土壤侵蚀发挥作用。

在坡面产流方面，李建明等(2014)和王雪松等(2015)均发现不同砾石含量坡面产流率的变化不显著；戎玉博等(2018)的研究结果显示坡面径流率随着砾石含量的增加而减小；康宏亮等(2016)表明坡面产流率随砾石含量的增加先上升后下降，并在10%处存在阈值。砾石含量在不同试验条件下对堆积体水文过程的影响不同。相应地，在坡面产沙方面，戎玉博等(2018)和李建明等(2014)均发现，砾石含量与黄土区堆积体坡面产沙量呈显著负相关关系；康宏亮等(2016)指出砾石含量对风沙区堆积体侵蚀的影响因雨强而异：当雨强为1mm/min时，砾石会促进坡面产沙；当雨强大于1mm/min时，砾石含量增加有显著的减沙效益。另外，王舌松等(2015)发现砾石含量增加加剧了红土锥状堆积体坡面侵蚀。堆积体侵蚀量随砾石含量的变化并未与产流的变化趋势完全一致，可见砾石对堆积体侵蚀产沙的影响不能一概而论，其影响还需进一步探究。关于砾石粒径对堆积体土壤侵蚀的影响还未有研究涉及。

雨强对堆积体土壤侵蚀的影响。土壤侵蚀影响因素有降雨、土壤性质、微地形、植被覆盖等，其中降雨是土壤侵蚀的主要因素，对土壤侵蚀的影响最显著(Hancock et al.，2008)。雨滴动能随着降雨强度的增加而增加，进而引起径流和侵蚀的增加；Liu 等(2013)、Keim 等(2006)研究指出，产流量、产沙量和径流含沙率都随着降雨强度增加而增大；Wen 等(2015)、Berger 等(2010)指出降雨强度也会影响入渗；Shigaki 等(2007)指出，随着降雨强度增加，土壤结皮发育更盛导致入渗率降低。Liu 等(2015)研究发现，堆积体土壤侵蚀的各项量化指标均与降雨强度相关。张荣华等(2018)研究发现，堆积体坡面产流开始时间与降雨强度呈负相关关系。当坡面开始产流，产流率一般与降雨强度呈显著的正相关关系；相应地，堆积体土壤侵蚀率也随降雨强度的增加而增大（李建明等，2016；戎玉博等，2016）。除了产流产沙特征，雨强还对坡面稳定性有影响，李叶鑫等（2017）研究发现，土壤容重和土壤稳定性均随降雨强度增加而降低。

降雨条件下生态工程堆积体浅层失稳是堆积体工程中常见的、造成财产损失的重要土壤侵蚀之一。随着经济社会快速发展、基础设施持续完善，基础工程建设和环境保护的矛盾日益突出；在道路、水电、城镇、矿山等工程建设中，大量的原有山地被开发利用，产生了大量的深挖高填工程，损毁了自然地质历史形成的土体的原有结构和其上覆被的植物，形成了大量的堆积体；伴随着后期植物护坡形成的这种堆积体有别于自然堆积体，是一类各向异性、结构无序、无胶结或弱胶结的特殊地质体，其在降雨条件下诱发的深度1~2m浅部滑移现象普遍存在，常被概括为"降雨型浅层滑坡"（韩金明，2011；连继峰，2015）。滑坡、坍塌、泥石流等安全隐患，对土壤侵蚀防护、堆积体浅层失稳治理、水土保持等都产生了极其不利的影响，造成了巨大损失（刘果果，2016）。特别是降雨条件下有坡面植物的非饱和含根系土质堆积体浅层滑移问题，仍是环境岩土界研究的热门问题、难点问题（芦建国，2008）。众多土壤侵蚀事故显示，雨水是影响生态工程堆积体稳定、导致生态工程堆积体滑移的最常见的环境诱发要素，是浅层滑坡最关键的触发因素，因此，对此方面做研究显得尤为必要（马世国，2014）。

岩土体水致劣化效应研究方面。岩土体介质是一种经长时间地质作用而形成的复杂材料，这种复杂材料在地下水渗流及自然风化等诸多因素长期作用下，其强度、弹性模量等物理力学参数会随时间推移明显弱化，即岩土体的动态劣化效应；在漫长的地质历史中，促使岩土体强度劣化的因素较为复杂（倪卫达，2014）。现有研究成果表明，从驱动因素视角可将岩土体动态劣化归结为风化劣化、流变劣化、震动劣化与水致劣化四类；围绕植物根系固土，本书重点关注岩土体的水致劣化。水作为一种地质营力而引起岩土体劣化是导致各类岩土体变形破坏的重要原因。在我国古代即有"水得土而流，土得水而柔"这样对水致劣化作用的朴素认识。根据现代地质相关研究，岩土体在自然界受水的周期性干湿循环作用或长期浸泡时，其力学性能将随其结构的分解而逐步劣化降低，这就是水致劣化效应。目前，已有大量学者围绕干湿循环作用下岩土体动态劣化开展研究。王铁行（2020，2021）做压实黄土的干湿循环试验，建立了压实黄土的结构性本构关系，认为干湿循环对填土的变形影响较大。龚壁卫(2006)针对膨胀土干湿循环过程中的吸力变化和强度变化特征，采用体积压力板仪实现脱湿和吸湿过程，由此制备不同吸力的试样，通过直剪试验测试不同吸力下的抗剪强度，进而研究了干湿循环过程对土体的影响。曹玲(2007)通过对千将坪滑坡滑带土在干湿循环试验条件下与天然非饱和土试验结果的比较，研究了干湿循环条件下滑坡滑带土强度特性及其变形特性，揭示了千将坪滑坡的失稳机制。刘新荣等(2008)对砂岩在干湿循环作用下的力学性质进行研究，得到完整砂岩在干湿循环作用下抗剪强度的衰减规律，并将其运用于库岸堆积体的稳定分析中。姚华彦等(2010)采用常规单轴和三轴压缩试验，研究砂岩的弹性模量、抗压强度、黏聚力和内摩擦角等力学指标随干湿循环次数增加的变化规律。周世良等(2012)采用常规三轴压缩试验，分析泥岩试样在干湿循环条件下抗剪强度参数的劣化规律，并将试验成果运用于库岸堆积体的时变稳定性研究中。在长期饱水作用下，岩土体力学性能劣化规律的研究成果相对较少，周翠英等(2005)、郭富利等(2007)分别通过试验研究了在长期饱水作用下泥岩岩块力学特性的变化规律，结果表明，泥岩的力学强度指标随饱水时间的增长而逐渐降低并趋于定值，呈负指数函数规律衰减。学者围绕岩土体水致劣化开展了大量深入研究，却鲜有考虑植物根系固土水文效应的岩土体水质劣化研究，这一点有待补充。

土壤结构体概念方面。土壤结构体是指土壤颗粒通过各种团聚作用而形成的不同形状、大小的土块和土团，体现着土壤颗粒的一般性质，并且有着自身的综合性质(杨凯，2013)。土壤结构体对土壤入渗、坡面产流产沙具有一定的影响。按照外部形状，土壤结构体一般被归纳为四种基本类型：一是块状结构体和核状结构体，多为立方体，纵、横两轴大致相等，边面不明显，一般较紧实；二是柱状和棱柱状结构体，纵轴大于横轴，多呈直状，棱角不明显的称为柱状，棱角明显的称为棱柱状结构体；三是片状结构体，横轴大于纵轴，呈扁平状；四是团粒结构体，包括团粒结构和微团聚体。团粒结构是指近似球形、疏松多孔的团聚体，是土壤肥力特征之一。堆积体是由弃土弃渣堆积而成，含有大小不一的块状土壤结构体。赵暄等(2012)的野外调查结果显示，块石和土壤结构体重力分选作用明显，在室内进行下垫面仿真设计时，对粒径小于10mm的坡面组成物质可不考虑坡面位置的差异性，堆积体所含结构体可视为直径大于10mm的自然土壤块状结构体。在以往关于堆积体土壤侵蚀的模拟试验中，将土壤结构体等同于砾石处理，在试验时将结构体筛除，使用直径小于 1cm 的细粒土作为堆积物质，并未关注土壤结构体对堆积体侵蚀特征的影响。而在实际情况下，结构体作为固结土块，降雨过程中不免会发生破碎和溃散，其能否等同于砾石且其对堆积体产流产沙的影响仍需探明。

侵蚀下垫面微地形研究进展。表面微地形是在雨滴、表面径流侵蚀和人类耕作活动的作用下形成的表面微形貌的形态特征，它对地表径流和侵蚀过程的影响不可忽视。与大地形相比，微地形是指小范围内起伏不平的表面特征，其相对高度不超过 $5\sim25cm$，也称为"表面粗糙度"（张青峰等，2012）。Hansen 等（1999）认为在坡面侵蚀过程中，泥沙的运输和沉积导致微地形的空间分布发生变化；反过来，微地形伴随着侵蚀过程，还将通过其自身的升高、下降和位置变化而影响径流的产生和流向、径流量的大小，进而影响侵蚀类型变化以及侵蚀量的大小。综上，地表微地形不仅是土壤侵蚀发生的直接结果，也是导致侵蚀进一步发展的原因，是一个综合因素，它能够反映坡面侵蚀动态及各因子相互作用。地面三维激光扫描技术（Terrain Laser Scanner）作为一项新兴的地形测量方法得到了广泛的应用，其利用高速激光测量，可直接从实物进行快速的三维数据采集及模型重构（马立广，2005）。在水土保持领域，越来越多的学者将这种能够快速获取坡面地形数据的高新技术手段应用于土壤侵蚀监测和防治领域的研究，同时推动了土壤侵蚀监测技术朝着更加快速化、高精度化的趋势发展。三维激光扫描技术可快速获取扫描区域大量高程点，建立数字高程模型（Digital Elevation Model）分析地面形态的变化，观测坡面的侵蚀空间分布情况、细沟立体形态、土表微地形等，并可快速计算坡面侵蚀量。地表粗糙度（Soil Surface Roughness）即地表在比降梯度最大方向上凹凸不平的形态和起伏状况，具有空间异质性。地表粗糙度是反映微地形的定量指标。坡面土体在雨滴溅蚀和片蚀共同作用下会形成细小沟道，这些细沟内土壤颗粒为细沟股流所分离和搬运的过程称为细沟侵蚀。坡面细沟的产生标志着坡面主要侵蚀方式的改变，而且坡面水动力学特性及侵蚀动力都将随细沟的产生和发展状况发生本质改变，其搬运力和侵蚀力均远大于雨滴击溅和片状水流所具有的搬运力和侵蚀力。目前细沟侵蚀方面的研究较多关注细沟产生时的临界条件、水沙关系及影响因素、细沟发育过程及形态特征等方面。研究表明，坡面侵蚀形式一旦由面状侵蚀发展为细沟侵蚀，其侵蚀量会成倍或数十倍增长，可占坡面总侵蚀量的 70% 以上。然而，坡面细沟发育和分布在细沟侵蚀过程中表现出很强的随机性，如何准确表达和测量细沟在坡面发育的形态特征以及预测细沟侵蚀量是一大难题。作为坡面土壤侵蚀产物的输送通道，研究堆积体坡面发育过程及其与侵蚀产沙的关系具有重要的科学意义和现实意义。

1.2.3 土壤侵蚀防治理论与方法研究现状

堆积体土壤侵蚀的重要诱发因素之一是降雨，根系固坡机理研究对象涉及雨水、土体、根系，故土壤侵蚀防治理论与方法研究现状从降雨—土体—根系相互作用、含根土体水力学特性、含根土体力学模型谈起，分根系固坡国内研究现状与根系固坡国外研究现状。

根系固坡国内研究现状。降雨是影响有植物覆被堆积体稳定、诱导生态工程堆积体浅部失稳最普遍、最主要的环境诱发因素之一，尤其是浅层滑移最关键的诱发因素之一（蔡瑞卿，2016）；关于降雨触发生态工程堆积体浅层失稳，学者在雨水入渗侵蚀方面做了大量研究（张永杰，2012），发现降雨触发土壤侵蚀是降雨转化为土体水并与土体组成部分发生作用、改变土体物理力学特性、在一定地形地貌条件下发生的土壤侵蚀。土的工程性状与水是密不可分的，同一土体在不同含水率情况下其物理力学性能指标也会差别很大，特别是土体重度与土体基质吸力的改变，这也是降雨触发众多生态工程堆积体浅层土壤侵蚀的主要原因（郭颖，2013）。根据草本根系内部水分运输组织特征，植物根系属维管根系（通过木质部、韧皮部维管束组织运移水分），绝大部分水分是根系中根毛（根尖表皮土的毛状物）从土体中吸收的，以维持植物的碳及营养元素循环、水分平衡、能量平衡。狗牙根等草本植物须根系或直根系作为堆积体浅部土体组成部分，由于其生命活力（呼吸作用、蒸腾作用、光合作用）、根系材料本身的力学强度（抗拉强度）、生长根系形态特征，显著影响着土体物理力学性能，在改善土体强度方面成效显著，增大了堆积体地质体的各向异性（杜振东，2010）。雨水增大土体重度为堆积体植物生长提供水分，土体含蓄水源为堆积体植物生长提供源源不断的物质基础，根系吸收水分可提高堆积体土体基质吸力、改善土体强度（罗清井，2015）。土体水分蒸发量、根系吸水量影响土体吸力的变化（孔令伟，2012），这对于利用植物加固堆积体浅层有重要作用（徐宗恒，2017）；为了测量土体吸力、计算根系吸水量、利用根系吸水量预测土体吸力变化，有必要研究雨水—土体—根系之间的相互作用（毛伶俐，2007）。雨水、土体、根系之间的水分平衡是一个持续的动态系统（单炜，2012），在植物光合作用、呼吸作用、蒸腾作用等动力推动下，土体中部分水分进入大气环流，热气流上升、冷气流下沉形成降水，降雨到达坡面后转化为与堆积体稳定性相关的三类水：地表径流、土体水、地下水。土体水被植物根系吸收又回到植物的光合作用、呼吸作用、蒸腾作用上，由此形成雨水—土体—根系之间的水分动态平衡（戚国庆，2004）；不少岩土领域的学者、工程师对这种雨水、土体、根系的相互作用做了大量研究（宋云，2005），很多生态工程堆积体浅层失稳类土壤侵蚀都是由于雨水入渗改变了土体物理力学状态、正压力水头增加、负压力水头降低所致（吴宏伟，2017）。雨水—土体—根系彼此相互作用形成对植物覆被斜坡稳定性的影响因素，如图1-1所示。

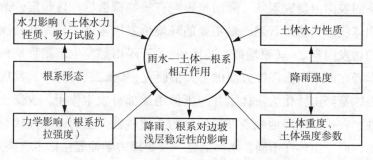

图1-1　雨水—土体—根系彼此作用示意

　　陈晋龙（2015）以某垃圾填埋场生态恢复为例，通过现场试验场地建设、规划监测系统，含水量传感器、土体环境温度传感器、热传输张力计、高量程张力计、2100F张力计、供电系统、传输系统、采集系统布置方案，在自然条件下实地试验、测量了狗牙根覆被土体、香根草覆被土体、无植物覆被土体水分运移规律、土体吸力变化规律，对比、分析了针对狗牙根、香根草覆被的雨水—土体—根系相互作用特征。宋相兵（2014）选取了狗牙根护坡的河堤堆积体做了室外的双环入渗试验、室内的人工模拟降雨试验，分析了狗牙根护坡的坡面集水情况、入渗情况，认为狗牙根覆被的堆积体土体入渗率大于裸坡土体入渗率，原因是狗牙根改变了土体结构，使土体多出了不规则大孔隙，为水分优先流提供了入渗通道；研究了坡度、降雨对堆积体土体孔隙水运移规律的影响。王维早（2017）以王正垮第四纪含角砾、碎石、粉质黏土堆积体滑体为例，运用双环入渗试验研究了特大暴雨诱发平缓浅层滑坡的规律，通过室内试验与原位试验，根据土水特征曲线与饱和水力传导系数，获取了研究样地土体非饱和水力传导系数；通过实测值对Gardner土水曲线、

Van Genuchten 土水曲线、Fredlund-Xing 土水曲线进行了验证，结果认为研究样地不均匀土体组成的滑体存在优势入渗通道、土的饱和渗透系数相差 100 倍的数量级，三种土水曲线函数均能较好地模拟研究样地土体的水力特性。解河海(2011)从水分、土体、根系的角度推导了大孔隙优先流土体的入渗函数模型，用水力学中达西定律模拟基质流区的水流入渗，用运动波方程结合优先流大孔隙的形状参数模拟大孔隙流区的水流流动，用质量守恒方程汇项反映基质中入渗流与大孔隙流之间的水量交换，通过土柱实验结合 TDR 探针模拟、记录土体含水率，结果显示所建立水流耦合入渗模型能够较好地反映土体底部排水出流线及土体含水量随时间的发展变化规律。

降雨对土体物理力学性质的改变，学者们多是从统计学的角度，以降雨强度、降雨持续时间、累计降雨量三项指标为切入点研究降雨型滑坡。降雨型滑坡中的浅层堆积体失稳直接原因是降雨诱发，本质上是土中水对降雨的响应，是非饱和土体中雨水的入渗、渗流，此环节不仅受降雨强度、降雨持续时间、累计降雨量等降雨特征因素影响，还受土体物质组成、根系、结构等因素影响。现有研究多是非饱和均质土体中孔隙水作用机理，常剔除根系对降雨入渗的影响。国内外有学者结合具体的地质体对不同地理区域的降雨强度与降雨持续时间进行统计，总结出了浅层滑坡发生时的降雨强度、降雨持续时间、累计降雨量之间的关系，不同作者得出的有一定适用范围的降雨参数与堆积体浅层滑坡失稳关系表达如表 1-1 所示(表 1-1 中各字母含义：i 表示某次降雨事件的降雨强度值，D 表示某次降雨事件的降雨持续时间，E 表示某次降雨事件的累计降雨量值，h 表示降雨事件小时时间单位)。

表 1-1　降雨参数与浅层滑坡失稳关系表达

序号	灾害类型	$i\text{-}D\text{-}E$ 关系	适用范围	文献来源
1	浅层滑坡	$i=14.82D^{-0.39}$	全球性	Caine N. (1980)
2	浅层滑坡	$E=14.82D^{0.61}$	全球性	Caine N. (1980)
3	浅层滑坡	$i=2603E_{96h}^{-0.933}$	巴西	Tatizana C. (1987)
4	浅层滑坡	$i=0.48+7.2D^{-1.0}$	全球性	Crosta GB. (2001)
5	浅层滑坡	$i=4D^{-0.45}$	温哥华	Jakob M. (2003)
6	浅层滑坡	$i=82.73D^{-1.13}$	西雅图	Baum RL. (2005)
7	浅层滑坡	$i=30.5370D^{-0.6529}$	浙江省乐清市	麻土华(2011)
		$i=34.2421D^{-0.5964}$	浙江省永嘉市	

收集整理发现，针对堆积体浅层失稳的降雨特征指标统计分析有限，且主要集中在 i-D 关系上，浅层滑坡发生时的临界降雨指标是降雨强度和降雨持续时间（彭旭东，2015）。这些基于统计学角度的相互关系是基于区域性的观测结果，具有很强的时空变异性；而实践中经常遇到工程地质环境条件相似的斜坡在同一降雨条件下，有的斜坡失稳、有的稳定存在。对某一斜坡体的失稳，引发滑坡的降雨往往不全是强度最大的一次，或者雨量最大的一次，而是伴随着降雨事件在某一特定的演化阶段、特定时刻发生的突然破坏；如果用常规的极限平衡方法，较难获得理想的解释。

郑重、赵云胜等（2012）结合向家坡堆积体浅层滑坡案例，总结了降雨量与坡体位移之间的关系，运用尖点突变模型研究了该堆积体浅层失稳的破坏机理。许建聪（2005）应用尖点突变模型分析堆积体浅层失稳的机理，对降雨量与坡体位移量的关系拟合与郑重等学者一致。西北农林科技大学的张少妮（2015）从植物生长年限的角度分析了植物对土体雨水入渗过程的影响。巫锡勇（2005）提出经过稳定计算的生态工程堆积体土体多是具备自稳能力的，但曾强（2016）、张家明（2013）认为降雨条件下坡面有径流、坡体有大孔隙优先流，雨水下渗时其自稳能力会显著降低。唐正光（2013）、徐宗恒（2014）、沈水进（2011）、石晓春（2013）、沈辉（2012）就生态工程堆积体客土稳定性、降雨入渗优先流、降雨参数、坡体形态参数、土体参数建立了理论分析模型，认为短时间暴雨主要对渗透系数大、客土薄的生态工程堆积体破坏性更强，长时间小雨主要对渗透系数小、客土厚的生态工程堆积体破坏性更强，提出生态工程堆积体防护应结合降雨条件进行设计。王亮（2006）用试验土槽建立简便易操作的稳定渗流模型研究渗流对堆积体浅层稳定性的影响，监测有渗流、无渗流条件下不同坡度倾斜堆积体变形破坏，结果显示有渗流时倾斜堆积体稳定性受到严重扰动。傅鹤林等（2009）在现场进行人工降雨与开挖模拟实验，研究了雨水入渗、开挖切土情况下堆积体的破坏模式，认为生态工程堆积体浅层破坏是雨水入渗增大了土体孔隙水压力、软化了土体。黄涛（2004）建立固体废弃物堆积体模型，研究三维生态网护坡技术；龙辉（2002）用压力盒测量滑动推力室内渗流试验的方式模拟降雨条件下的堆积体变形破坏；刘世波（2014）研究了在后缘充水、坡面降雨、前缘涨水情况下水量与堆积体变形的关系；李永辉（2017）用累计入渗量评价堆积体稳定性，得出降雨条件下此类堆积体变形经历初始吸水阶段—中期变形增长阶段—降雨后期变形迅速增长阶段—停雨后期变形稳定阶段的破坏规律；豆红强（2015）认为三维网生态护坡中网垫类型、坡体特征、草籽密度影响着雨水入渗侵蚀强弱；李文广（2004）认为入渗量大且快时堆积体更易破坏，提出固体废弃物堆积体坡面植草加浆砌片石处理的护坡措施。

罗先启（2005）建立大型室内生态工程堆积体试验仿真系统，通过人工支配降雨系统设备、多个物理指标量的测验系统、无接触变形量测验系统等先进技术研究生态工程堆积体中雨水—土体—根系相互作用规律；林鸿州（2009）推导低含水率时引发的土体拉裂，大、高含水率诱发的部分或整个坡体破坏，认为降雨诱发堆积体失稳可能是小含水量引起的拉裂破坏转化为大含水量诱发的整体破坏。根据赵娇娜（2012）、张少妮（2015）对非饱和堆积体土体水力学特性的研究成果，非饱和土水力传导系数及含水率与堆积体土体吸力成反比；非饱和土总吸力 s_T、非饱和土体渗透系数 $k(s)$ 可表示为式（1-1）。式（1-1）表明土体总吸力由土体 s 与根系渗透吸力两部分组成，植物蒸腾作用是非饱和土体基质吸力的重要组成部分。

$$\begin{cases} s_T = -\dfrac{RT}{\upsilon_{W0}\omega_V}\ln\left(\dfrac{u_V}{u_{V0}}\right) = -\dfrac{RT}{\upsilon_{W0}\omega_V}\left[\ln\left(\dfrac{u_V}{u_{V1}}\right) + \ln\left(\dfrac{u_{V1}}{u_{V0}}\right)\right] \\[4mm] k(s) = k_s\left[\dfrac{\displaystyle\int_{\ln s}^{b}\dfrac{\theta(e^y) - e(s)}{e^y}\theta'(e^y)d_y}{\displaystyle\int_{\ln s_{ave}}^{b}\dfrac{\theta(e^y) - \theta_s}{e^y}\theta'(e^y)d_y}\right] \end{cases} \tag{1-1}$$

式（1-1）中，R 为气体常数，T 为温度，υ_{W0} 为水的密度的倒数，ω_V 为水的摩尔质量，u_V 为堆积体土体中水头弯液面土方的部分蒸气压力值（张久龙，2012），u_{V1} 为同一堆积体土体中水头在较大容器中液面土方的部分蒸气压力值，u_{V0} 为环境温度相同时纯水水面土方饱和蒸气压力值，s 为土体基质吸力，$b = \ln(10^6)$，k_s 为饱和渗透系数，y 为关于吸力积分的虚拟变量，θ' 为 θ 的导数。

很多试验结果表明，植物影响着土体持水能力、渗透系数、基质吸力（张伟伟，2017），植物根系既可有效降低土体入渗速率，又能提高土体持水能力（李家春，2004）。堆积体土体持水能力是做稳定性评价时要重点分析考虑的特性（高朝侠，2014）。在研究样地植物堆积体稳定性评价分析中，考虑植物根系对堆积体土体持水能力影响的含根土体持水能力曲线模型，帮助分析降雨事件整个过程中植物堆积体土体基质吸力变化，进而更合理地分析植物根系加固堆积体作用机理（盛丰，2015）。根据吴宏伟（2017）提出的用根系体积比(R_v)表达的含根土体孔隙比概念(植物根系占据土体孔隙孔体积的概念),结合土体三相组成草图,含根土的孔隙比 e_r 可以表示为式(1-2);土水特征曲线表征的是含水率与基质吸力关系的函数模型,为了模拟含根系土体的持水能力,在已知研究样地素土试样土水特征曲线、植物根系体积比 R_v 的基础上,引入 Gallipoli D. 等(2003)提出的用含根土体孔隙比 e_r 表达的土水特征函数模型如式(1-3)所示;结合含根土的含水率、孔隙率、饱和度三项比例指标换算关系对式(1-3)做进一步调整如式(1-4)所示,应用式(1-4)拟合研究样地植物堆积体土体的持水能力曲线,进而更科学地分析植物堆积体的稳定性。

$$e_r = \frac{e_0 - R_V(1+e_0)}{1 + R_V(1+e_0)} \tag{1-2}$$

$$S_r = \left[1 + \left(\frac{s_g e_r^{m_4}}{m_3} \right)^{m_2} \right]^{-m_1} \tag{1-3}$$

$$\frac{\theta_w}{n} = \left[1 + \left(\frac{s_g e_r^{m_4}}{m_3} \right)^{m_2} \right]^{-m_1} \tag{1-4}$$

式(1-2)、式(1-3)、式(1-4)中,e_r 为含根系土孔隙比;e_0 为素土孔隙比;R_V 为根系体积比;S_r 为土体饱和度(%);θ_w 为降雨入渗情况下传导区土体体积含水率(%);n 为孔隙率(%);s_g 为含根土体吸力(kPa);m_1、m_2、m_3、m_4 是无量纲参数,m_1、m_2 控制着含根系土体持水能力曲线的基本形状且 $m_2>1$,m_3、m_4 与进气值相关。

赵冰琴(2017)做裸坡素土试样水力特性试验,翟文光(2016)用改进的 Gardner 非饱和土体土水特征模型拟合试验数据。在此基础上,结合 Gallipoli D. 等(2003)提出的含根土体孔隙比 e_r 表达的土水特征曲线模型拟合植物含根土体水力特性试验数据;与素土试样做对比,分析植物根系对堆积体土体水力特性的影响,并获取相应参数(毕港,2012)。土体压实度与根系生长阻力成正比,与土体持水能力、渗透系数成反比,影响着植物的生长与土体吸力变化;找到既能有利于植物生长,又能满足工程需要的最优压实度对增强堆积体浅层稳定、控制雨水入渗侵蚀有重要意义(吴宏伟,2017)。李宁(2012)认为 GA 模型用于有积水的入渗情况,ML 模型则更好地反映了降雨过程中有积水的入渗情况,但未考虑雨强小于堆积体土体饱和水力传导系数时的情况,或由于堆积体坡度坡面无积水的情况。

除模型、理论、试验研究外,采用何种监测技术研究土体水力学特性也较为关键(郑志均,2014)。王华(2010)选取残积土堆积的堆积体或河堤或实验场地堆积体为研究对象,埋设各类监测传感器。左自波(2013)现场或室内监测孔隙水压力、含水率数据变化,研究含根土体水力学特性。朱小利(2009)认为高强度降雨产生冲蚀破坏、低强度降雨产生滑坡,存在门槛集聚降雨量,其提出用集聚降雨量评估土壤侵蚀等级及进行灾害预报;王福恒(2009)做了室内人工降雨装置和土工模型,用钢尺测量堆积体模型裸露侧面湿润锋锋面位置,用高精度土体水分测定仪测量含水率,发现入渗率和压实度成反比、与降雨强度关系不大,湿润锋锋面随降雨持续向下阶梯状延伸发展。李焕强(2009)对不同地形地貌形态堆积体模型进行试验,用光纤设备、传感技术获取含水率变化,得出降雨对小坡角堆积体水力特性影响大、对变形影响小,降雨对大坡角堆积体水力特性影响小、对变形影响大的结论。这些新的监测技术、室内试验模型更有利于深入研究降雨诱发生态工程堆积体浅层破坏机理。根据先前学者(侯龙,2012)对非饱和土体力学模型的研究成果,基质吸力既可增强土体抗剪强度,又可提高土体剪胀性,冯国建(2015)认为堆积体土体自身抗剪强度的增强能有效控制降雨水力侵蚀,增强堆积体自身稳定性。考虑土体基质吸力的非饱和无根土抗剪强度可表达为式(1-5):

$$\tau_f = c' + (\sigma_n - u_a)\tan\varphi' + (u_a - u_W)\left[(\tan\varphi')\left(\frac{\theta - \theta_r}{\theta_s - \theta_r}\right)\right] \tag{1-5}$$

式(1-5)中,c'为土体有效黏聚力部分,$(\sigma_n - u_a)$为土体有效法向应力部分,θ为自然状态下土体体积含水率,$(u_a - u_W)$为土体基质吸力部分,θ_s为饱和体积含水率,φ'为土体有效内摩擦角,θ_r为残存体积含水率。

周云艳等(2010)将草本植物根系形态分为3类:主直根型、散生根型、水平根型。散生根型以根茎为中心向四面八方辐射状发育生长。王元战等(2015)开展含根量对土体强度影响的试验研究,通过对比含根系原状土与含一定质量根系重塑土的固结排水三轴试验,得出当室内重塑的含根土根系含量是自然状态根土体根系含量的4~6倍时,室内重塑根土体试样与自然状态根土试样破坏强度相等的结论。嵇晓雷(2013)对护坡植物做了调查,认为植物根系为直径0.5mm左右的数量众多的直径差别不大的须根根系,其根系生长范围内与土体交织形成网状,土体被根系穿插缠绕,板结成含根土体,做不同根系形态的固结不排水三轴剪切试验,得出根系形态不同时对土体抗剪强度的改善也是不同的结论。

目前在岩土工程堆积体防护设计中少有从工程角度综合考虑根系作用的,

主要是对根系护坡机理认识不够深刻(温智,2013);根系在堆积体土体中的加筋模型有待完善(汤明高,2016);根系一方面通过自身力学强度改善堆积体浅层稳定性,另一方面从植物蒸腾作用、根系吸水角度改善堆积体土体水力学特性,进而提高堆积体土体强度(齐丹,2016)。从草本植物类须根根系固坡力学模型角度分析,周正军(2011)、史炜(2013)认为植物护坡工程中,植物根系与堆积体土体可视为根土复合的一个整体,而陈春晖(2012)认为根系可视为加筋材料,在有外荷载作用时协同受力并协调变形;大量测验、分析、研究显示,有生命活力的根系能增添土体整体性、增进土体抗剪强度(张锋,2010),土体与根系协同受力、协调变形的特性对于增长生态工程堆积体浅层稳定性具有重要意义(马强,2017)。目前,主要有摩擦加筋原理与准黏聚力原理两种理论观点揭示含须根根系土体力学强度特性机理规律(邓华锋,2013);植物根系固土的加筋机理主要反映在根系能增添含根土体的抗剪强度参数,对抗剪强度参数中黏聚力的增长尤为显著(于士程,2015);相对于裸坡,生态工程堆积体中含根土体黏聚力的增长加强了土体强度,提高了生态工程堆积体抵抗降雨或其他外荷载的能力,稳定性显著提高(刘昌义,2017);虽然国内学者注意到草本植物须根类根系力学加筋作用对堆积体土体强度的提高及对土体各向异性改善的固坡效应,但具体研究报道却不多见(吴宏伟,2015)。关于土体基质吸力与土体抗剪强度参数关系方面,蒋必凤(2017)认为抗剪强度参数随基质吸力的变化而变化,丁自伟(2017)认为抗剪强度指标与土体吸力关系曲线在一定区间近似为直线,王秀菊(2016)提出用改进的莫尔库伦破坏准则描述非饱和土抗剪强度。

生态护坡的新工法、新技术多种多样,有草本植物型多孔混凝土技术、公路堆积体喷射草本植物种子法、纤维土绿化工法、高次团粒绿化工法、生态混凝土技术(李辉,2013)。对于植物根系形态的护坡机理,陈洪凯(2015)从加筋土、锚固理论等工程力学角度开展了大量试验研究;何玉琼(2013)在根系植物学领域的植物护坡水土保持方面做了大量理论研究,指出根系形态就是对土体强度产生影响的重要因素之一。

生态工程堆积体数值模拟与试验方面。生态工程堆积体中根系使土中应力场发生变化,应力变化使堆积体土体非均质性更进一步(姜伟,2007);含根土体属各向异性材料,涉及水、土、根系彼此作用,应力应变关联复杂(胡其志,2010)。有限元法是在分割近似原理基础上,将复杂的连续的块体离散为有限个几何形状简单的单元作为块体的等效域,以各单元节点处位移或应力为变量建立平衡方程组，求解方程组获取各单元节点上的应变或应力值，计算结果精度取决于网格划分细度（格日乐，2014）；可用于分析土体内部位移和应力分布、指定区域参数、边界条件并求解相应的稳定性系数，配合计算机绘图可将计算的堆积体土体应力应变结果用图形准确、清晰且形象地表现出来（刘果果，2016）。应用有限元分析含根土体堆积体的关键点是分析计算模式（刘兴宁，2014）。常用分析计算模式有四类：第一类是根土分离，忽略根系与土体的相对错动，假定根土之间能自动变形协调，但模型复杂、不易计算（简文星，2017）；第二类是将草本植物须根根系视作外来荷载施加在划分好的土体单元上（丁金华，2014）；第三类是在土体与根系之间设接触单元，将接触单元、土体单元、根系单元视作有机统一体（薛方，2010）；第四类是将含根土体视为均值材料，设定根系与土体之间的力学模型，模型虽简化，但不能反映分析形态、根土复杂的相互作用，需引入修正参数（陈昌富，2008）。此外，研究人员冯刚（2011）、范秋雁（2007）在堆积体渗流场变化、堆积体稳定方面做了大量工作；许建聪（2005）用有限元软件结合实测的数据模拟了降雨入渗条件下基质吸力与含水率动态变化规律；杨有海（2004）从多学科交叉的角度，将电荷守恒定律、质量守恒定律与非饱和土力学相结合取用有限元做分析；卢坤林（2012）推导多场耦合条件下生态工程堆积体稳定性计算模型；李明（2010）先做离心模型试验，再用数值模拟验证；甘建军（2014）用数值模拟做大变形堆积体稳定性研究。

根系固坡国外研究现状。Buczko U.（2007）研究了降雨和气温变化对含根土涵养水分的影响，为了阐述土体拒水率的年际变化，对欧洲中部气候条件下土体水分与前期降雨和采样点前温度之间的关系做了分析，认为根土体涵水与季节变化息息相关。Butler A. J.（2010）估算了降雨时生态工程堆积体坡面与坡体水分的交换量与交换面积的换算。Caine N.（1980）分析了一定降雨强度下堆积体浅层失稳滑动向泥石流转换的时间控制，通过查阅文献，编制了降雨诱发浅层滑坡、泥石流事故数据库，建立了降雨参数与浅层滑坡泥石流的最低强度关系，认为浅层堆积体破坏随降雨持续时间（10min～35d）线性减小，确定了浅层滑坡和泥石流可能引发的最小识别值，并得到了阈值曲线。Crosta G. B.（2001）对触发泥石流和滑坡的降雨阈值进行了研究。Guzzetti F.（2007）调查、统计、分析了中欧和南欧引发山体浅层滑坡的降雨阈值。Jakob M.（2003）研究了哥伦比亚省温哥华北边山区浅层滑坡发生的降雨量阈值，收集了18场暴雨数据，将触发因素与非诱发因素进行区分，选择有意义的变量，提出了一种将前期降雨与径流数据结合起来的方法，开发了触发函数判别函数。Zhan L. T. (2007)研究了降雨条件下有草植物非饱和膨胀土堆积体的雨水入渗规律，沿堆积体深度方向测量了降雨雨水入渗特征及相应的正的孔隙水压力，比较了有草植物堆积体与裸坡的入渗速率，非饱和膨胀土裂隙发育情况是影响雨水入渗的重要因素。Stuart Mead(2016)研究了强降雨诱发泥石流时，引用浅层滑坡计算模型与坡面入渗侵蚀模型的可行性，并对两种模型做了对比分析。

Stokes A. (2009)从理想根系形态角度对保护自然环境与防治滑坡做了深入研究，讨论了堆积体失稳蠕动与根系质量、根系分布形状、根系发育的关系，分析了气象环境、根系直径、长度、生长方向是如何改变堆积体土体固有环境与性状的，认为须根系在堆积体失稳时起到重要作用。Vna Beek L. P. H. (2004)通过生态工程评价，讨论了根系固坡效应与水文地质条件下堆积体稳定的相对重要性。Zhu H. (2015)研究了考虑植物蒸腾作用的生态工程堆积体土体吸力评价，以中国香港地区植物堆积体为例，认为土体水分变化会导致土体吸力变化、土体抗剪强度变化、影响堆积体稳定性，了解堆积体根系吸水是至关重要的，而根系吸水与植物特性有关，存在不确定性；采用修正的非饱和介质水流动方程，引入植物汇项，研究降雨前堆积体干燥过程对降雨后堆积体土体吸力的影响，提出均匀形根系分布、三角形根系分布结构能够反映根系对土体水分的吸收。分析结果显示，蒸腾速率相同时，不同根系形态的保水能力区别不大，入渗速率低时蒸腾速率变异系数越高，干燥时间越长，植物对堆积体土体吸力的影响范围越广，干燥2d的生态工程堆积体安全系数显著提高。Pollen-Bankhead N. (2010)以河岸堆积体为研究对象，研究根系交织的土体水文、水力学特性对河岸堆积体稳定性的影响；对河岸堆积体不同植物蒸腾作用做试验，用张力监测计测定30cm和70cm深度土体吸力，估算出基质吸力与黏聚力定量关系，讨论了季节变化对基质吸力的影响，总结出岸坡抗冲刷能力与根体积成正比，量化了草本植物须根根系与直根根系存在对河岸生态工程堆积体安全系数潜移默化的影响。

Aravena J. E. (2011)运用X射线成像技术与数值模拟方法研究了含根土体在受压时的水力学特性及根系对含根土体水力特性的影响，用X射线显示土颗粒间接触的演变及其对部分饱和条件下集料之间水流的影响，发现根系会引起土体团聚体之间接触面积增大、土体密实度增加，导致根系附近非饱和土体导水率增加。Alejandro Gonzalez-Ollauri(2017)研究了含根土体对不同水文条件的响应。Brodersen C. R. (2010)利用高分辨率计算机成像技术研究了水分在根系中的运移规律，发现水分在根系内运移存在栓塞效应，如不能导流会导致植物枯萎，对护坡植物的养护很重要。Gardner W. R. (1958)推导了水分在非饱和土中运移的稳态解及其在土体—植物—大气相互作用中的应用。Garg A. (2015)对有七叶草生长的堆积体，比较了植物蒸腾作用、水分在根系—土体之间的运移对堆积体土体基质吸力的影响。探讨了蒸腾与蒸发对土体吸力增量的贡献；用叶面积指数与根表面积指数反映植物对土体基质吸力的影响。Segal E. (2008)利用 MRI 技术研究根系土根毛吸水特性及其对土体水力学特性的影响，得出如下结论，根毛主要通过毛尖区域吸水，垂直于根表面的根毛生长能扩大根有效吸水直径、增加根系吸水量，根毛生长增加动态水头、进一步加大根系吸水效率。Ning Lu(2008)认为基质吸力是应力变量，并进行了专门讨论。

　　Mickovski S. B. (2011)做了根土试样与无根土试样的直剪试验有限元数值模拟，利用有限元软件对根土复合试样直剪试验进行了二维和三维有限元模拟，采用根形态、根系强度参数简化模型，对根土体与无根土体强度关系进行了建模，假设根系为线弹性材料、土体为塑性材料。结果显示，根土体强度取决于土体与根的材料特征，无根土二维与三维模拟结果差别不大，有根土三维模拟结果与二维模拟结果差别较大，三维模拟较好地反映了根系分布形态。Lin D. G. (2010)以生长马基诺竹的堆积体为调查对象，对堆积体含根土体做了直剪试验与三维数值研究，分析了根系对土体强度与堆积体稳定性的影响。Fang Hui-min(2016)从土地耕作能量输入的角度做了秸秆土的室内重塑土直剪试验，认为大量遗留在田间的水稻秆或小麦秆会增加土体有机碳存储、减少土体侵蚀，且可显著改变土体抗剪强度，发现含秸秆土黏聚力与内摩擦角有较高相关性；秸秆含水量对秸秆强度有显著影响，且秸秆含水量存在最优值。Rahardjo H. (2008)做了非均质、颗粒直径差别较大土体的直剪试验，分析了粗粒材料对土体水力特性与抗剪强度的影响。Hossain M. A. (2010)做了花岗岩风化形成的不饱和土体的抗剪强度试验与该类土的膨胀性试验，拿获得的试验数据与土水抗拉曲线(土体基质吸力模型)比较，对强度参数进行了修正，发现试验数据略高于模型分析结果。Mingjing Jiang(2014)用室内试验分析了天然黄土与重塑黄土的结构特征。Yinghao Huang(2011)研究了固化与重塑固化材料的力学行为变化规律。

　　国外学者 Lu Ning(2008)认为基质吸力是状态变量，吸应力更能表征非饱和土体基质吸力对土体强度的贡献；Zhu H.（2015）研发了便携式测量脱湿与吸湿过程中土水特征曲线、水力传导曲线的室内试验设备；Tatizana C.（1987）开发了远程水力特征参数数据采集系统及数据后处理软件 Hydrus - TRIM，根据实地监测数据、结合基质吸力理论，成功预测了研究点非饱和土坡浅层滑动的发生。

Hong-Hu Zhu（2015）在室内制作生态工程堆积体模型，在堆积体中埋入光纤监测网，结合计算机控制技术，模拟分析含根土体堆积体变形破坏演化全过程。Indraratna B.（2006）做了根系基质吸力效应的数值分析，结果显示，根系能显著提高非饱和土体基质吸力、土体抗剪强度，抑制堆积体土体移动。Xi Chen（2014）探讨了用三维有限元分析的大型生态工程堆积体稳定性二次网格搜索方案，为了改进有限元法抗剪强度折减的安全系数搜索方案，从统计角度提出了二分法搜索算法，以减少不收敛的可能性，同时也提出了一种新的以粗网格搜索和细网格搜索为特征的双网格搜索算法；通过对堆积体的三维排水、不排水进行分析，发现其所提新算法有明显优势。Nyambayo V. P.（2010）做基于根系吸水的植物蒸腾数值模拟，数值模拟考虑地表径流、地下水的提取，认为根系是涉及大气、植物、土体相互作用的复杂过程，要想准确预测植物对土体孔隙水压力的影响，需要建立流体流动连续方程，且模拟植物蒸腾过程的算法。

Jun-Fan Yan（2015）提出了定量的基于 DTS 堆积体的渗流监测技术；为在渗流监测中提高测量灵敏度和准确性，学者介绍了一种新型渗流速率分布式测温系统，设计并制作了碳纤维电缆，提出了一种特征温度，设计并进行了一次试验，验证了该技术在定量测量渗流速率方面的可行性，结果表明该技术与渗流速率之间具有良好的线性关系。Xiao Jin Jiang（2017）以东北农业基地为调查研究对象，研究了残存在土体中的塑料薄膜对土体物理力学性质的影响、对土体中水分渗流路径及其他特性的影响。L. Z. Wu（2017）用室内模型模拟了降雨诱发黄土堆积体破坏的室内特征，利用激光扫描仪观察黄土滑坡变形破坏特征，对降雨入渗引起的黄土堆积体非饱和渗流进行了数值分析，确定了降雨入渗与黄土堆积体稳定之间的关系。Leung A. K.（2015）分析了苏铁与七叶草两种植物根系对堆积体入渗率和导水率的影响，认为入渗率与导水率是植物护坡稳定性计算的两个重要参数，做了双环入渗试验，与裸坡相比，有植物堆积体土体保持了至少 50% 的吸力，证明了根系吸水对土体基质吸力的影响。另外，在土体基质吸力作用下，植物根系堵塞了土体孔隙，使得土体吸力随含水率增大而降低的响应滞后；在潮湿条件下进行试验时，由于蒸腾率<0.2mm/d，草本植物与灌木植物覆被的土体的入渗率、导水率、吸力差异量小于10%，没有显著区别。Sonnenberg R.（2010，2011）做了含根系土的离心机试验模拟，通过试验揭示了根的轴向应变与弯曲应变调动机理、根对堆积体破坏机理的影响，量化了不同根系形态提供的加固量，与常用根系加筋模型进行了比较，提出了考虑根系抗拔的加固计算方法。

Liu C.（2009）研究了生态工程堆积体浅层滑动的渐进破坏机理。Fan C. C.（2012）提出了基于应变控制模式的含根土体抗剪强度模型，模型考虑了根系生长方向、根系性质及根系在土体中的剪切变形，将预测结果与现场剪切试验数据进行比较，认为所提含根土体抗剪强度模型能应用于实践。Zhan T. L.（2013）推导了降雨条件下非饱和无限堆积体雨水入渗模型，分析了该模型在堆积体稳定性分析中的应用。Andriola P.（2009）对意大利南部火山碎屑岩类矿山堆积体做了分析，讨论了考虑根系作用的堆积体稳定性计算模型，并与半定量的经验方法做了比较。Baum R. L.（2005）对西雅图与埃弗雷特之间铁路段的填土生态工程堆积体稳定性做了预警研究。Danjon F.（2008）研究了似根系的三维结构模型在堆积体浅层防护中的应用。Guillermo Tardio（2015）探讨了如何用含根土体协同变形模型评价生态工程堆积体稳定性。Wu T. H.（1979）研究了阿拉斯加威尔士王子岛的根系强度与山体滑坡强度，阐述了根系对滑坡的影响；通过室内试验、现场试验，研究了退耕还林前后堆积体的稳定性，测定了坡体的孔隙水压力和抗剪强度，建立了土体—根系系统模型，评价了给根系对抗剪强度的贡献，计算所得安全系数与堆积体失稳观测结果基本一致。Yu-peng C. A.（2014）提出了一种堆积黏性土坡大变形时的非线性固结参数法。Shi X. S.（2016）建立了含混合物重塑黏土的压缩行为模型。Yong-Le Chen（2017）调查了中国西北沙漠区域植物分布特征及植物根系分布特征，研究了根系与砂土的变形协调机理。Schwarz M.（2010）以意大利托斯卡纳生态工程堆积体为例，研究了植物在堆积体稳定性分析中的作用，并对植物的固坡作用进行了量化；作者提出了生态工程堆积体浅层稳定性分析的机械稳定性标准反分析，侧重量化根系的横向加固作用，用纤维束模型对不同根系形态和力学性能的根束应力—应变行为进行量化，这种模型能够量化根系加筋位移行为，模型精度取决于根系倾斜度、土体力学特性、根系形态等参数。Romano N.（2011）研究了季节变化情况下土体—植物—大气相互作用模型参数的确定问题。Rong-jian L. I.（2014）分析了黄土的结构特征，提出了含裂隙黄土强度的节点强度公式初步框架。Tony L. T. Zhan(2013)对降雨条件下非饱和无限土坡降雨入渗模型进行了推导，并验证了其在堆积体稳定性分析中的应用，证明了所提模型对低进气值粗土是可用的，该分析方法考虑了水的影响；建立模型进行了一系列参数分析，结果显示颗粒较粗的残积土坡由低渗透层覆盖时，堆积体将受到连续的破坏。Naser A. Al-Shayea(2001)研究了黏粒含量与含水量耦合作用下对非饱和黄土性能的影响，结果显示黏粒含量与含水率对土体强度的影响是综合的，黏粒含量主要是影响导水率与溶胀势；对于黏质砂土，当黏粒含量达到40%时导水率急剧下降，超过40%后降低缓慢许多，土体黏聚能力随含水量的增长而增进，但存在限值。

Rees S. W. (2012)探讨了根系吸水对土中水的诱导及其对堆积体稳定性的影响，以灌木类根系附近水分迁移模式、堆积体稳定性，建立了包含汇项的非饱和水流动数值模型，纳入土体基质吸力分析堆积体稳定性，采用有限元法求解水分传递方程，所得根系吸水预测结果得到了验证，与实测数据吻合较好；结果显示，根系吸水把堆积体安全系数提高了约8%。Gallipoli D. (2003)做了非饱和土饱和度变化的模拟，实验数据采集涉及恒定吸力作用下润湿、各向同性加载和卸载、恒定吸力剪切、恒定含水量剪切等多种应力路径；考虑孔隙率变化的影响，结合弹塑性应力—应变模型提出了可以表示饱和程度不可逆变化与剪切引起饱和度变化的非饱和土饱和度变化的一种改进关系。

Chen X. W. (2015)基于生物炭应用于填埋场的可行性，对生态平衡与堆积体浅层稳定性进行了研究，认为生物炭能有效促进植物持续生长。Flora T. Y. Leung(2015)选取中国香港地区堆积体土代表性植物，分析了根系对斜坡稳定性的影响。Galloway J. N. (2008)综述了碳在土体与植物之间循环转换的问题、新特性和可能解决的方法。Ghestem M. (2011)分析了植物根系对土中水与堆积体稳定性的影响。Giovanni B. Chirico(2013)分析了植物对瞬态非饱和条件下堆积体稳定性的影响。Maurel C. (2008)研究了植物根系水分运移的多条膜通道功能，探究了植物蒸腾作用、根系吸水、矿物质运移的作用机理，膜通道功能影响着植物的生长与水分吸收；Mcelrone A. J. (2013)研究了根系吸水和水分在植物体内的运移、蒸腾作用；Yuze Wang(2016)提出了一种黄土改良的膨润土截流墙处铅与水分的吸附与迁移规律。Wheeler T. D. (2008)研究了在负压力水头情况下合成树的蒸腾作用机理。White P. J. (2010)综述了绿色可持续发展背景下植物生长营养元素的搭配方案；Wong C. C. (2007)在温室内研究了铅—锌污染土体中种植香根草的菌根作用，结果显示接种 AMF 可保护香根草免受铅锌危害，保护程度取决于真菌和香根草组合情况，讨论了 AMF 在铅锌污染土体中结合植物的修复潜力。Wong J. T. F.（2015）研究了填埋场覆盖材料中活性炭改良土体透气性。Taylor N. G.（2008）分析了植物纤维素合成的生物工程及其沉积过程。Saha S.（2008）将植物生长与人口数量相结合，从降雨、季节、根系吸水影响深度的角度研究了佛罗里达州灌木丛生态工程堆积体中土体水分与植物体内水势、叶片面积、气孔导度、植物存活率之间的相互关系。

N. R. Duckett（2014）研究了含根土体堆积体稳定性预测工具，将研制工具成功应用于根土相互作用，准确预测了根土体变形过程中根系轴向或侧向位移，发现黏聚因子对土体抗剪强度贡献更明显，不同的根系横截面面积具有不同的抗剪强度，根弯曲承载力在确定其补强潜力时具有重要意义。Normaniza Osman（2006）研究了预测生态工程堆积体稳定性的参数：土体水分和根系形体；对马来西亚—高速公路沿线 5 个不同坡度生态工程堆积体进行了调查，分析植物对堆积体稳定性的影响，结果显示植物密度高、根长密度高的堆积体稳定性最好。根系形态与剪切强度正相关，含水率与土体抗剪强度、含水率与土体透水能力均负相关。

Preti F.（2010）开展了水文、土体学、植物特征、根系形态特征信息提取的生态工程堆积体工程评估，该方法是分析性的，被成功应用于意大利中部两个案例研究，适用于易于获得数据的生态工程堆积体工程，无须校对；根表面积、根系分布深度作为根系函数参数，对坡面生态系统恢复与土体非破坏性分析有一定参考价值。Resat Ulusay（2014）以土耳其褐煤露天开采形成的矿坑堆积体为研究对象，从水文地质角度分析了矿坑类堆积体稳定性岩土工程综合评价；根据先前的实验室数据与分析，作者开展了为期两年的岩土水文地质勘查项目，在现有矿井和矿区范围内进行岩土工程和水文地质调查，结果显示，坑坡稳定性对多平面破坏是敏感的，煤层承压水是影响矿坑稳定的不利因素。L. Lu（2015）分析了地震情况下地下水对堆积体浅层稳定性的影响。

植物根系固土强度试验研究。试验研究植物根系固土强度，已引起众多学者的关注。有的学者用室内土工试验研究含根土体抗剪强度，如刘小燕等（2013）对根土复合体做室内直剪试验，认为根系可提高土体黏聚力；王元战等（2015）开展含根量对土体强度影响的三轴试验研究；程鹏等（2016）做了植物根系固土原理的力学试验研究，建立了香根草根系直径与抗拉强度的关系式；张伟伟等（2017）对植物根系固土护堤功能进行了研究，通过对含根土抗剪强度的测定，发现含根土抗剪强度与根系含量正相关；N. R. Duckett（2014）通过直剪试验发现黏聚因子对土体抗剪强度贡献更明显；Kamchoom V. 等（2014）阐述了一套能够体现植物蒸腾作用与根系形态特征的新型植物根系模型离心机拔出试验。有的学者通过原位测试分析植物根系对土体强度的影响，如 Leung A. K. 等（2015）做双环入渗试验，分析了苏铁与七叶草两种植物根系对堆积体入渗率和导水率的影响；陈晋龙（2015）通过建设的试验场地，测量狗牙根覆被、香根草覆被、无覆被土体水分运移，研究狗牙根、香根草覆被的雨水—土体—根系相互作用特征。这些室内试验与原位测试研究都认为植物根系可以改善土体强度，但忽略了试验数据的优化处理。

根系形态特征、土体基质吸力也是影响根系固土强度的重要因素。在这方面，李珍玉等（2017）通过全断面开挖法研究根系在土体中分布形态，结果显示根系朝向坡脚方向生长，根系分布范围沿土层深度方向呈先增大后减小趋势；任柯（2018）结合植物根系生长原则及拓扑优化理论，提出用分形理论的 L 系统模拟根系，并以黑麦草根土复合体为例做了模拟验证，认为植物根系主要起到加筋作用；Giovanni B. Chirico 等（2013）研究根土相互作用，分析土壤水文条件与气候环境对根系生长形态的影响，研究植物根系对瞬态非饱和土体力学特性的影响，预测根系吸水对土体基质吸力的影响；NG C. W. W. 等（2013）研究了植物根系吸水对土体基质吸力大小与分布深度的影响，认为植物茎叶部分与土体基质吸力之间不存在直接关系；Alejandro Gonzalez-Ollauri 等（2017）研究不同水文条件对含根土体强度的影响，提出了一种根土复合体吸力函数，认为存在最佳含水量使得根系有最佳固土效果，但这个理论预测与试验结论间存在偏差。学者们围绕植物根系固土强度试验研究做了大量工作，但鲜有做根土复合体试样干湿循环动三轴试验研究的，这方面仍有待完善。

植物根系固土量化模型研究。植物根系固土模型是量化、评估根系固土效果的科学方法。Wu T. H. 等（1979）从力学平衡角度建立了垂直根系的固土模型，认为根系固土的实质是根系增加了土壤抗剪强度。Fan C.（2012）从剪切位移表示根系变形模式的角度建立了较粗根系的固土模型，认为不同变形模式的根系对土体强度的贡献量是有区别的。Pollen N. 等（2005）假设所有根系具有相同弹性，从根系渐进破坏角度建立根系固土模型，认为根系固土过程是荷载不断重新分配的动态过程。Schwarz M. 等（2012）建立根系固土模型综合考虑根系直径、长度、弯曲、分支、抗拉强度及土的含水量、根土摩擦，认为根系拔出力是位移的函数。Jagath C. Ekanayake 等（1999）从能量法角度、基于抗剪试验应力—应变关系曲线建立根系固土模型，通过计算根土复合体与素土体抗剪能量差量化根系固土能力。田佳等（2015）总结了植物根系固土理论模型与数值模型近 40 年的研究成果。传统根系固土模型从工程力学角度做了大量研究工作，但对根系固土模型中参数取值的精度考虑不足，模拟值与工程实践出入较大。本书梳理现有广泛应用的根系固土模型，并做对比分析（见表 1-2）。

表 1-2　根系固土模型对比

理论模型	Wu 模型（Wu T. H.）	位移模型（Fan C.）	纤维束模型（Pollen N.）	根束增强模型（Schwarz M.）	能量模型（Jagath C. Ekanayake）
固土机理	根系抗剪强度增强土体强度	根系抗拔强度增强土体强度	根系抗剪强度增强土体强度	综合考虑根系特征及摩擦作用	从能量法角度量化评估根系固土能力
表述形式	Mohr-Coulomb 准则	用剪切位移表示根系不同的变形模式	Mohr-Coulomb 准则	根系拔出力是位移的函数、用单根拉拔力之和表述	用应力—应变关系曲线与坐标轴所围区域面积表述
应用条件	所有根系在受剪时同时瞬间断裂	首先判断根系的变形模式	假设所有根系具有相同弹性	通过位移控制加载过程	需获得素土直剪试验应力—应变关系曲线
适用范围	垂直或倾斜根系	粗根系	垂直粗根系	粗根系	植物根系
研究优势	原理清晰计算简单	较好反映了土壤抗剪强度的增量	从根系渐进破坏的角度模拟根系固土	考虑的根系固土因素全面	原理清楚、视角独特、计算简便
研究不足	未考虑根对土体水力特征的改善	难以获得根系扭曲程度及根土间黏结力	未考虑侧根固土作用且模拟值误差较大	模拟植物根系固土不理想	根系处在剪切面上时计算精度较差

综上国内外研究现状，先前学者的研究涉及降雨与生态工程堆积体稳定关系研究、非饱和土体水力学特性研究、基质吸力与堆积体土体强度关系研究、根系强度及根系形态研究、根土复合特性研究、降雨条件下堆积体稳定的室外监测与室内模型试验研究、有限元数值分析研究，在岩土体水致劣化、植物根系固土强度、试验及模型方面做了大量工作，这些研究成果显示：在降雨入渗侵蚀分析方面，对堆积体植物，特别是植物根系与降雨入渗相互作

用机理研究较少，植物对降低雨水入渗侵蚀的贡献量研究较少。表面上看，生态防护中植物根系在雨水入渗引起坡体滑移的贡献量是微不足道的，但生态工程堆积体浅层滑动的发生应该是降雨特征、坡体特征、土体特征、植物特征相互综合作用的结果，因此雨水—土体—根系相互作用及植物对堆积体稳定的间接作用还是有研究价值的，这些研究成果为本书撰写提供了理论依据与思路。笔者初步认为：将岩土体水致劣化与植物根系固土相耦合，做考虑根系形态特征的根系固土能力量化模型研究，可能是利用植物根系固土护坡科学化、合理化的关键。如果能够进一步证实这一设想，合理认识植物根系固土能力，将会为科学防治堆积体土壤侵蚀提供一个新思路，助推生态宜居城乡建设。

1.3　存在问题与研究范围界定

1.3.1　存在问题

虽然生态宜居视角下的堆积体土壤侵蚀研究取得了一定进展，但由于其多学科交叉的复杂性，仍存在需要深究和完善的地方：一是用于指导工程实践的理论深度有待进一步深究；二是生态宜居视角的堆积体土壤侵蚀防治缺乏系统的案例支撑。

对比根系固坡的国内外研究现状，国外学者对根系固坡机理的研究要相对完善些，但也存在进一步深入研究的必要。在以往的研究中，对生态工程堆积体浅层稳定性研究较少；降雨诱发堆积体失稳的关键是降雨转化为地下水，而转化为地下水的第一步是降雨与堆积体表层土体的接触，关于土体特性对降雨入渗侵蚀影响的研究较少。雨水入渗对生态工程堆积体浅层稳定非常不利，该因素模拟依靠大型室内仿真试验时设备成本高，不便于服务普遍的工程实践；植物根系作为土体组成部分，直观上可能感觉不到其对维持堆积体稳定做出的贡献，但有生命活力根系改善堆积体表层土体渗透能力、吸收土中水分参与植物呼吸作用及根系强度等的间接作用，进而改善堆积体土体基质吸力及强度这方面不容忽视，有待做深入研究，如根系形态对土体吸力的影响、根表面积指数与土体吸力的关系对含根土体抗剪强度的影响。鲜有不同降雨条件下堆积体稳定性计算模型的研究。在根系与土体强度方面，大量试验结论认为草本植物根系可以改善土体强度，主要体现在黏聚力上，忽略了参与植物蒸腾作用的根系吸水对土体基质吸力的改善及根系对雨水在堆积体土体入渗的影响，从根系形态及特征参数角度分析根系对堆积体土体强度影响的少。在含根土体强度试验方面，通常是从单一工程力学角度进行含根系重塑土试验研究或做单一的植物根系形态研究；在可控的前提下研究根系分布形态对土体强度的影响，学者们多是采用重塑土试样，鲜有学者运用应变控制式直剪试验研究不同根系倾斜角度下含根土体强度，并考虑直剪试验的不足对含根土体强度的影响。

研究区的生态恢复方面，国内外研究状况很少有针对性地对石灰岩矿区地质环境保护及土地复垦技术、实践进行探讨。因此，亟待探索适合我国国情的石灰岩矿山地质环境治理工程设计理论。建材类石灰岩矿区与露天煤矿有相似之处，同样面临着生态恢复的问题：①生态恢复缺乏整体性，总体水平和规模效益较低；②生态恢复技术以工程复垦技术为主，生态效益较差；③矿山环境治理薄弱，污染导致的生态恶化未得到足够重视。研究区域分布有大量石灰岩矿区，单个石灰岩矿区规模属小型、个别规模较大，但这些石灰岩矿区分布集中，严重损毁了区域生态环境，影响着当地经济有序健康发展。对研究区域石灰岩矿区进行研究，介绍石灰岩矿区土地复垦与生态修复对山地土壤侵蚀防治理论与方法的影响，讨论矿山地质环境保护及土地复垦体系，以便类似工程参考。研究区土地复垦存在的问题：①表土剥离困难。耕作层土壤和表层土壤是经过多年耕作和植物作用而形成的熟化土壤，是深层生土所不能替代的，对于植物种子的萌发和幼苗的生长有着重要作用；研究区石灰岩类矿区耕作层较薄，土地复垦工程中裂缝治理、土地平整等都受到很大影响，增加了矿区土地复垦经济成本。②管护措施不到位。土地复垦是一项由损毁土地初期开始到复垦措施实施之后若干年都需要进行的长期行为，土地复垦区域的植被尤为重要，各种植物种植之后仍需一系列诸如平茬、补种加种、浇水、防冻、防虫害等管护措施。研究区存在缺陷的管护措施表现在以下四个方面：灌溉施肥措施、防寒防冻措施、病虫害防治措施、补种加种措施。

1.3.2 研究范围界定

堆积体是城乡建设、生产建设等人类工程活动的产物，是现代侵蚀的主要类型，与人类活动息息相关；人类活动增大了土壤侵蚀的强度、加快了土壤侵蚀的速度。土壤侵蚀是土壤及其母质(岩体)在水力、风力、重力、冻融等外营力综合作用下，被破坏、剥蚀、搬运、沉积的过程；土壤侵蚀的范畴包括土壤下面或跟土壤有接触的岩屑及岩体的侵蚀。从这个角度考虑，将土壤侵蚀做水土流失的同义语失之偏颇。人类工程活动是堆积体形成的重要外营力，人类工程活动是堆积体形成的前提条件，人类活动使得土壤侵蚀在地质侵蚀的基础上加速演化，在此基础上的土壤侵蚀防治亦需人类工程活动思想加以指导。根据外营力的种类，土壤侵蚀可划分为水力侵蚀、风力侵蚀、重力侵蚀、冻融侵蚀等。水力侵蚀是由降雨及径流引起的土壤侵蚀，习惯上称为水土流失，包括面状的均匀的片蚀、径流渗入土体内部的潜蚀、线状水流对地表的沟蚀、地表径流对土壤的冲蚀、雨滴溅落对土壤的溅蚀。水力侵蚀直观的表现形式有浅层滑坡、泥石流，其发生的一个显著特征是没有植被或没有采取可靠水土保持措施的坡地或堆积体。风力侵蚀是在植被稀疏、气候相对干旱的环境下，土壤抗蚀能力小于风力而被带走的一种土壤流失、侵蚀模式。重力侵蚀是不稳定岩土体在以自身重力为主的作用下发生的失稳移动破坏现象，重力侵蚀常见的表现形式有崩塌、浅层滑坡、深层滑坡。堆积体土壤侵蚀作为在人为侵蚀基础上堆积形成坡体后又遭受自然侵蚀的地质灾害，有其独特的工程地质特性；它给人居环境带来的危害既有沙尘暴、大气污染等生态环境恶化问题，又有大量泥沙破坏基础设施设备问题，还有水土流失、次生地质灾害等渐变型地质环境问题。导致此种地质灾害的影响因素是多元的，既有自然因素，又有人为因素，概括起来为气候/降雨、地形、土壤、植被、地质五大因素；针对此类地质问题的防治措施有水利工程措施、生物措施。

"宜居"从字面意思理解是适宜居住，"生态宜居"则应包含适宜居住的环境与特性，讲求人与自然和谐相处。宜居性研究不仅包含社会学视角的宜居性研究、经济学视角的宜居性研究、空间环境层面的宜居性研究，还应包括生态地质环境层面的宜居性研究，基于"绿水青山就是金山银山"理念的生态地质环境层面宜居性研究，对堆积体土壤侵蚀防治进行设计是其应有议。这涉及生态宜居政策与地理地质环境、生态宜居理论与植物固土机理、地貌重塑与土壤重构、植被重建与景观再现等方面。

综上所述，本书在研究区地质灾害详查与地下水专题调查、工程勘察与专题研究成果的基础上，调查的土壤侵蚀既包含浅层滑坡、泥石流、崩塌、地面塌陷等常规地质灾害种类，也包括现代版愚公移山导致的水土流失、渐变型地质环境问题。在研究堆积体土壤侵蚀时，受侵蚀下垫面包括一般扰动地表、工程开挖面、堆积体三类；以植物（草本植物，以狗牙根为主）根系固土护坡措施为切入点，从生态宜居视角研究堆积体土壤侵蚀防治。基于此，本书以研究区境内大型弃土场、矿山开采、高填方等人为因素形成的大体量堆积体为调查对象，详细调查堆积体工程地质特征、浅层失稳破坏等土壤侵蚀特征、护坡植物特征，对典型的堆积体进行调查、取样、分析、总结，综合应用根系分形理论、岩土堆积体理论与非饱和土孔隙水作用机理理论，考虑降雨、根系、土在堆积体上的共同作用，对不同雨强诱发堆积体失稳做系统分析研究，系统分析雨水入渗侵蚀模型、根系吸水特点、水分在含根土中运移规律、浅层滑体稳定性分析模型、土体与根系互相作用机理的含根土力学模型，系统研究以狗牙根为主的草本植物（以下简称植物）须根系类浅根力学加筋作用的含根土体破坏机制、根系形态参数特征，推导含根土体孔隙水压力解析解、湿润锋深度解析解、抗剪强度指标取值方法，以期实现创新，提出改进的堆积体浅层失稳计算模型，提高生态工程堆积体稳定性分析方法的适用性、抗剪强度参数的准确度，为把植物防治土壤侵蚀法定量地应用于堆积体浅层稳定性的计算提供理论依据和方法，更好地指导生态工程堆积体防护工程实践。这将为城乡建设中运用植物防治土壤侵蚀提供理论参考和区域案例，丰富生态宜居的城乡建设理念，提升生态工程堆积体土壤侵蚀稳定性分析方法认识和实践。

1.4 研究内容与方法

1.4.1 研究内容

本书通过梳理生态宜居相关理论及政策、堆积体土壤侵蚀方面相关理论及实践发展状况，以研究区土壤侵蚀为调查、分析、评价对象，总结土壤侵蚀规律，提出体现生态宜居理念的植物根系固土理论指导防治堆积体土壤侵蚀的技术方法。

1. 研究区生态宜居政策与地质环境

本书梳理生态宜居理论及研究区域生态宜居政策，整理植物防治土壤侵蚀的植物学理论、水土保持理论、力学理论，与研究区地质环境、土壤侵蚀相结合，分析土壤侵蚀对社会经济的影响。在生态宜居和堆积体土壤侵蚀的矛盾中植物能起到很好的调解作用。

2. 堆积体土壤侵蚀特征及风险评价

本书以研究区土壤侵蚀为调查对象，收集整理各类土壤侵蚀并总结其特征，分析土壤侵蚀与地形地貌、地层岩性、人类工程活动与植被的关系，对研究区土壤侵蚀易发性及易损性进行分区，分区评价土壤侵蚀对研究区域社会经济的影响。对研究区典型滑坡、崩塌点进行分析，总结土壤侵蚀与微地形演化的关系，深究堆积体稳定性的影响因素。

3. 根系固土方面研究内容

目前已有学者从植物根系固土的根系形态学理论、水文效应理论、力学加筋理论等方面开展了大量研究，在一定程度上反映了根系固土机理。本书在先前学者研究的基础上，拟以宜阳城乡建设中的堆积体为调查对象，在对调查数据进行整理、分析的基础上，从岩土体水致劣化的视角，采用顾及根系形态特征参数的室内土工测试方法分析与测度根系固土特征、根土复合体强度，研究根系与土体之间的作用机制，优化根土复合体试样室内测试数据，从能量法角度构建能量化根系固土能力的模型，并与传统模型进行比对分析，验证模型的科学性与实用性。笔者计划从以下 3 个方面开展研究：

（1）根土复合体特征参数的测度与分析。获取根系形态、根系特征参数，分析根系形态对土体基质吸力分布的作用、根系特征参数对土体强度的影响，包括根系对土体水力特征的影响深度、根系对土体水力特征参数的贡献量、根系的力学加筋效应、岩土体水致劣化效应，建立根系形态、根系特征参数与根土复合体强度参数间的关联。

（2）根土复合体强度与素土强度的对比分析。做根土复合体强度试验、素土强度试验、干湿循环动三轴试验及电镜扫描，研究岩土体水致劣化视角下根土复合体剪切破坏时根土相互作用机制，包括根系处于拉伸状态时根土复合体的强度参数、根系被拉断时抗拉强度与断面面积的关联、根系被拔出时根系与土体间的摩擦关联、根系处于滑动状态时根系抗拉强度的动员机制、素土强度特征及影响因素，探讨根系固土机理。同时，对各试样试验数据做优化研究，形成根土复合体试样室内强度试验数据优化处理方法。

（3）量化根系固土能力模型的构建与验证。通过对植物根系固土强度及固土机理的研究，从岩土体水致劣化视角构建量化植物根系固土能力的实用模型。从两个方面对构建的模型进行验证：一是已有根系固土模型（包括理论模型与数值模型）；二是室内土工试验。

1.4.2　研究目标与方法

植物根系固土机理是治理堆积体土壤侵蚀、防治水土流失需要研究的重要问题。本书依托研究区地质灾害详查与研究项目，选定植物边坡研究样地，综合利用资料收集、现场原位测试、室内土工试验、理论分析、数值模拟等方法，从草本植物根系形态、根系特征参数、根系力学加筋与含根土体水力特性、含根土体强度等方面研究植物根系加固边坡的作用机理。

1. 研究目标

将实践中广泛采用且经济方便的室内土工试验方法应用于顾及根系形态特征参数的根土复合体强度研究中，探索植物根系固土试验数据的优化处理方法，获取能够动态量化植物根系固土能力的理论模型，助推植物根系固土理论科学化、实用化，进而助推堆积体土壤侵蚀问题向生态宜居的境地转化。

2. 研究方法

（1）文献收集。围绕研究主题，大量收集、阅读、总结与国内外生态宜居城乡建设有关的理论，尽可能多地学习关于本书研究的理论方法，为论著开展提供依据和参考。

（2）学科交叉。生态宜居视角的堆积体土壤侵蚀防治方法研究应结合城乡规划学、景观生态学、城乡生态学、岩土工程等多学科知识，系统分析、探索土壤侵蚀防治方法。

（3）实地调研。挑选研究区堆积体土壤侵蚀点进行实地调研，通过实地调研考察，获取相关数据资料，为科学的土壤侵蚀防治技术方法提供有力支撑。

（4）案例分析总结。以研究区典型的滑坡、崩塌点为重点研究对象，分析评价土壤侵蚀问题；以石灰岩矿山土壤侵蚀为例，研究生态宜居视角的土壤侵蚀防治方法。

（5）实验手段。采用干湿循环的土样动三轴试验及扫描电镜试验研究岩土体的水致劣化与根土复合体相互作用机理，应用数字化扫描仪及根系图像分析软件分析根系形态特征，应用 WZL-300 纸张拉力仪、TGH-2B 万能试验机、激光位移传感器测量根系强度，通过应变控制式直剪试验系统研究素土及根土复合体剪应变—剪应力关系，采用双环入渗试验及室内体积压力板仪分析根土复合体水力特征。

　　本书综合运用上述研究方法，核心是以根系固土理论和岩土体水致劣化创新思想为指导，将根系形态特征与土体水力特征相结合、根系抗拉强度与土体强度相结合、样地野外调查与室内测试分析相结合、定积分元素法与根土复合体应变—应力状态相结合，同时考虑时间因素，总结植物根系固土规律，探索构建实用的、能够量化植物根系固土能力的理论模型，进而形成生态宜居视角的土壤侵蚀防治技术方法。

2

研究区生态宜居政策与地质环境

2.1 生态宜居相关政策及理论内涵

2.1.1 生态宜居相关政策

习近平总书记说：人与自然是生命共同体，人类必须尊重自然、顺应自然、保护自然。美丽中国生态文明建设目标为建设生态宜居城乡指明了方向。建设生态宜居城乡，既是推动经济社会又好又快发展的重要任务，也是改善民生，实现全面、协调、可持续发展的必然选择。只有将建设生态城乡和宜居城乡统一起来，才能真正建成生态宜居城乡。

建设生态宜居城乡的重点是改善生态环境。对于我国来说，良好的自然环境是得天独厚的优势，也是无数代中国人留下的一笔丰厚"家产"。但随着社会的发展，城镇化进程不断推进，各种城乡病开始暴露出来，大气污染、水污染、生态破坏、垃圾围城等问题正考验着城乡的发展。改善生态环境，建设生态城乡成为必然选择。只有充分利用好自然资源，改善城乡生态环境，治理城乡环境污染，把城乡建设成为生态城乡，生态宜居城乡建设才有基础。

建设生态宜居城乡的目标是实现域内宜居。不只是山清水秀、保护生态和防治污染，生态宜居域内追求的除了人与自然的和谐相处，还有人们的幸福快乐和生活质量的不断提高。如果一座城乡人居环境差、公共设施不齐全、道路拥堵不堪，人们在这样的城乡中生活无法感受到幸福，宜居也便无从谈起。因此，城乡建设要以实现宜居为目标，以人为本，改善民生，推进基本公共服务均等化，提高城乡舒适度，促进经济社会协调发展，形成人民幸福安康、社会和谐进步的良好局面。

建设生态宜居城乡要实现生态和宜居的统一。生态宜居城乡是人与自然和谐相处，能够满足居民物质和精神生活需求，适宜人类工作、生活和居住的城乡。生态宜居城乡建设要注重低碳、绿色、可持续，要满足居民物质和精神上的双重需要，既有优美、整洁、和谐的自然和生态环境，也有安全、便利、舒适的社会和人文环境，只有满足了这些，才能称得上生态宜居。

建设生态宜居城乡，既是保障城乡得以可持续发展的战略选择，也是顺应广大市民呼声构建生态社会的民心所向。建设生态宜居城乡是一项系统工程，只有既改善生态环境，实现人与自然的和谐，又以人为本，注重市民的安居乐业，把建设生态城乡和宜居城乡有机结合起来，才能最终建成真正意义上的生态宜居城乡。

2.1.2 生态宜居理论

1. 人地关系与协调理论

人地关系与协调理论的出发点是解释人的活动与环境之间的关系。近年来，人地关系与协调理论的主要研究领域包括城乡人口的增长与乡村物质生产的协调关系，自然资源的开发与环境保护的协调关系，经济的发展与自然生态环境的承载力平衡的协调关系，城乡的居民点建设与生态环境治理的问题，乡村地区的生态环境政治与管理问题，以及构建和谐社会的地理关系与建设等问题。

2. 景观生态学理论、游憩行为理论与景观美学理论、可持续发展理论、城乡生态规划理论

（1）景观生态学理论。"景观生态学"一词最早于 1939 年由德国卡尔·特罗尔在研究植物学时提出，当时的景观生态学仅仅是一门综合的研究方法，还不能算作独立的学科。在 1998 年召开的国际景观生态学会上，学者对景观生态学做了如下定义：主要研究尺度相异的景观空间变化的一门连接自然科学与相关人类科学的交叉学科，景观空间的变化包括景观异质性的生物、地理以及社会因素。斑块、廊道和基质是组成景观要素的三种基本类型，景观生态学中将它们相互交织而成的网络称为生态网络。将这一理论应用于城乡绿地系统规划中，可以总结出一套绿地系统规划结构模式："核—轴—网"模式。

（2）游憩行为理论与景观美学理论。在当代，以人为本的思想已成为景观

设计的重要出发点。对居民游憩行为所做的研究，既清楚了游憩行为的时间和空间规律，又为城乡绿地系统布局提供了理论依据。首先，在一定区域范围内，对于不同类型绿地的分布和游憩活动内容的安排要符合人类行为的心理需求。其次，应遵守休闲行为的时间和空间规律，从而加强社区—城区—郊区等不同层次绿地体系建设，这是以人为本建设绿地系统的体现。城乡景观可分为自然景观和人文景观，绿地系统作为城乡景观的基础组成部分，具有生态、游憩、景观等多种功能。在城乡绿地景观建设中，应科学合理地运用景观美学原理，并发挥城乡绿地的美学功能。另外，生态宜居城乡绿地景观中还要充分融合城乡文化和本地特色，建设有文化内涵的城乡景观，形成具有地域特色的城乡风光。

（3）可持续发展理论。可持续发展理论是指既满足现代人的需求又不损害后代人满足需求的能力，具体来说，就是谋求经济、社会与自然环境的协调发展，维持新的平衡。城乡可持续发展理论和生态学理念相结合，可以为生态宜居城乡建设提供更加丰富的内容，促进城乡这个复杂的人工生态系统的良性循环。可持续发展作为国家经济发展战略，不但可以提高生态宜居城乡的合理布局，而且可以完善城乡基础设施、优化城乡生态环境。在城乡绿地系统规划中，应该用可持续发展理论针对城乡内可能造成环境污染和破坏的人类活动，制定出防治对策和措施，以协调"人—社会—自然"三者之间的关系，从而合理地开发资源、维护生态平衡，促进人与社会的协调发展。

（4）城乡生态规划理论。城乡生态规划是指在系统分析的基础上，运用生态原则和经济、社会、自然的整体发展战略，拓展城乡长期发展途径，以减少风险的可行性对策的研究规划。城乡生态规划是一种与可持续发展理论相统一的规划方法，提倡合理利用自然资源，对生态环境的建设实施合理的保护措施，创造一个宜居、和谐的生态环境。城乡生态规划遵循社会生态、经济生态、自然生态、复合生态等原则，强调协调性、区域性和层次性。

2.1.3 生态恢复理论

矿山岩质堆积体绿化过程不同于草地、林地、农田、湿地等生态系统恢复过程，矿山岩质堆积体绿化是在没有植被赖以生存的土壤、水等环境下进行的植被重建与恢复，同时起到护坡的作用。因此，其生态恢复过程机理具有一定的特殊性，目前的植被护坡技术，坡面生态恢复以草本植物为主，助推堆积体从人工建植的植物群落向原有的自然植物群落演替。植被生长的时空变化大，在不同的恢复阶段，绿化堆积体有不同的特点。

堆积体绿化过程是坡面植被及物种多样性动态恢复的过程，这一过程可能的演替方向包括：恢复前状态、持续退化、保持原状、恢复到一定状态后退化、恢复到介于退化与人们可接受状态间的替代状态、恢复理想状态。正确运用堆积体绿化技术，厘清植被护坡恢复机理是前提。矿区岩质堆积体生态系统退化、绿化复原、恢复与重建的内涵见图2-1；土地复垦与生态恢复阶段论见图2-2。

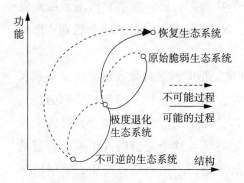

图2-1　生态系统恢复与重建的内涵　　　　图2-2　土地复垦与生态恢复阶段论

从与生态宜居相关政策和生态宜居相关理论可以看出，运用植物防治土壤侵蚀、构建绿水青山的宜居环境是生态宜居理论的基本内涵和内在属性。堆积体是人类工程活动的产物，堆积体的生态系统已被严重破坏，属极度退化的生态系统，不可能在自然状态下再恢复至初始生态系统；从生态宜居的视角，必须借助外力的干预，进行地貌重塑、土壤重构、植被重建、景观再现、生物多样性重组与保护，以达到生态宜居的目的。本书参照周云艳(2009)的研究成果，结合宜阳矿山岩质堆积体绿化实践，堆积体植被恢复过程特征参数如表2-1所示。

表2-1　植被恢复过程特征参数

特征参数	绿化初期	绿化后期	特征参数	绿化初期	绿化后期
种类数量	少	较多	群落均匀度	小	中
草本植物	多	少	组织结构稳态	不稳定	较稳定
灌木植物	无	少	物种多样性	少	少
先锋植物	少	少	总生物量	低	较低
建群种类	少	多	根生物量	低	较低

特征参数	绿化初期	绿化后期	特征参数	绿化初期	绿化后期
顶级种类	少	少	经历时间	短	长
稳定性	稳定	不稳定	演替速率	快	慢
生态优势度	小	小	演替方向	多向	多向

2.1.4 堆积体立地条件类型划分

研究矿山堆积体废弃地立地条件，合理划分立地类型是堆积体绿化的基础工作，是提高植被成活率的重要科学措施，对提高绿化水平有重要意义。完善的矿山废弃地立地类型体系可使矿山堆积体绿化更有针对性，既可提高植被恢复的实践水平，又可降低造价。具体到矿山岩质堆积体，主要是微立地类型划分理论。微立地主要指拟绿化场地的地形地貌和表层覆被土体特征存在差异，包括土壤差异、地形差异、小气候差异、绿化植被差异等，在小尺度范围内将堆积体绿化与微立地类型协调统筹考虑，从实际情况出发，本着适地适植被的原则科学实施矿山堆积体绿化。

根据田涛(2011)对北京地区典型堆积体，主要是矿山岩质堆积体立地条件类型划分的研究成果，挖方岩质堆积体立地因子指标体系包括：岩性、pH值、顺逆坡、坡度、坡高、坡向、颜色、温度、滑动层、浮石、涌水、裂隙密度、平均裂隙宽度、填充物程度、粗糙元平均高、粗糙元面积比、破碎程度、粗糙度初判、干湿程度、冲风、结构破坏程度、矿物成分变化程度、颜色变化程度、岩体硬度、坡脚削坡、坡顶加载、坡顶裂缝等。分析矿山挖方岩质堆积体坡面稳定性，对立地因子量化定级，将挖方坡面稳定性分为稳定、不稳定、危险三级；数理统计挖方坡面立地类型主导因子为裂缝密度、粗糙元平均高、填充物程度、矿物变化程度、结构破坏程度、破碎程度、坡高、粗糙元面积比、坡度、平均裂隙宽度。矿山堆积体立地因子指标体系包含：坡度、坡向、坡高、质地构成、颜色、温度、平均粒径、堆体紧实度、冲蚀沟、浮石位置、坡顶加载、坡脚削坡、土壤含水率、容重、有机质、磷、钾、氮、pH值、厚度等。分析矿山堆积体坡面稳定性，对立地因子量化定级，将堆积体稳定性分为稳定、不稳定、危险三级；数理统计堆积体立地类型主导因子为坡度、坡向、坡位、堆积体削坡、坡顶加载、冲蚀沟、土壤含水率、土壤紧实度、土肥情况等。作者总结出了矿山堆积体 12 种立地类型：低山近平原山顶岩质堆积体、低山近平原山体堆积体、低山近平原山体岩质堆积体、低山近平原沟底岩质堆积体、低山中海拔山顶堆积体、低山中海拔山坡堆积体、低山中海拔山体岩质堆积体、低山中高海拔沟底岩质堆积体、低山中海拔沟底堆积体、低山高海拔山顶岩质边、低山高海拔山体岩质堆积体、低山高海拔山体堆积体。通过数量化计算，统计出了矿山岩质堆积体 31 种微立地类型，包含 15 种挖方岩质堆积体微立地类型和 16 种堆积体微立地类型。15 种挖方岩质堆积体微立地类型为稳定粗糙阴阳高陡坡、稳定粗糙阴性陡坡、稳定粗糙阳性陡坡、稳定较光滑阳性高陡坡、不稳定粗糙阳性高陡坡、不稳定粗糙阴阳高陡坡、不稳定较粗糙阴性高陡坡、不稳定较粗糙阴阳高陡坡、不稳定较光滑阳性高陡坡、不稳定较粗糙阳性高陡坡、不稳定粗糙阳性斜坡、不稳定较光滑阴性高陡坡、不稳定较光滑阳性斜坡、不稳定较光滑阴性陡坡、不稳定粗糙阳性高陡坡。16 种堆积体微立地类型为稳定碎石堆积阴陡坡、稳定碎石堆积阳陡坡、稳定土石混合阴陡坡、稳定土石混合阴阳陡坡、稳定土石混合分级阳斜坡、稳定石块堆积阳斜坡、不稳定碎石分级阳陡坡、不稳定土石混合分级阳陡坡、不稳定土石混合阳陡坡、不稳定土石混合阴阳斜坡、不稳定石块堆积阳陡坡、不稳定碎石堆积阳陡坡、不稳定碎石堆积阳斜坡、不稳定石块堆积阴性高陡坡、不稳定土石混合分级阴阳陡坡、不稳定土石混合分级阳性高陡坡。

本书在堆积体立地条件类型划分理论的基础上，总结出矿山岩质堆积体绿化时，不同海拔、坡度、坡向土植被的分布特征和规律，提炼出堆积体绿化的优势物种。

2.2　植物防治土壤侵蚀理论

植被防治土壤侵蚀是一门多学科交叉性的学科，涉及植物学、岩土工程、生态学、园林学、土壤学、水土保持等方面的理论，虽然近几年国内外学者对植被护坡技术的研究较多，但是对植被固土机理的研究还处于探索阶段。植被护坡作用机理可概括为植物地上部分茎叶的水文效应以及植物根系的固坡效应。其中，根系的固坡效应在利用植物进行堆积体生态防护中占主导地位。植被护坡机理概括起来说，可以分为根系植物学领域、植被的水土保持领域和工程力学领域三个方面。

2.2.1 根系固土的植物学理论

自然界绝大多数高等植物，植物根系生长在土壤中，根系是植物长期适应陆地条件而形成的一个重要器官，植物根系提供给地上部分生长依赖的水分、生长活性物质和矿质营养，根系主要功能是吸收土壤中的水分以及溶于水中的无机盐类。同时，根具有合成的功能，是赤霉素、细胞分裂素和植物碱的合成部位，另外，大约50%的植物光合产物运往根系，任何影响根系生长的环境因子和栽培措施都会影响整个植株的生长发育。有些植物的根可以储藏大量的养料，可以作为人们生活中的食物；同时根系具有一定固土作用，能够将植物支撑在土体中。随着生态工程堆积体的发展，对植物根系固土机理研究成为根系研究的热点，但是根系的特殊生长环境导致其研究方法具有一定的困难，与植物地上部分的研究相比，在广度和深度上都显得十分落后。随着生态环境保护的要求，植物根系护坡研究显得越来越迫切，亟须对根系固坡机理进行研究。

根系生态学理论。根系生态学主要是研究环境因子对植物根系发育的影响，是根系研究的一个重要部分。根系生态学研究对象包括草本、灌木和森林等各种植被类型，研究内容涉及根系发育的形态和构型、根系寿命与周转、根系生长与碳消耗、根系生理代谢与养分和水分的吸收、根系与真菌和土壤动物的关系等。根系生态学研究有助于深入认识植物的结构与功能的关系，涉及根系与环境因素，尤其是水分、土壤条件、微生物和共生菌类、有机质等相互作用的关系。目前，根系采样难以及采样方法不成熟等因素导致根系生态学研究发展长期滞后，理论研究还不成熟。近些年随着我国根系生态学研究的深入，具有我国生态系统类型特点的根系生态研究已经取得重要进展。

根系骨架理论。种子植物的根一般分为直根系和须根系，大部分双子叶植物为直根系，大部分单子叶植物为须根系。直根系植物包括主根、侧根和须根。主根是由种子的胚根发育而来，侧根上面可以进一步分化出二级侧根、三级侧根等，构成全部根系。直根系植物具有粗大的主根，而且有强烈的向地性，侧根则相对较短、较细，围绕着主根呈一定角度生长，形成了一个主根向下垂直生长，侧根沿一定的角度向四周生长的"伞状"根系骨架。直根系植物的主根和较大侧根构成根系的骨架，通常被称为骨干根和半骨干根。在工程建设中，由于采取营养繁殖苗及移栽断根的方式进行绿化种植，时常造成骨干根、半骨干根的损伤，定植成活后，通常从根系伤目部位发出若干新根，人们称之为不定根。这些新根生长 2~3 年后，其中生长旺盛的逐渐变为新的骨干根或半骨干根；定植约 5 年后，基本建立起新的根系骨架。

根系形态构型的基本理论。根构型是指同一根系中的不同类型的根（直根系或不定根系、须根系）在生长介质中的空间造型和分布。根构型既是一个空间概念，也是一个时间概念，不同种类植物的根系或者相同种类植物的根系生长在不同的介质，都会对其三维构型产生影响。在特定的位置梯度下，根系的生长状况称为根分布，通常用根长度和根量来表示。植物根系不同根轴之间的连接方式是通过根系拓扑学参数的测定来表示的，拓扑学特性不受根轴自身的畸变或转向影响，可将根系分为鲜鱼型、二分枝型和二分枝鲜鱼型三类。根分布和根系的拓扑学特性是根构型的重要方面。另外，根构型包含立体几何构型（不同类型的根在介质中的三维空间分布）和平面几何构型（同一根系各种根沿根轴二维平面上的分布），用于描述根构型的参数主要有根系数量、根直径、根吸收面积、根长、根量以及根分枝夹角等。由于根构型能全面描述根系的形态、结构特征及空间分布的综合性状，不同种类植物的根系根构型具有很大差异。目前在果树生产中，已经应用了许多调控根构型的技术，如根系修建、定向施肥和各种限根技术来达到丰产的目的。

2.2.2 植物护坡的水土保持理论

以坡面为界线，植被可划分为地上部分（主要指干、茎、叶）和地下部分（主要指根系）。植被地上部分的截留作用可减少作用于坡面的有效雨量、缓冲掉部分高速下落雨滴的动能，进而削弱雨水对坡面表层土壤的侵蚀，抑制水土流失。随着堆积体绿化时间的推移，被有效绿化的坡面附近小气候能得到改善，驱使坡面生态趋向良性循环，特别是草本植被和藤本植被对坡面表层土壤抗侵蚀能力的改善，主要体现在四个方面：截留降雨、削弱雨滴侵蚀与溅蚀、通过植物蒸腾作用降低坡体深层孔隙水压力、抑制坡面径流。

在降雨条件下，地表径流对堆积体表层产生影响，使坡面产生侵蚀，而地表径流又受到降雨情况、坡面土壤结构以及坡面土层覆盖物的影响，其中降雨引起的地表径流是导致堆积体表层侵蚀和坡面失稳的最重要的因素，如果表层土体有植被覆盖将对降雨产生一定的截留和阻碍作用。因为降雨到达坡面之前将被表层植被截留，一部分被大气蒸发，另一部分下落到坡面。植被的截留作用减少了作用于坡面的有效雨量，从而减弱了雨水对坡面表层土体的侵蚀。另外，当下落的雨滴打击表层土体时，植被能够拦截高速下落的雨滴，降低雨滴下落速度以及减少雨滴的数量从而降低雨滴击打坡面的能量。植被地上茎叶部分能够起到缓冲阻碍作用，消耗了雨滴大量的动能，当植被相当旺盛密集时，可以显著削弱甚至消除溅蚀。因此植被既能够抑制地表径流又可以削弱雨滴溅蚀，从而实现控制土壤的流失。一般情况下，土壤的流失量随植被覆盖率的增加呈指数关系降低。因此有植被覆盖的坡面，植被的地上部分能够减少或防止降雨对地面的直接撞击溅蚀，同时能够改善堆积体附近的小气候，使坡面的生态趋向稳定和良性循环，这对堆积体防护和控制侵蚀具有十分重要的意义。植物特别是草本植物具有良好的控制土壤侵蚀的能力，其通过降雨截留、土壤增渗、径流延滞、土层固结等作用，改善堆积体附近的小气候，减少环境对土层表面的侵蚀。

截留降雨。降雨时，雨滴在到达坡面之前植被将截留一部分，重新蒸发到大气或下落到坡面。另一部分雨滴在到达坡面之前就被植被茎叶截留并暂时储存在其中，以后再重新蒸发到大气中或落到坡面。植被通过截留作用降低了到达坡面的有效雨量，大大减弱了雨水对坡面土体的侵蚀。植被截留降雨量的大小可通过式(2-1)推导得到。

$$E(P) = \lambda(P) \cdot P \tag{2-1}$$

式(2-1)中，E 为截留降雨量，P 为降雨量，λ 为截留系数。

削弱雨滴侵蚀与溅蚀。下落的雨滴对坡面具有一定的打击作用，与坡面接触过程中将动量传递给表层土体，产生的分裂力使得土颗粒发生分离和飞溅。在雨滴与表层土体接触的过程中，雨滴的动量越大，撞击土体产生的分裂力越大，产生飞溅的土颗粒数量也越多，植被能够拦截高速下落的雨滴，减少接触土层的雨滴数量、滴溅能量和飞溅的土粒。雨滴的飞溅将对表层土体产生击溅作用，这是雨水侵蚀坡面的一种重要形式。降雨时，高空中下落的雨滴具有一定的重量和速度，落地时将产生一定的冲击能量，这种能量将打击堆积体表层土体，能够使土壤结构遭到破坏、破裂、分离、产生位移并被溅起。溅起的土颗粒下落在坡面时，土颗粒总是往坡面下方移动，因此土颗粒将随径流大量流失，一场暴雨能将裸露地的土壤飞溅达 240 吨/公顷之多。堆积体植被能够阻碍拦截高速下落的雨滴，通过地上茎叶的缓冲作用，能够消耗大量的雨滴动能，并将大雨滴分散为小雨滴，大大降低了雨滴的动能。将高空落下的雨滴在有无植被覆盖条件下到达坡面的动能进行比较，能够对植被削弱雨滴溅蚀有一个定量的认识。选择一定质量的雨滴从距坡面一定高度的高空落下，假设不考虑雨滴下落时所受的空气阻力，若无植被覆盖直接到达地表,雨滴的动能与质量和高度成正比。若地表有植被层,植被层距地表有一定高度,则雨滴落到植被后由于其动能被覆盖植被的缓冲作用所消耗,因此雨滴到达坡面的速度减小为零;假定雨滴又被分散为多个质量相等的小雨滴,则每个小雨滴到达地表时所具有的动能为零。对于草本覆盖层,植被层距地表高度很小,可认为植被层距地面的距离为零,则雨滴到达地表时可认为植被完全消除了雨滴的溅蚀。

降低坡体深层孔隙水压力。降雨是诱发堆积体滑移的重要因素,堆积体的失稳与堆积体土体的孔隙水压力大小有着密切关系。堆积体排水是防治土体坍塌、滑坡的有效工程措施之一。植物根系存在于堆积体土体中,使得堆积体土层相对疏松,下渗的雨水在土层中将更加容易流动。植物的蒸腾作用能够使植物根系从较深土层中吸取水分,从而降低土体的含水量。植物的根系能延伸到地下几米,甚至十几米,分布在具有不同含水状态的土层中,将渗进土体很深的有效渗水吸出来。植物通过吸收和蒸腾土体内水分,能够有效地降低土体的孔隙水压力,增加土体吸力,从而提高土体的抗剪强度,有利于堆积体的稳定。下渗的雨水虽然软化了土体,但土体存在植物根系的力学作用,总体强度有较大的提高。

抑制坡面径流。地表径流能够带走被滴溅作用分离的土颗粒,进一步发展可引起片蚀、沟蚀。植被存在能够减少地表径流并削弱雨滴溅蚀,从而控制土颗粒流失,一般情况下,土体的流失量随植被覆盖率的增加呈指数关系降低。地表径流集中是坡面表层土体冲蚀的主要动力,土体冲蚀的强弱取决于径流流速的大小、径流所具有的能量。草本植物分蘖多,丛状生长,能够有效地分散、减弱径流,改变径流形态,使径流在草丛间迂回流动,直流径流变为绕流径流,设定径流的流程和流速,则径流历时由于径流在草丛间迂回流动,从而增大了流程,即径流流程增大。水力坡降减小加上径流被分散和阻截,又减慢了流速,依靠覆盖的草本植物能够延长地表径流流程,增加雨水入渗。径流减小,流速减缓,冲刷能量降低,从而土体冲蚀减弱。

2.2.3 根系固土的力学理论

根系固土的力学理论包括草本植物根系固土理论和木本植物根系锚固理论(垂直根系锚固、水平根系支撑),本书主要阐述草本植物根系固土理论。根系固土理论本质上是水—土体—根系彼此相互作用形成对植物覆被斜坡浅层稳定性的影响机理,具体到固土理论方面,即根系强度、根系吸水对土体强度的改善，根土复合体对堆积体浅层稳定性的影响。

　　植物根系生长于土层堆积体，对堆积体产生固土作用，这一系列作用主要集中建立在土的莫尔—库仑强度理论之上。在有效应力范围内，莫尔—库仑强度理论可表示为抗剪强度是摩擦强度力与黏聚力之和，摩擦强度是由土颗粒间的相互运动和咬合作用而形成的摩擦阻力所产生的。植物根系固土的基本理论依据就是植物根系的存在，通过其锚固和加筋作用、水分的蒸腾从而降低孔隙水压力的作用来提高根土复合体的抗剪强度，具体表现为：根系的存在提高土体的黏聚强度，加大根系与土体之间的摩擦，提高土体的摩擦强度。对于堆积体土层来说，由于根系的弹性模量远大于土层的弹性模量，这两种材料在堆积体土层受力产生变形过程中将产生一定的变形差，变形差将对土层产生一定的约束力。这种约束力是通过垂直根系与土体之间的剪应力来传递的。对于产生浅层滑动的堆积体，垂直根系延伸到滑裂面，那么垂直根系与土层之间存在剪应力将阻止堆积体产生变形，同时堆积体的变形将产生力作用于垂直根系，使垂直根系产生反作用的剪应力。因此垂直根系在阻止堆积体滑动时能起到双重的作用，对于阻止堆积体滑动能起到很好的效果。但深层滑坡，其滑动面较深，超出了垂直根系的深度，则垂直根系对于阻止堆积体的下滑的锚固作用有限，更多的是加筋作用。

　　加筋理论。加筋土就是由一层或多层水平加筋构件与填土交替铺设而成的一种复合体。土体是一种具有一定的抗压和抗剪切强度的材料，但土体的抗拉强度非常低。为了提高土的强度和改善其变形特性，人们在土内掺入适量的加强体，从而改善土的强度和变形特性，形成加筋土。根系是一种天然的加筋材料，因此根土复合体可以看作加筋土，但根系的分布形态与传统的工程加筋材料相比，其性能要复杂得多。根据植物根系形态的不同，根系可分为垂直根和侧根：垂直根直径大、入土深度深，在土中起锚固作用；侧根根系数量多、直径小，在土中形成网状结构，主要起加筋的作用。侧根的加筋作用与加筋土的作用机理有相似之处。根土复合体是由土和根系共同形成的复合体，这种复合体改变了土的力学性能，提高了土体的抗剪强度。根据加筋理论，根系能够提高土体强度的根本原因在于土体与根系在变形模量上有很大不同，因而它们在共同变形过程中，存在相互滑动的趋势。这种滑动使得根系与土体之间产生摩阻力，从而对根系产生了很大拉力，同时根系之间的土体侧向约束力提高了根土复合体的强度。

　　摩擦加筋理论。根系在土体中主要发挥拉力作用，土与根系间的摩阻作用将根系的拉力传递到土中，同时可以阻碍土层的侧向变形发展。即当土层相对于根系发生运动时，根土接触面的摩阻力阻碍这种相对运动；当根系受拉力作用时，根土接触面的摩阻力同时又阻碍根系拔出。因此，只要根系具有足够大的强度，与土体之间产生足够大的摩阻力，则根土复合体就可保持稳定。实际上是土—根—土相互作用原理。天然堆积体中，在土的自身重量和外力产生的土压力作用下，土体将此土压力传递给根系，该土压力可能将根系从土中拉出。由于根系被上面填土压住，不能移动，因此土与根系的接触面将产生摩擦力，这种摩擦力阻止了根系被拔出。因此，当根系具有足够的强度，并与土产生足够的摩阻力，则根土复合体就可保持稳定。剪力作用于根土复合体时，这种土体剪力会转化为对根系的拉力，从而形成根系与土体之间的摩擦阻力。在根土复合体中取一微分段来分析，假设由水平推力作用于土中，在该微分段引起相应拉力，假定该拉力沿根系长度呈非均匀分布，垂直作用在土体的自身重量和外荷载为竖向力，定义根系与土之间的摩擦系数、根系宽度、作用于微分段根系上下两面垂直力，可推求根系与土体之间的摩擦阻力。如果根系与土体之间的摩擦阻力大于微分段拉力，则根系与土之间的摩擦力足够大，它们之间就不会产生相互滑动。如果土体中的根系能满足摩擦力的要求，就能够保证整个根土复合体结构的内部抗拔稳定性，不会被拉断或破坏。根据学者侯龙（2012）、冯国建（2015）对非饱和土体力学模型的研究成果，考虑土体基质吸力的非饱和无根土抗剪强度可表达为式（2-2）。

$$\tau_f = c' + (\sigma_n - u_a)\tan\varphi' + (u_a - u_W)\left[(\tan\varphi')\left(\frac{\theta - \theta_r}{\theta_s - \theta_r}\right)\right] \tag{2-2}$$

式（2-2）中，c' 为土体有效黏聚力部分，$(\sigma_n - u_a)$ 为土体有效法向应力部分，θ 为自然状态下土体体积含水率，$(u_a - u_W)$ 为土体基质吸力部分，θ_s 为饱和体积含水率，φ' 为土体有效内摩擦角，θ_r 为残存体积含水率。

似黏聚力理论。根土复合体可以认为是各向异性的复合材料，植物根系的弹性模量远大于土体，当根系与土发生共同作用时，包括根系的抗拉力、土与根系的摩擦阻力及土的抗剪力，使得掺入根系的复合土体强度有显著增大。在素土中，在竖向应力作用下，土体产生了竖向压缩变形；随着竖向应力的不断增大，侧向变形和压缩变形也不断增大，直到土体最终被破坏。如果在土体中设置水平方向的根系，则在相同的竖向应力作用下，土体侧向变形会相应地大大减小。

锚固理论。根系固土锚固理论得到工程界普遍认可的作用机理集中表现为悬吊作用、组合梁作用、挤压加固作用、垂直根系锚固理论。悬吊作用：锚杆支护通过锚杆将松动、软弱、不稳定的岩土体悬吊于稳定的岩土体中，以防止其离层滑落。组合梁作用：这种原理是把薄层状岩体看成一种梁，在没有锚固前，它们只是简单地叠加在一起。由于层间抗剪力不足，在荷载作用下，单个梁均产生各自的弯曲变形，上下缘分别处于受压和受拉状态。锚杆支护后，等同于用螺栓将它们紧固成组合梁，各层板便相互挤压，层间摩擦阻力大为增加，内应力和扰度大为减少，于是增加了组合梁的抗弯强度。当把锚杆打入岩土体一定深度，相当于将简单叠合的数层梁变成组合梁，从而提高了岩土体的承载能力。挤压加固作用：在块状围岩中，锚杆可将巷道周围的危石彼此挤紧。垂直根系锚固理论：垂直根系具有较高的抗拉、抗剪强度，通过根系、根土接触面与土体的共同作用，使根土复合体抵抗滑动的能力明显增强，变形特性得到明显改善；垂直根系对根土复合体起箍束骨架作用(由根系自身强度及它在土体内的空间分布作用所决定)，根系可以很好地制约土体变形、增强复合土体整体性与稳定性；垂直根系分担荷载作用(土体进入塑性状态后应力逐渐向根系转移)，从而延缓根土复合体塑性区的开展及渐进开裂面的出现；垂直根系的应力传递与扩散作用，根系通过其膨胀作用锁紧周围土体，提高围土之间的摩擦阻力，通过咬合作用，以及根系与根系周围土体的相互钳制共同作用，根系将所承受的荷载和剪力向土体深层传递及周围扩散的同时，降低根土复合体的应力水平、改善变形性能，使不稳定的表层与未遭到破坏影响并依然具有较高承载能力的深层土体形成整体，把坡面推力传递到稳定地层，利用稳定地层的锚固作用和被动抗力，使坡面得到稳定。

　　根土复合体的强度特性及破坏模式。土单元体在大主应力作用下将产生压缩变形，土的侧向变形呈现膨胀状态，随着外界荷载不断增强，土的压缩变形越来越大，直至土体的破坏。根与土颗粒之间的互相运动产生的摩擦作用，将根土复合单元体侧向变形引起的拉力传递给根，因为根系的拉伸模量相对土而言非常大，这将限制根土复合单元体侧向变形。根土复合体在外界荷载作用下的破坏模式主要分为根土复合体发生整体剪切破坏和根土接触面剪切破坏两种。整体剪切破坏时根系被拉断，接触面破坏时根系被拔出破坏。

　　根土复合体的分析模式。掺入根系的根土复合体相对原土体而言，能够提高土体的内聚力和内摩擦角，改善原土体的力学性质。目前，揭示根土复合体力学特性变化的机理主要有以下两种：一个是准黏聚力原理，另一个是摩擦加筋原理。准黏聚力原理认为：根系与土体的共同作用包括土体自身的抗剪力、根系的抗拉力及根系与根系的摩阻力，这些力能够让根土复合体的强度显著提高。在侧限应力一定的条件下，加根土单元在破坏时的轴向应力大于素土单元，实际上是等效材料原理。

2.2.4　根系固土量化理论

根系固土能力量化涉及两个关键科学问题：一是随着时间的推移，如何量化植物根系的固土能力；二是植物根系固土参数优化方法研究。这两个关键科学问题的研究属植物根系固土理论体系，是植物根系固土科学化、合理化的重要依据。本书通过易于操作的试验获取岩土体水致劣化视角的根系固土参数、构建实用的量化植物根系固土能力模型，并总结植物根系固土机理。直剪试验虽易于操作，但因直剪试验中剪切面面积、剪应力、正应力是一动态变化的过程，因此实践中广泛采用的直剪试验数据存在较大误差。基于此，本书初步设想运用时变系统表述岩土体的水致劣化，在直剪试验中引用剪应力单点面积修正函数获取植物根系固土参数，构思植物根系与岩土体水致劣化的耦合机制，引入能量法模型分析根系固土特征及机理，量化植物根系固土能力。岩土体力学参数随时间动态劣化的数学表达见式(2-3)，直剪试验中剪应力单点面积修正函数见式(2-4)，能量法模型具体形式见式(2-5)。

$$\begin{cases} y(t) = H \cdot x(t) \\ \tau(n) = \sigma(n) \cdot \tan\varphi_o \cdot \varphi(n) + c_o \cdot c(n) \\ \varphi(n) = \tan\varphi_n / \tan\varphi_o \\ c(n) = c_n / c_o \end{cases} \tag{2-3}$$

式(2-3)中，$y(t)$为时变系统因变量，$x(t)$为时变系统自变量，H为系统算子，$\tau(n)$为岩土体抗剪强度，$\sigma(n)$为作用于岩土体单元的法向正应力，$\varphi(n)$为内摩擦角干湿循环劣化系数，$c(n)$为黏聚力干湿循环劣化系数，φ_n为经过n次干湿循环后的内摩擦角值，φ_o为内摩擦角初始值，c_n为经过n次干湿循环后的黏聚力值，c_o为黏聚力初始值。

$$\tau = \begin{cases} \dfrac{F - ma}{A} & a \neq 0 \\ F/A & a = 0 \end{cases} \tag{2-4}$$

式(2-4)中，τ为单点面积修正后的剪应力，F为直剪试验中测力计测出的水平推力，A为试样剪切面积，m为试样质量，a为剪切试样的加速度。

$$\begin{cases} E_F = \int_0^{x_{FP}} F(x) \, dx \\[2mm] E_R = \int_0^{x_{RP}} R(x) \, dx \\[2mm] \Delta E = \int_0^{x_{RP}} [R(x) - F(x)] \, dx \\[2mm] C = \Delta E / E_F ; \quad K = \Delta E / E_R \end{cases} \qquad (2\text{-}5)$$

式(2-5)中，x_{FP} 为素土峰值剪应力对应的剪应变，x_{RP} 为根土复合体峰值剪应力对应的剪应变，x 为试样剪应变—剪应力关系曲线中的剪应变，$F(x)$ 为素土剪应变—剪应力关系曲线函数，$R(x)$ 为根土复合体剪应变—剪应力关系曲线函数，E_F 为素土剪应力达到峰值时消耗的总能量，E_R 为根土复合体剪应力达到峰值时消耗的总能量，ΔE 为根土复合体中根系提供的抗剪强度，C 为植物根系对土体抗剪强度增强效应系数，K 为植物根系作用下土体强度的增长率。

2.2.5　根土体水力特性

1. 非饱和土体水力特性

根据赵娇娜(2012)、张少妮(2012，2015)对非饱和绿化堆积体土体水力学特性的研究成果：非饱和土总吸力 s_T 由土体 s 与根系渗透吸力两部分组成，植物蒸腾作用是非饱和土体基质吸力的重要组成部分；非饱和土水力传导系数及含水率与堆积体土体吸力成反比。非饱和土总吸力 s_T、非饱和土体渗透系数 $k(s)$ 可表示为式(2-6)。

$$\begin{cases} s_T = -\dfrac{RT}{\upsilon_{W0} \omega_V} \ln\left(\dfrac{u_V}{u_{V0}}\right) = -\dfrac{RT}{\upsilon_{W0} \omega_V} \left[\ln\left(\dfrac{u_V}{u_{V1}}\right) + \ln\left(\dfrac{u_{V1}}{u_{V0}}\right)\right] \\[4mm] k(s) = k_s \left[\dfrac{\displaystyle\int_{\ln s}^{b} \dfrac{\theta(e^y) - e(s)}{e^y} \theta'(e^y) \, dy}{\displaystyle\int_{\ln s_{ave}}^{b} \dfrac{\theta(e^y) - \theta_s}{e^y} \theta'(e^y) \, dy}\right] \end{cases} \qquad (2\text{-}6)$$

式(2-6)中，R 为气体常数，T 为温度，υ_{W0} 为水的密度的倒数，ω_V 为水的摩尔质量，u_V 为堆积体土体中水头弯液面土方的部分蒸气压力值，u_{V1} 为同一堆积体土体中水头在较大容器中液面土方的部分蒸气压力值，u_{V0} 为环境温度相同时纯水水面土方饱和蒸气压力值；s 为土体基质吸力，$b = \ln(10^6)$，k_s

为饱和渗透系数，y 为关于吸力积分的虚拟变量，θ' 为 θ 的导数。

根据吴宏伟（2017）提出的用根系体积比（R_V）表达的含根土体孔隙比概念（植物根系占据土体孔隙体积的概念），结合土体三相组成草图，可得含根土的孔隙比。土水特征曲线表征的是含水率与基质吸力关系的函数模型，引入 Gallipoli D.（2003）提出的用含根土体孔隙比 e_r 表达土水特征函数模型的方式，结合含根土的含水率、孔隙率、饱和度三相比例指标换算关系，含水率与含根土体基质吸力关系（草本植被堆积体土体的持水能力曲线）的表述见式（2-7）。式（2-7）中（a）为含根土体孔隙比的表达；（b）为含根土的含水率与孔隙比关系表达；（c）为草本植被堆积体非饱和土体水力传导方程；（d）为土水特征曲线关系。

$$
\begin{cases}
e_r = \dfrac{e_0 - R_V(1+e_0)}{1 + R_V(1+e_0)} & \text{(a)} \\[2ex]
\dfrac{\theta_w}{n} = \left[1 + \left(\dfrac{s_g e_r^{m_4}}{m_3}\right)^{m_2}\right]^{-m_1} & \text{(b)} \\[2ex]
K = K_s \cdot e^{\beta h} & \text{(c)} \\[2ex]
\theta_w = \theta_r + (\theta_s - \theta_r) e^{\beta h} & \text{(d)}
\end{cases}
\quad (2\text{-}7)
$$

式（2-7）中，e_r 为含根系土孔隙比；e_0 为素土孔隙比；R_V 为根系体积比，θ_w 为降雨入渗情况下传导区土体体积含水率（%）；n 为孔隙率（%）；s_g 为含根土体吸力（kPa）；m_1、m_2、m_3、m_4 为无量纲参数，m_1、m_2 控制着含根系土体持水能力曲线的基本形状且 $m_2>1$，m_3、m_4 与进气值相关；β 为减饱和系数（m^{-1}）；θ_r 为土体残余体积含水率（%）；θ_s 为土体饱和体积含水率（%）；K 为渗透系数（m/s）；K_s 为饱和渗透系数（m/s）；h 为压力水头（m）。

2. 根系吸水理论方程

植物根系吸水可降低土体中孔隙水压力，提高土体基质吸力，降低渗透系数，改善土体孔隙水运移，提高土体抗剪强度。从堆积体防护角度来看，这有助于减小雨水入渗、提高堆积体浅层稳定性，是一个对环境友好的方法。

吴宏伟（2017）及其团队推导不同根系形状对土体吸力分布及堆积体稳定影响的解析解，根系吸水 $S(h, z)$ 表述见式（2-8）。式中，h 为水头，z 为垂直坡面方向坐标轴（向上为正），$F(h)$ 为根系吸水函数，$G(z)$ 为根系形状函数，T_p 为蒸腾速率。式中 h_{os}、h_{wilt}、h_{ws} 依次为植物呼吸作用时厌氧点土体吸力水头、萎蔫点土体吸力水头、根系吸水降低点土体吸力水头。常见的根系形状有均布型、椭圆形、三角形、指数型，根据根系形态可对根系形态函数进行描述。$G(z)$ 为根系生长形态理想化为三角形根系形状时的根系形态函数，根据 NG C. W. W. (2015)、吴宏伟 (2017) 的研究结论，e_1 为根系在垂直坡面方向长度，e_2 为根系分布厚度以下受根系影响的无根区域垂直坡面厚度，这里假定根系垂直于坡面生长。

$$
\begin{cases}
S(h,\ z) = F(h)\,G(z)\,T_p \\[4pt]
F(h) = \begin{cases}
h/h_{os} & (h \leqslant h_{os}) \\
1 & (h_{os} < h \leqslant h_{ws}) \\
(h_{wilt} - h)/(h_{wilt} - h_{ws}) & (h_{ws} < h \leqslant h_{wilt})
\end{cases} \\[4pt]
G(z) = 2(z - e_2)/e_1^2 \\[4pt]
e = e_1 + e_2
\end{cases}
\tag{2-8}
$$

2.3 研究区域地质条件与生态环境

2.3.1 地理位置与地形地貌

研究区位于河南省洛阳市西南部，属洛阳市管辖，东连洛阳市，西接洛宁县，南与嵩县、伊川县交界，北与孟津、新安为邻。研究区地理坐标为东经 111°45′~112°26′，北纬 34°16′~34°42′，总面积 1617.53km²，占河南省总面积的 1%，占洛阳市总面积的 11%。县城建成区面积 25km²。研究区基本地形地貌特征为：三山六陵一分川，南山北岭中为滩，洛河东西全境穿。地貌形态主要有基岩低山地貌、黄土丘陵地貌、河谷阶地地貌，其中河谷阶地地貌主要为河漫滩、Ⅰ级阶地、Ⅱ级阶地、Ⅲ级阶地。黄土丘陵地貌与基岩低山地貌之间，冲洪积堆积体、黄土台塬地貌或丘陵地貌相间散布，呈现整体上沿东西向展布的地势地貌特点；河漫滩呈东西向展布，西高东低，平坦开阔；河漫滩、各级阶地间约呈阶梯状相连，沿主河道两侧不对称散布。即分布于县境西南部由太古界、元古界变质岩、岩浆岩、古生界碳酸盐岩组成的中山，分布于县境洛河南部大部分地区的低山丘陵，分布于研究区洛河北部一带的黄土丘陵，位于县境洛河两岸地带的河谷阶地及河漫滩。地势整体上北西高南东低，地表坡度较大，地形切割较为强烈，冲沟发育，纵横交错，有利于大气降水的径流与排泄；岩石裸露，地表植被不发育。研究区域地貌见图 2-3。

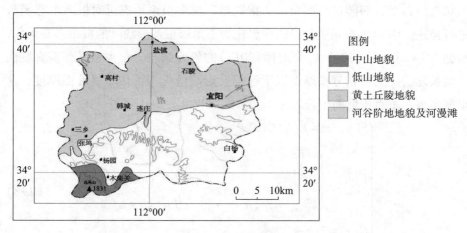

图 2-3　研究区域地貌

2.3.2　地质构造与地层岩性

1. 地质构造

研究区的大地构造位置在中朝准地台南缘的三级单元，属华（山）熊（耳山）台缘坳陷，见图 2-4（来源于白杨幅 1∶50000 区域地质调查）。地壳活动表现比较明显，但总体上仍然属于地台性质，基底盖层分明，褶皱及断裂在不同的构造层段均具固有的特点。

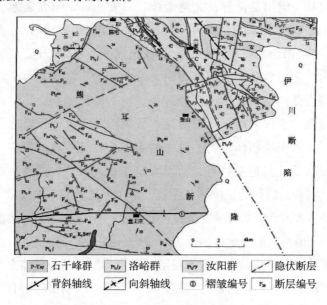

图 2-4　研究区构造纲要图

(1)基底构造。太华群分布区主要由古老的花岗岩类及基性火山岩、各种侵入岩组成，发育有多期次的面理和后期的各类侵入岩，基本岩石主要是各类片麻岩，主体麻理总体方向为北东—南西向，部分地段呈近东西向，或北西向，与各类侵入体片的分布方向基本一致。

(2)熊耳群构造。熊耳群分布区的地质构造比较复杂，火山岩地层主体为北西—南东向展布，沿南涧河—梅家沟形成一个轴向290°的倾伏背斜，其北西端为仰起端，两翼地层倾向分别为210°和25°~40°，背斜倾伏方向为110°，倾伏角在25°左右。沿背斜轴线方向发育一系列近东西向的脆性断裂和近南北向断裂，后者多数有重晶石矿脉产出。

(3)盖层区的构造为本县内地质构造表现最为完整和清晰的地区。构造多发生在中生代后期(燕山运动)，新生代仍有构造活动。主要构造形迹列述于下：

①褶皱。李沟向斜：向斜轴向300°左右，转折仰起端在宜阳城西，倾向南东；两翼由上元古界汝阳群、洛峪群及寒武系、石炭系、二叠系组成，槽部为三叠系；东北翼比较完整，倾向南西，倾角40°~49°，南西翼产状较陡，北东倾，倾角60°，褶皱受晚期断裂破坏，东端为新生代覆盖。杨店短轴背斜：见于宜阳东杨店，走向北西、向南东倾伏，核部为中元古界汝阳群，两翼依次为洛峪群、寒武系、石炭系、二叠系；东北翼倾向北东，倾角30°~45°，南西翼即为辛沟向斜的北东翼，因宜阳—龙门断层的切割，使该褶皱不全。

②断层。研究区内，洛河以南，锦屏镇、城关镇、白杨、木柴关一带断层构造比较发育，按照走向划分为：北西向(290°~340°)、近东西向(70°~110°)、北东向(20°~70°)及近南北向(20°~340°)等四组。下面选取各组具代表性的断层简述。北西向断层：F46为沿李沟向斜轴部发育的正断层。方向北西—南东向，北东倾，倾角50°左右，断层南侧发育有与其大致平行和斜交的两组断裂，规模较小。F51祖师庙—水河沟断层，西起祖师庙山南坡，向南经潘家、兰家门到水河沟后没入第四系，延长11.2km，宽5~20m，总体走向285°~307°，断层位于宜洛煤矿向斜南翼，受其影响，中上元古界汝阳群、洛峪群及寒武系、石炭系—三叠系等不同时代地层均有不同距离的错断，并严重破坏了向斜的形态；断层形成于燕山运动，表现为两期活动特征，早期为正断层性质，晚期受兰家门推覆断层影响，西段断层面反转，角砾强烈片理化，显示逆断层特征。近东西向断层：F29乔家沟—水河沟断层，该断层西起乔家沟，向东经季家沟顶、水河沟，东端止于祖师庙—小河沟断层(F51)上。延长4.2km，宽5~15m。走向70°~78°，倾向340°~348°，倾角30°~60°，断

层面上陡下缓；带内主要发育角砾岩，角砾成分以白云岩、灰岩为主，次为砾岩，呈棱角状，大小不等；断层切错汝阳群、洛峪群、寒武系、石炭系—三叠系等不同时代地层，并将兰家门逆冲推覆断层分割为北段和南段，其中南段相对向东平移1.5km。北东向断层：F65潘家沟—寺河水库断层，该断层西起潘家沟，向南西被北西断层F46切断，东到寺河水库，被近东西向断层切断；断层延长3.8km，宽4~8m，总体走向60°~65°，断层内分带明显，中间为石英脉，平行主断面展布，厚度40~150cm，沿石英脉一侧发生强烈褐铁矿化；在石英脉和矿化带两侧为角砾岩带，角砾呈次圆状—次棱角状，大小2~10cm，成分为流纹斑岩、安山岩，发育网状石英细脉，具硅化和轻微褐铁矿化；断层倾向325°~330°，倾角75°~85°，断层面呈波状弯曲，造成沿走向上鸡蛋坪组和马家河组相接触，根据两盘岩层错动方向，确定为右行平移断层。近南北向断层：F75杏树坪—彭沟断层，该断层由杏树坪向南经黄家门、庙上至于彭沟，南端被F51所限。延长约4.0km，宽7~8m。走向13°，倾向103°，倾角75°~83°，断层通过处形成清晰的断层崖和鞍部，地貌特征明显；在杏树坪南断层发育磨光面、阶步和擦痕，指示上盘下滑，为正断层；在断面旁侧形成一组张节理（3~5cm宽）和一组剪节理（1~2cm宽），泥岩受应力作用沿节理贯入，在断层面上形成网格状分布的泥岩条带。断层带内发育碎裂岩，碎块呈棱角状—次棱角状，3~15cm大小，由各种砂岩、泥岩破碎后混杂堆积、岩粉松散胶结。该断层走向上呈波状弯曲，造成不同组段地层沿走向上直接接触，平面上错距200m左右，据切割的最新地层为中三叠世油房庄组判断，该断裂形成于燕山期。

2. 新构造运动及地震

研究区大地构造位置在中朝准地台南缘的三级单元，属华山、熊耳山台缘坳陷，地壳活动表现比较明显，但总体上仍然属于地台性质、基底盖层分明，褶皱及断裂在不同的构造层段均具固有特点，地质构造复杂，易形成崩塌、滑坡等土壤侵蚀。研究区构造较简单，地层为单斜形态，地层总体走向为北西—南东，倾向205°、倾角21°。新构造运动及地震：研究区地处邢台—河间地震带与许昌—淮南地震带的交会部附近，在县境内分布的地质构造断裂带有洛河断裂、张坞断裂和石陵—白鹤断裂。研究区地震动峰值加速度为0.05g，地震基本烈度Ⅵ度。

3. 地层岩性

据河南省地矿局区域地质测量队编制的1∶50000河南省洛阳一带区域地

质调查报告和河南省第一地质调查队完成的 1 : 50000 木柴关幅、田湖幅、韩城镇幅、白杨幅区域地质调查，研究区位于华北地层区渑池—确山小区，洛河以北出露地层为第四系、新近系和古近系；洛河以南出露地层主要为前新生界，东南部沿洛河边缘有第四系，中南部有第四系、新近系和古近系分布。与土壤侵蚀相关的岩性主要为粉砂质泥岩、泥质页岩及第四系黄土分布地区。研究区域地质见图 2-5，各时代地层由老到新分述如下。

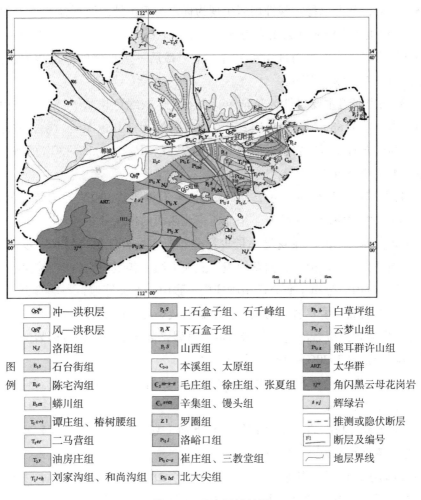

图例

Qh_3^{al+pl}	冲—洪积层	P_2s	上石盒子组、石千峰组	Pt_2b	白草坪组
Qp_3^{eol}	风—洪积层	P_1x	下石盒子组	Pt_2y	云梦山组
Nl	洛阳组	P_1s	山西组	Pt_2x	熊耳群许山组
E_2s	石台街组	C_{2-P}	本溪组、太原组	$AR.T.$	太华群
E_2c	陈宅沟组	$\in_2 m-x-z$	毛庄组、徐庄组、张夏组	$\eta\gamma^2_3$	角闪黑云母花岗岩
E_2m	蟒川组	$\in_1 xm$	辛集组、馒头组	$\beta\mu$	辉绿岩
T_3c+t	谭庄组、椿树腰组	$Z1$	罗圈组	- - -	推测或隐伏断层
T_2er	二马营组	Pt_3j	洛峪口组	F1	断层及编号
T_2y	油房庄组	Pt_3c-s	崔庄组、三教堂组		地层界线
T_1l+h	刘家沟组、和尚沟组	Pt_3bd	北大尖组		

图 2-5　研究区域地质

太古宇：主要出露太华群，分布在上观乡西部、花果山乡北部及张坞乡东南地区的白河、上官地、龙潭寺、胡凹一带；岩性为混合岩化及部分混合岩化黑云母片麻岩、黑云母斜长片麻岩、角闪石片麻岩、二长花岗岩、夹角闪岩、角闪辉石片麻岩等。其原岩为一系列花岗岩、闪长岩和基性岩的侵入体；太华群与燕山期岩体接触带及构造碎裂带中金属矿化明显，上部与中元古界熊耳群许山组呈角度不整合接触；厚度达 1200~1800m。

中元古界熊耳群。主要分布于赵堡、董王庄一带。自下而上划分为许山组、鸡蛋坪组、马家河组、龙脖组，各组间均为喷发整合接触。

(1)许山组以中基性—中性火山熔岩为主，下与晚太古代变质岩系呈角度不整合接触，其上以稳定酸性熔岩出现为标志与鸡蛋坪组区划分，厚 2854m。

(2)鸡蛋坪组以酸性火山岩为主，夹多层中基性熔岩，下以首次稳定出现的酸性熔岩底界为标志与许山组分界，上以最后一层稳定的酸性熔岩顶界与马家河组分界，厚 2917m。

(3)马家河组主要岩性为灰紫色、灰红色、灰绿色块状—杏仁状安山岩、安山玢岩，厚 1188m。沉积夹层发育，主要岩性为紫红色泥岩、粉砂质泥岩、灰红色细粒岩屑长石砂岩、硅质岩等，在紫红色泥岩中含 5%~30% 的海绿石，常呈微细层状分布。

(4)龙脖组零星分布于赵堡、旧关、陈宅沟等地，主要岩性为紫红色流纹斑岩。受区内北西向断裂控制，呈北西—北西西向带状分布。

中元古界汝阳群。在赵堡一带少量分布，根据岩性组合特征，汝阳群自下而上划分为：云梦山组、白草坪组、北大尖组，各组间均为整合接触。

(1)云梦山组分布于研究区祖师庙山、张山、旧关等地，与熊耳群、马家河组呈断层接触，主要岩性为灰白色中粒石英砂岩，厚 55.5m。

(2)白草坪组以紫红色、灰绿色泥质页岩，薄层中细粒石英砂岩为主，中上部石英砂岩中含 20%~40% 的白云石砾石。

(3)北大尖组主要岩性以中细粒长石石英砂岩为主，夹薄层灰红色、灰绿色页岩，厚 255.7m。

上元古界。根据岩性组合特征，自下而上划分为崔庄组、三教堂组、洛峪口组，各组间均为整合接触。

(1)崔庄组出露于祖师庙山、豁子山、半坡山及水河口沟等地，主要岩性为灰绿色页岩，中部夹少量含海绿石长石石英砂岩，厚 159~186m。

(2)三教堂组分布范围与崔庄组基本一致，主要岩性为灰白色细粒石英砂岩，普遍含海绿石，下部常出现长石石英砂岩或含长石石英砂岩。

(3)洛峪口组分布于石板沟、祖师庙山、豁子山一带，根据岩性组合特征可划分为三个岩性段：一段以灰绿色、黑色页岩为主，夹细粒石英砂岩条，砂岩条由下向上逐渐减少，上部消失；二段以灰红色、浅肉红色叠层石白云岩为主；三段以紫红色页岩为主，夹浅红色、肉红色白云岩，白云岩向上逐渐减少。

下古生界寒武系。主要分布于县城南部锦屏镇、城关镇、白杨镇一带。根据岩性组合特征，区内寒武系自下而上分为朱砂洞组、馒头组、张夏组、崮山组、炒米店组、三山子组。

(1) 朱砂洞组一段以砖红色泥质砂岩和粉砂质泥岩为主，夹灰白色泥质白云岩、砂质白云岩、泥质或白云质石英砂岩。二段以花斑状灰岩，灰色条带状、薄层状微细晶白云岩为主，顶部含不规则状—椭圆状燧石结核。

(2) 馒头组一段以浅黄色、灰红色薄层状泥灰岩、泥晶灰岩、白云质灰岩为主，夹黄绿色泥页岩；二段以灰红色紫红色页片状粉砂质泥岩、黄色黄绿色薄板状泥质粉砂岩为主，夹薄层鲕状灰岩，由下向上灰岩夹层增厚；三段以深灰色缝合浅鲕粒灰岩、纹层状灰岩、花斑状灰岩为主。

(3) 张夏组兰家门断裂以北底部为青灰色厚层状、薄板状、鲕状灰岩，中上部为碎片状泥灰岩、花瓣状灰岩、白云质灰岩等；断裂以南为中厚层状、薄层状鲕粒状泥灰岩。

(4) 崮山组兰家断裂以北，该组主要岩性为灰白色、浅灰色，浅灰色厚层—中厚层状微细晶白云岩，底部为灰黄色薄层泥灰岩，张李沟底部出现透镜状灰白色含砾长石砂岩，厚38.6m；断裂以南以浅灰色薄层含砾鲕粒白云岩为主，夹块状细晶白云岩，厚56.2m。

(5) 炒米店组仅在兰家门断裂以北发育，南部缺失。主要岩性为灰白色厚层状微细晶白云岩，底部为浅灰色薄层状含燧石结核微细晶白云岩，张李沟剖面厚31m。

(6) 三山子组仅在庙沟、张李沟、石板沟等地出露，该组主要岩性在石板沟以灰白色厚层状微细晶白云岩为主，底部以薄层灰黄色微细晶白云岩为主，张李沟为河流相陆源碎屑沉积，主要岩性为中粒长石石英砂岩，含铁质结核，厚14.8m，向东、西两侧延伸约300m，渐变为厚层状细晶白云岩。

上古生界石炭系。

(1) 本溪组岩性以灰白色铝质页岩、灰色厚层状黏土为主，底部为厚0.5~1.1m的透镜状鸡窝状褐铁矿层。

(2) 太原组分布于宜阳城南，可划分为三部分：下部由生物碎屑灰岩、粉砂质页岩夹炭质页岩、煤层及粉砂岩组成；中部由灰白色中细粒石英砂岩（胡石砂岩)、砂质泥岩、粉砂岩夹炭质页岩及煤层组成;上部由生物碎屑灰岩、燧石、砂质泥岩夹煤层组成。总体为西厚东薄,西部李沟一带厚 27.3~35.0m,东部灯盏窝一带厚 8.9~10.5m。太原组赋存有煤、黏土、熔剂灰岩等矿产,其中含煤层(煤线)0~3 层,分别为青石大煤(下部)、胡石大煤(中部)和铁里石大煤(上部)。其中青石大煤、胡石大煤平均厚 0.4~1.90m,大面积可采,为宜洛煤矿的主采煤层。

上古生界—中生界二叠系—三叠系。自下而上划分为山西组、石盒子组(含三段)、石千峰组(含三组)、二马营组(含二段)、油房庄组等。

(1)山西组下部为深灰色、黄色含铁质结核泥岩、粉砂质泥岩、黑色炭质页岩夹煤层(线),中部为灰白色细—中粒含云母砂岩及岩屑砂岩,厚 5.2m。上部为青灰色—灰黄色含铁质结核粉砂质泥岩、薄层粉砂岩、斑块状泥岩夹三层炭质页岩及煤层(线),厚 30.8m,标志层为小紫斑泥岩。

(2)石盒子组主要岩性为灰黄色—灰色含砾中粗粒长石石英砂岩、灰白色—灰色中厚层状含砾中粒长石石英砂岩、薄层状粉砂质泥岩、杏黄色块状—中厚层状粉砂质泥岩互层,夹薄层泥质粉砂岩。

(3)石千峰群孙家沟组主要岩性为:紫红色厚层、中厚层粉砂质泥岩、薄层灰红色泥质粉砂岩夹多层薄层灰色泥灰岩及灰杂色钙质砂砾岩。刘家沟组主要岩性为下部为中厚层状细粒长石石英砂岩。中部为灰红色泥质粉砂岩与粉砂质泥岩互层,波痕、泥裂发育。上部为灰红色中细粒石英砂岩夹灰红色薄层粉砂质泥岩,石英砂岩中交错层理发育。和尚沟组主要岩性为紫红色粉砂质泥岩、泥质粉砂岩夹钙质砾岩及灰绿色泥灰岩薄层,上部薄层灰红色细粒长石石英砂岩、粉砂岩,粉砂岩中常发育虫孔及板状、楔状交错层理。

(4)二马营组上段岩性以紫红色泥岩、灰红色粉砂岩为主,夹多层灰绿色细粒长石砂岩,常发育虫孔;下段岩性以浅肉红色—砖红色细粒长石砂岩夹薄层紫红色泥岩及灰红色粉砂岩为主。

白垩系分布于董王庄一带,主要岩性为灰白色蚀变晶屑凝灰岩。

新生界:

(1)古近系:零星分布于陈宅沟、白杨镇一带。岩性为紫红色砂砾岩、砾岩与紫红色、砖红色黏土岩互层,上部黏土岩层较薄,砖红色黏土岩中含钙质结核,砾石常大小混杂堆积,分选性差,多为棱角状、次棱角状、次圆状,成分多为安山岩、大斑安山岩、安山玢岩等火山岩类,大小一般 3~5cm,最大可达 10cm。测区厚 248m。

（2）新近系：主要分布于洛河以北东北部以及洛河以南部分地区，岩性主要为半固结黏土质砂岩、砂岩及黏土岩。

（3）第四系出露地层为午城黄土、离石黄土及上更新统和全新统的冲积、洪积层。午城黄土在洛河北岸西部沿冲沟呈条带状出露，在洛河南岸，樊村乡、白杨镇南部大面积出露，为一套以风成为主的风积—洪积相黏土—砂砾石层；主要岩性为灰红色、灰白色含钙质结核粉质黏土夹灰红色砂砾石层、钙质结核层；离石黄土在洛河北岸大面积出露，在洛河南岸白杨镇、赵堡附近零星出露，为一套以风成为主的风积—洪积相沉积；主要岩性为灰黄色粉质黏土夹 3~5 层厚 0.5m 左右的灰红色粉质黏土（古土壤层），厚度大于 30m，古土壤层底部一般含钙质结核。上更新统冲积与洪积层主要分布在研究区县城以东的洛河两岸二级阶地，在洛河北岸县城以东的沟谷中也有零星分布；北岸上部为淡黄色粉砂质、粉质黏土或粉土，含较多钙质结核，局部见砂砾石或含粉土透镜体，下部为卵石层，局部夹多层含砾粉土或粉土与砂卵石互层；南岸上部为含砾粉土，局部为粉质黏土夹零星基岩碎块或砾石、卵石，下部为砂卵石层，局部见薄层砂砾石或含砾粉土夹层。全新统冲积与洪积层，下部全新统洪积层主要岩性为褐黄色粉质黏土、粉土或砂土及砂卵石层，上部全新统冲积层主要岩性上部为粉土、砂土层，或粉细砂；下部为砂卵石层，微含泥质。

4. 土的类型与结构

（1）土的类型。

按沉积时间划分，晚更新世及其以前沉积的土，为老沉积土；第四纪全新世中近期沉积的土，为新近沉积土。根据地质成因，可划分为残积土、坡积土、洪积土、冲积土、淤积土、冰积土和风积土等。根据有机质含量分类，可分为无机土、有机质土、泥炭质土和泥炭等。根据颗粒级配或塑性指数分类，可分为碎石土、砂土、粉土、粉质黏土和黏土等。另外，还有特殊性岩土，包括黄土、湿陷性土、软土、混合土、填土、多年冻土、膨胀土、盐渍土等。研究区境出露土体的类型主要为午成黄土、离石黄土和晚更新统粉质黏土、新近沉积的粉土、粉质黏土等。

（2）岩土体结构。

参照《滑坡崩塌泥石流灾害调查规范（1∶50000）》（DD 2008-02）附录 B岩体结构分类表、附录 C 土体的主要宏观结构类型，对岩土体的结构类型进行划分，各种结构类型的岩体结构分类见表2-2，岩体工程地质特征见表2-3。

表2-2　岩体结构分类

类型	亚类	岩体结构特征
块状结构	整体状结构	完整，巨块状，结构面不发育，间距大于100cm
	块状结构	较完整，块状，结构面轻度发育，间距一般100~50cm
	次块状结构	较完整，次块状，结构面中等发育，间距50~30cm
层状结构	巨厚层状结构	完整，巨厚层状，结构面不发育，间距大于100cm
	厚层状结构	较完整，厚层状，结构面轻度发育，间距100~50cm
	中厚层状结构	较完整，中厚层状，结构面中等发育，间距一般50~30cm
	互层状结构	较完整或完整性差，互层状，结构面较发育或发育，间距30~10cm
	薄层状结构	完整性差，薄层状，结构面发育，间距一般小于10cm
裂隙结构	镶嵌碎裂结构	完整性差，镶嵌紧密，结构面较发育到很发育，间距一般30~10cm
	碎裂结构	岩体较破碎，结构面很发育，间距一般小于10cm
散体结构	碎块状结构	岩体破碎，岩块夹岩屑或泥质物
	碎屑状结构	岩体破碎，岩屑或泥质物夹岩块

表2-3　岩体工程地质特征

岩类	岩性与结构	主要岩性	抗压强度/MPa	软化系数	工程地质特征
岩浆岩	坚硬块状侵入岩	巨斑状角闪黑云二长花岗岩、巨斑状角闪黑云石英二长岩、中粗粒斑状角闪二长花岗岩、中细粒石英二长岩、片麻状二长花岗岩、片麻状石英闪长岩、超镁铁质岩	132~200	0.73~0.80	细粒至粗粒结晶，岩石致密、坚硬、较完整，抗压强度高，抗风化能力较弱，一般风化带厚1~5m，局部节理及构造裂隙发育的风化带厚度20~25m
	坚硬块状喷出岩	以安山玢岩、石英斑岩、细碧岩为主，英安斑岩、凝灰岩等次之	150~250	0.77~0.99	岩体完整、细、致密、坚硬、抗压强度高，抗风化能力强，可满足各类工程对地基之要求
变质岩	较坚硬块状片麻岩	角闪斜长片麻岩、黑云角闪斜长片麻岩	45~80		岩石较坚硬，抗压强度垂向和水平方向差异明显，抗风化能力较弱，风化带一般厚5~10m，厚度达15m，片理发育

岩类	岩性与结构	主要岩性	抗压强度/MPa	软化系数	工程地质特征
碎屑岩	坚硬中厚层状钙质、硅质胶结砂岩	以钙质、硅质石英砂岩,长石石英砂岩,石英砂砾岩为主,砂岩、薄层燧石灰岩次之	65~180	0.75~0.94	岩体一般较完整,致密、坚硬、抗风化能力强,但具软弱夹层,地下工程与水工建筑应注意沿软弱夹层产生滑动
碳酸盐岩	坚硬厚层状岩溶化石灰岩	以薄板状泥灰岩、灰岩、鲕状灰岩,白云质灰岩为主,夹薄层泥岩、页岩	85~140	0.80~0.91	岩体完整、致密、坚硬、抗压强度高,抗风化能力较强,岩溶发育

土体的主要宏观结构类型:均质结构、层状结构、滑动层状结构、混杂结构、碎裂结构。土体的主要工程地质特征见表2-4。

表2-4 土体的主要工程地质特征

黄土类别	含水率/%	重度KN/m³	孔隙比	液限/%	塑限/%	压缩系数/MPa⁻¹	内摩擦角/°	凝聚力/kPa	工程地质特征
风洪积午城黄土	10.0~20.4	14.5~19.5	0.523~0.708	24.2~32.9	15.7~20.2	0.04~0.09	22.6~24.6	24.6~28.6	致密、较坚硬、较稳定
离石黄土	8.0~19.0	16.7~20.7	0.424~0.762	24.2~28.3	15.7~17.8	0.05~0.10	22.1~24.3	23.5~29.8	
坡积积离石黄土	3.20~20.4	14.5~19.5	0.534~0.812	23.3~32.9	15.2~20.2	0.05~0.12	22.3~24.6	24.8~30.5	质地疏松、垂直节理发育,具大孔隙和湿陷性
坡洪积马兰黄土	13.20~17.8	14.2~17.6	0.736~1.107	23.2~28.9	15.2~18.1	0.06~0.19	23.0~24.6	25.2~30.2	
冲洪积黄土状土	14.4~31.6	15.5~20.2	0.639~1.089	18.0~36.2	12.5~21.8	0.07~0.86	16.2~26.4	17.0~28.0	

①均质结构类含致密层状、散粒层状两个亚类。致密层状是在地质环境相对稳定条件下持续接受搬运物质并长期沉积的结果,颗粒排列紧密且多具连接性,无明显的沉积界面或其他结构性界面;各部分物质组成单一、色泽较均匀、组构基本一致,如一般黏性土、老黄土、三角洲沉积土、湖积土等。散粒层状是指颗粒排列疏松、多无粒间连接,如各种成因的砂土。

②层状结构类含平行层状、交错层状、沙波层状。平行层状是指搬运物质在沉积过程中,因地质环境或物质来源的改变而导致沉积物产状的改造或组分的改变,结构层的相邻界面彼此平行(或水平排列或倾斜排列),土体中

有明显的沉积界面，由多个层状单元组合构成，层内物质组成比较一致，而层间则常常存在较显著的颜色、成分和结构等差异，如阶地土、河口沉积土；交错层状是结构层的相邻界面自上向下收缩、交错排列，如边滩沉积土、河床沉积土；沙波层状是结构层界面呈波浪状，如风积土、漫滩土、河床沉积土。

③滑动层状结构，结构层有较清晰的界面，土体中发育有揉皱状纹理，如滑带土、断层泥。

④混杂结构包含基质状混杂结构、混杂堆砌结构。基质状混杂结构多由原地风化或短距离搬运堆积而成，土体主要由两个显著差异的颗粒单元构成，其中粗粒部分多散布于细粒之中、被其胶结，无沉积界面或其他结构性界面，各部分物质组成复杂、色泽凌乱、组构差异大，如残积土、泥流堆积土；混杂堆砌结构土体颗粒组成复杂，大小混杂，无分选，杂乱排列，胶结性差，如崩塌堆积土、洪积土、稀性泥石流堆积土。

⑤碎裂结构类含次生碎裂结构、原生碎裂结构。次生碎裂结构由原状土遭受后期地质作用（如风化作用、新构造作用等）或人为卸荷作用产生的各种裂隙切割而成，多由规则的龟裂分割而成，土体的整体均匀性和完整性仍较好，土体的原始结构多被保存下来，土体受裂隙切割后的完整性被不同程度地破坏，沿裂隙带的风化作用加剧，与其他部位的颜色、成分存在一定的差异，如膨胀土；原生碎裂结构，土体多被一定规模的次生裂隙或断裂按某一稳定方位切割成大小不等的土块，如新黄土、残积土、断层带土。

5. 岩土体基本特征

岩浆岩分布在宜阳西南部中山地区，包括花果山乡西部和张坞乡南部。岩性以花岗岩、花岗闪长岩、纯橄榄岩、辉长岩、正长岩等为主，块状结构。该岩组风化厚度大小不一，一般风化厚度 1~5m，局部构造带风化厚度达20~25m。

变质岩类分布在宜阳西南部低山地区，岩性以片麻岩、块状结构为主，整体性较好。抗压强度垂直片理方向与平行片理方向差异性大。抗风化能力弱，风化厚度一般 5~10m，局部大于 15m。

碎屑岩类厚层状砾岩、石英砂岩主要分布在城关乡和樊村乡西部，但在构造作用下形成碎块，软弱夹层力学强度低，易风化，易引发土壤侵蚀。碎屑岩类钙质、硅质胶结砂岩、砂砾岩软弱夹层抗压强度低，抗风化能力差。

碳酸盐岩分布在研究区东部、洛河南部部分地区，岩性以大理岩、白云岩为主，云母大理岩、白云质大理岩、石墨大理岩夹片岩、片麻岩次之，厚层状结构，岩溶较发育。

石灰岩集中分布于矿区地层，出露简单，主要为寒武系中统张夏组灰岩和第四系。寒武系中统张夏组灰岩主要为青灰—灰黑色灰岩，风化面灰色，新鲜面灰黑色，细—粉晶—显晶结构，层状、块状构造，矿物成分主要为方解石、白云石，偶见有泥质条带碎屑灰岩，核形石灰岩，岩石中有方解石细脉，分布不均匀。第四系分布于沟谷及山前盆地，岩性为残坡积及黄色亚砂土夹薄层红褐色黏土。

黄土类土广泛分布于洛河两岸、洛河北部的全部地区和南部的部分地区，主要为第四系更新统和全新统黏土、粉质黏土，结构松散。洛河两岸黄土为全新统冲积黄土，具有弱—中等湿陷性；洛河北部主要分布的黄土为中更新统洪积黄土，属非湿陷性黄土；洛河南部赵堡乡及白杨镇附近黄土为土更新统坡积黄土，为非—弱湿陷性黄土。研究区岩土体分布见图2-6。

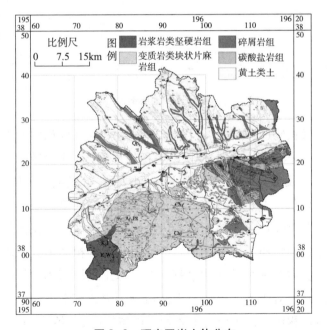

图2-6 研究区岩土体分布

堆积体坡面侵蚀的发生主要取决于侵蚀营力和下垫面土体条件，而土体水源涵养功能对坡面径流的调蓄影响很大。在坡面土壤侵蚀过程中，侵蚀外营力是土壤侵蚀发生过程中的外部因素，而土体自身的物理力学性质才是其内在因素。因此，分析堆积体的物理性质特征及其对水源涵养功能的影响，是研究其土壤侵蚀过程的一个重要内容，同时可为生产建设项目区土地复垦和生态重建提供理论依据。研究区域洛河两岸典型的上更新统冲积与洪积层剖面如图 2-7 所示。

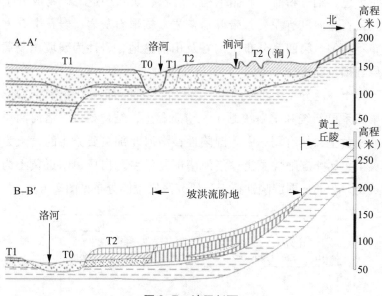

图 2-7　地层剖面

研究区涉及植物(草本植物，以狗牙根植物为主)堆积体的土体母质主要为灰岩类风化残积物，冲积、洪积、坡积粉质黏土，风积粉土，以冲洪积、坡洪积粉质黏土及含砂粉质黏土为主。土体颗粒组成细，砂质粉土含量多、黏粒含量相对较低，有机质与养分含量丰富，呈微酸至微碱性，具有土体种子库特征。具备土体种子库的土质、优良的植物条件为堆积体类堆积体生态防护提供了丰富的物质资料与绿植资源，但由于堆积体为人工堆积体，生态防护与植物恢复需要一个长期的过程。在生态工程堆积体防护区域，多采用草本类护坡植物；对比人工植物与天然植物，护坡草本类绿植以狗牙根最为常见。研究区堆积体上植物分为土体种子库植物(天然植物)和人工栽培植物两类。

2.3.3　水文地质特征

1. 流域与气象水文地质

研究区河流属黄河流域伊洛河水系，伊、洛两河在宜阳境内流域面积大于 $5km^2$ 的支流有 34 条，其中洛河 30 条、伊河 4 条。境内河流发育，河网密布，全县大小河流及山涧溪水 360 多条，最大的河流为洛河。洛河是黄河第三大支流，源出陕西省洛南县洛源乡的木岔沟，向东流入河南境，经卢氏县、洛宁县、宜阳县、洛阳市，到偃师县杨村附近纳入伊河后称伊洛河，到巩义市洛口以北注入黄河，全长 453km。洛河大致以洛宁的长水为界，上段洛河穿行在峡谷和盆地之间，多险滩急流；范里至长水一段，两岸悬崖陡壁，谷深在 200m 左右；出长水后，洛河脱离山区，水面渐宽，水中多沙洲。洛河在研究区内干流长 68km，流域面积占全县总面积的 90.2%，据研究区洛河东段宜阳县城观测点资料，洛河多年平均流量 $13.878m^3/s$，平均水位 44.11m。研究区境东南属伊河流域，约占全县总面积的 9.6%。流域面积在 $100km^2$ 以上的支流有 24 条，其中最著名的是涧河。研究区有中小型水库 48 座，最大的水库为寺河水库，库容为 $1.05\times10^8m^3$，是全县唯一一座中型水库，部分小型水库使用时间过久，缺乏修复，易出现库岸崩塌、淤塞泄洪道等灾害。研究区水系分布见图 2-8。

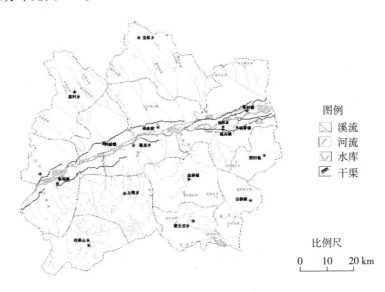

图 2-8　研究区水系分布

研究区属于暖温带大陆性季风气候，四季分明，春温、夏热、秋凉、冬寒，以西风和西北风为主，春冬季风较大，最大风速 20m/s。年均气温 14.8℃，地温平均 12.8℃，极端气温最高为 43.7℃（1997 年 7 月 23 日）、最低为-18.4℃（1979 年 1 月 12 日），相对温差 62.1℃。每年 10 月至翌年 4 月为霜冻期，年霜冻天数 145 天，最大冻土深度 16cm。

根据《河南省年平均降雨量分布图》，研究区多年平均降雨量由西部至中部依次递增再由中部至东部依次递减，中部地区多年平均降雨量 700mm，东部、西部地区多年平均降雨量 600mm 左右。多年平均蒸发量为 1833.24mm，最大年蒸发量为 2297.3mm，最小年蒸发量为 1637.8mm。历年相对湿度 60%~73%，最大相对湿度为 100%。全年无霜期平均 228 天。全年日照时间 1847.1~2313.6h。年降水量为 288.6~1022.6mm，年均降水量为 660mm，最大为 1022.6mm（1998 年），最小为 288.6mm（1997 年），最大月平均降水量为 139.03mm（7 月），最小月平均降水量为 8.58mm（12 月），最大日降水量 136.5mm；年内降雨量极度不均，主要集中在 7—9 月，降雨量占全年降雨量的 62.53%，夏季连续的降雨或突发暴雨，易导致崩塌、滑坡地质灾害发生。某时间段月平均蒸发量与降雨量分布见图 2-9；研究区多年平均降雨量等值线见图 2-10。

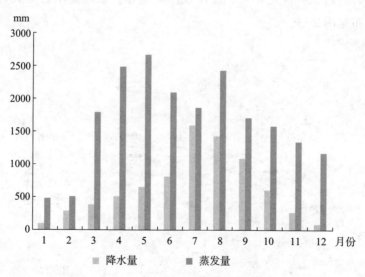

图 2-9　某时间段月平均蒸发量与降雨量分布

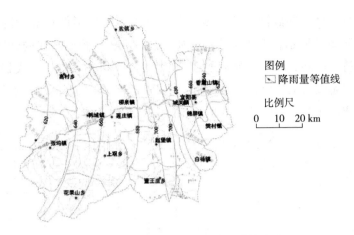

图 2-10 研究区多年平均降雨量等值线

2. 研究区域降雨诱发的堆积体土壤侵蚀

本书运用暴雨强度及雨水流量计算程序，选择南京市建筑设计院采用的临界回归分析，编制降雨强度与流量公式，对宜阳堆积体失稳事件中有降雨记录的降雨参数进行处理，获取一定降雨强度、降雨量下的堆积体失稳事件，降雨强度与降雨量计算界面如图 2-11 所示。

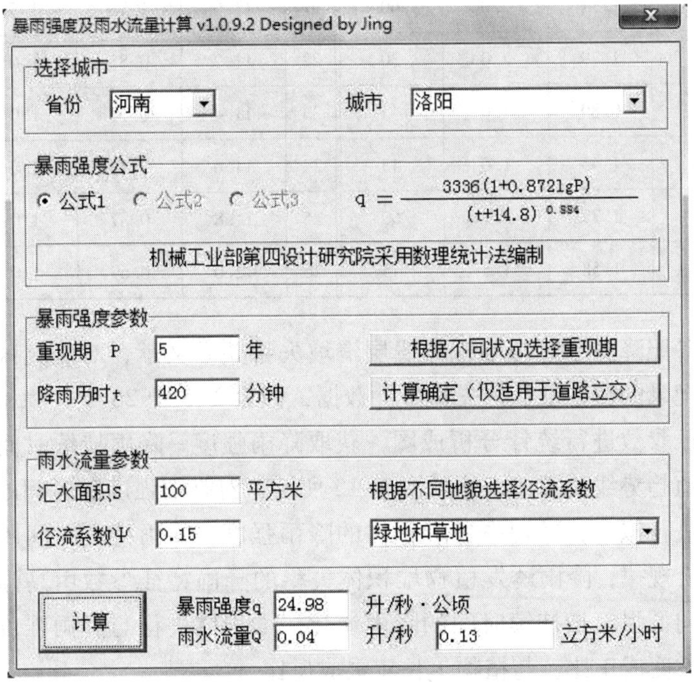

图 2-11 降雨强度与降雨量计算界面

对计算的降雨参数做单位转换，获取堆积体失稳事件对应的降雨特征参数数据如表 2-5 所示，坡体土质为粉质黏土、粉土、粉砂组成的砂质壤土；D 代表降雨持续时间，i 代表降雨强度。观察表 2-5 可知，堆积体失稳事件中的降雨强度都是较大的，降雨持续时间在 5.0~12.0 小时，降雨诱发堆积体失稳的坡度在 30°~60°，坡面植物的生长年限在 0.5~3.0 年。

表 2-5　降雨诱发植物堆积体失稳事件

序号	D/h	i/ mm·h^{-1}	生长年限/ 年	坡度/°	序号	D/h	i/ mm·h^{-1}	生长年限/ 年	坡度/°
1	5.0	1.72	0.5	60	14	9.4	1.37	1.5	30
2	5.3	2.70	0.5	60	15	9.6	1.27	2.0	45
3	5.4	1.48	0.5	45	16	9.8	0.76	0.5	45
4	5.6	2.65	0.5	30	17	10.0	1.78	3.0	45
5	5.8	2.15	1.0	60	18	10.4	1.16	2.0	30
6	6.6	1.76	1.5	60	19	10.6	1.12	2.5	45
7	7.1	1.15	2.0	45	20	10.8	1.33	2.0	30
8	7.3	2.11	2.0	60	21	11.0	1.13	1.5	30
9	7.7	1.79	2.0	30	22	11.2	0.85	1.0	30
10	8.3	0.89	1.0	45	23	11.4	0.93	1.0	30
11	8.5	1.45	1.0	45	24	11.6	0.84	1.0	30
12	8.6	1.77	2.0	60	25	11.8	0.87	1.0	45
13	8.8	1.58	1.5	45	26	12.0	0.69	1.0	30

本书参照降雨参数与堆积体浅层滑坡失稳关系文献，对研究区域有降雨特征参数记录的植物堆积体失稳事件数据，即表 2-5 中 26 个失稳植物堆积体的降雨特征参数进行统计分析成图，获取降雨强度—降雨持续时间失稳堆积体分布阈值趋势线及规律表达如图 2-12 所示，对降雨强度随时间的阈值滑坡预警标准进行拟合，发现失稳堆积体的降雨强度—降雨持续时间阈值复合指数函数拟合规律，降雨诱发植物堆积体失稳的降雨特征参数由高强度短持续时间降雨向低强度长持续时间的降雨演化，堆积体失稳与降雨强度、降雨持续时间、坡度成正比，与植物生长年限成反比。

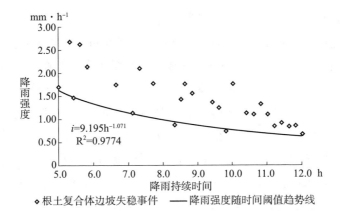

图 2-12 降雨强度—降雨持续时间阈值滑坡预警标准

对有植物堆积体失稳发生前 3 天累计降雨量 E_3 与 E_3 之前 15 天累计降雨量 E_{15} 数据的堆积体失稳事件及资料进行整理，如表 2-6 所示；对表 2-6 中 E_3 与 E_{15} 进行拟合，如图 2-13 所示，累计降雨量阈值趋势线符合线性拟合规律，累计降雨量 E_3 与 E_{15} 成反比。

表 2-6 植物堆积体失稳的 E_3 与 E_{15} 数据

编号	E_{15}/mm	E_3/mm	生长年限/年	坡度/°
1	0.0	89.0	0.5	60
2	25.4	75.0	1.0	50
3	50.8	52.0	1.0	45
4	76.2	39.0	1.5	50
5	101.6	21.0	1.5	45
6	127.0	2.0	0.5	55

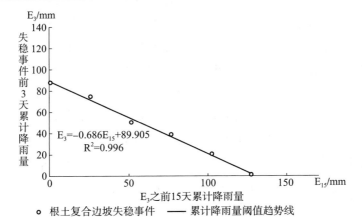

图 2-13 累计降雨量阈值滑坡预警标准

通过对研究区域有降雨特征参数记录的植物堆积体失稳事件数据进行分析，发现诱发植物堆积体失稳的降雨强度在 $0.69mm \cdot h^{-1} \sim 2.70mm \cdot h^{-1}$、降雨持续时间在 5~12 小时，堆积体失稳前 18 天累计降雨量在 89.0~129.0mm；根据我国气象部门采用的降雨强度标准，研究区域诱发植物堆积体失稳的降雨大部分属于大雨，触发堆积体失稳的持续降雨时间至少要 5 小时，小雨触发堆积体失稳的持续降雨时间在 10 小时左右，触发堆积体失稳的前 3 天累计降雨量要达到 89.0mm，E_{15} 达到 127.0mm 时极易触发植物堆积体失稳。

坡面径流侵蚀过程对堆积体失稳的影响：堆积体坡面在降雨或暴雨条件下，不仅会造成坡面发生严重水土流失，同时其入渗产流过程还会造成堆积体岩土强度降低、坡面破坏以及堆积体失稳等。径流侵蚀过程对堆积体最直接的影响是其严重的水土流失造成地表粗糙化、石砾化及养分流失，使土体蓄水能力下降、阻止植物根系的生长和延伸，增加了后期植被恢复的难度。同时，径流侵蚀还会造成堆积体的破坏，主要表现在：径流沿坡面土体内的孔隙、裂隙发生溶蚀作用，使土体内的空间增大、裂隙变宽，从而增加入渗水分的蓄存空间，同时又为入渗水流向深层土体的渗透提供了便利通道；径流沿土体内裂隙进行下渗时，还会溶蚀侧壁土体，进一步使裂隙变宽变长；堆积体本身内部结构松散、孔隙大，在下渗水流的不断溶蚀之下其裂隙可能成为坡面土体内部发生变形破坏的起裂部位；水分入渗还会使坡体自重增加，并产生静水压力或动水压力等。

堆积体坡面入渗产流过程对堆积体稳定性的影响主要体现在水分增加了土体的自重和水分引起土体抗剪强度的降低。堆积体表面下渗的水分会蓄存在土体内或转为地下水，使坡体内土体含水量增加，土体容重 γ 也会相应地增加直至达到饱和容重，即堆积体内土体含水量增加将导致坡体重度 W 增加，致使坡体的下滑力增大，进而造成堆积体失稳。此外，堆积体的水分下渗过程一方面会造成土体内本身含量较少的可溶性盐类与胶结物质发生溶蚀流失，促使堆积体颗粒间的黏结力或吸引力变弱，即黏聚力降低；另一方面会使堆积体内土体的含水量增加，土体颗粒间结合的水膜厚度变大，进而颗粒间相对移动时产生的摩擦系数变小，导致土体的内摩擦角降低。堆积体土体经过一定的物理化学变化，坡体内的软弱面及软弱带土体等便可能发育成为滑带土，为滑坡的形成创造充分条件。当降雨强度达到一定程度，堆积体坡面在形成地表径流的同时还会向坡内渗流，堆积体含水率增大、抗剪强度降低，坡面出现瞬态暂饱和区，极易形成浅层滑动。

3. 地下水特征

依据《1/20万洛阳幅、临汝幅区域水文地质普查报告》及研究区内地下水收集调查资料，研究区域地下水可划分为四大类、八个亚类。区内以松散岩类孔隙含水岩组富水性最强，单位涌水量最大，也是区内最重要的水资源供给区；碎屑岩类孔隙裂隙含水岩组富水性其次，属中等富水；碳酸盐岩类裂隙岩溶含水岩组及侵入变质岩类裂隙含水岩组，除碳酸盐岩富水性强外，一般含水性为贫乏—极贫乏岩类或地区。

(1)松散岩类孔隙含水岩组(Ⅰ)。

河谷(沟)松散岩类孔隙含水亚组(I_1)分布于洛河河谷地带，其支流河谷有少量分布。主要含水层为全新统和上更新统冲积、冲洪积砂卵层，厚2~8m，局部大于8m，地下水的补给以地表径流为主，其次为大气降水，渠系及灌溉的入渗补给。地下水运动与地表水基本一致，且互补关系明显。地下水埋深0~10m，局部大于10m，富含孔隙潜水—微承压水。赋水性强—极强，单位涌水量3~10L/s·m，局部大于10L/s.m(支沟含水不均)，渗透系数89~509m/d，水质良好，矿化度一般小于0.5g/L，水质类型为HCO_3-Ca(或Ca、Mg)型水。该含水岩组具有含水层分布稳定、结构疏松、渗透性强、传导迅速、反应灵敏、交替循环强、质优量丰、浅埋易采等特点。为区内工业及居民生活饮用的主要水源层。

黄土丘陵松散岩类孔隙含水亚组(I_2)分布于洛河河谷北岸和洛河以南的张坞庞沟、赵堡及白杨黄土丘陵区。含水层为中下更新统洪积、湖积层。基本特征为上覆中更新统钙质结核层孔隙水与下覆下更新统砂砾石层孔隙水呈双层叠置结构。以大气降水补给为主，上层水量贫乏，局部基本不含水，单位涌水量小于0.2L/s·m，泉流量一般小于0.2L/s；下层含水层厚2~8m，局部呈透镜状，地下水埋深10~100m，富水性中等(局部含水不均)，单位涌水量0.2~3L/s·m，泉流量常见值0.1~1L/s，渗透系数大于33m/d，矿化度一般小于0.5g/L，水质类型为HCO_3-Na(或Na、Mg)型水。

(2)碎屑岩类孔隙裂隙含水岩组(Ⅱ)。

新近系碎屑岩类孔隙裂隙含水亚组($Ⅱ_1$)见于樊村、陡沟和柳泉—寻村油房头一带，表层黄土覆盖，地表零星出露。赋存红层孔隙裂隙潜水—承压水。补给来源为上覆孔隙潜水、地表水入渗及邻区地下水水平运移，地下水埋深一般小于40m，局部自流，含水层稳定分布于地形条件有利部位，是相对富水地段，泉流量常见值为 0.1~0.5L/s，单位涌水量一般大于 0.4L/s.m，属中等富水，局部含水不均，渗透系数 12m/d 左右，矿化度一般小于0.5g/L，水质类型为 HCO_3-Na(或 Na、Mg)型水。

古近系碎屑岩类孔隙裂隙含水亚组(II_2)分布于宜阳盆地下部及莲庄—陈宅地区。含水层岩性为半胶结砂砾岩、砾岩、泥灰岩及疏松砂岩，因孔隙裂隙发育不均匀性和各向异性，以及垂向上胶结程度的差异，故富水复杂且不均一。上部水量中等，下部水量贫乏—极贫乏，在条件有利部位钻孔出水率相对增大，是相对富水地段，并有一定的水头压力，甚至自流。单位涌水量一般为 0.010~0.027L/s·m，局部含水不均。

中生界、古生界碎屑岩类裂隙含水亚组(II_3)分布于宜洛煤田外围和杨店南老龙山地区。含水层岩性为以石炭系、二叠系、三叠系为主的砂岩、页岩夹灰岩。补给来源以大气降水及地表水入渗为主，次为邻区地下水侧向径流补给。因灰岩出露面积小，且有页岩作隔水顶底板，因此补给条件亦差，水量贫乏，泉流量小于 0.1L/s，单位涌水量小于 0.1L/s·m，渗透系数为 0.01~0.02m/d，矿化度一般小于 1g/L，水质类型为 $HCO_3·SO_4-Mg$、Ca(或 $SO_4·HCO_3-Ca$、Mg)型水。

(3)碳酸盐岩类裂隙岩溶含水岩组(III)。

碳酸盐岩类裂隙岩溶含水岩组(III)分布于东南部山区锦屏山、灵山—石板沟一带。含水层为寒武系灰岩、泥灰岩、白云岩和白云质灰岩等。构造裂隙发育，岩溶现象明显，利于大气降水及地表水的补给。在裂隙岩溶发育部位赋存较丰富的裂隙岩溶水。灰岩的补给区和径流区，地下水露头不多，地势较低有排泄，泉涌量 2~35L/s，水量丰富。矿化度一般小于 0.5g/L，水质类型为 HCO_3-Ca(或 Ca、Mg)型水。

(4)侵入变质岩类裂隙含水岩组(IV)。

层状岩类裂隙水亚组(IV_1)主要分布于研究区内中南部赵堡、董王庄及上观乡东部一带。含水层中以中元古界熊耳群安山岩及汝阳群和上元古界洛峪群石英砂岩为主。因构造变动、赋存构造裂隙小，近地表风化裂隙发育，赋存风化裂隙水，因岩石较软，裂隙开启程度差，故水量贫乏—极贫乏。断裂带附近或地形有利部位常有泉水泄出。泉流量一般小于 1L/s，矿化度一般小于 0.3g/L，水质类型为 HCO_3-Ca(或 Ca、Mg)型水。

块状岩类裂隙水亚组(IV_2)分布于研究区内西南部木柴和张午南部及上观乡西部地区。含水层为深变质岩类及侵入岩类，赋存风化和构造裂隙水。经长期构造变动和风化剥蚀作用，构造及风化裂隙发育，大气降水是唯一的补给来源，径流途径短，水交替强烈，多系当地补给、当地排泄。变质岩类水量贫乏，泉流量 0.1～1L/s，地下径流规模数 1～3L/s·km^2；侵入岩类水量极贫乏，泉流量小于 0.1L/s。矿化度一般小于 0.3g/L，水质类型为 HCO_3-Ca 型水。

2.3.4 研究区域生态环境

1. 植被生态环境

宜阳属暖温带大陆性气候，地处北暖带南缘向北亚热带过渡的暖温带植物区系。西南部山地以落叶栎树为主植物片，广大丘陵区被"四旁"的落叶乡土树种以及成片的造林和果木树覆盖，大面积植被以乔灌木为主。宜阳森林资源丰富，林业用地 67 万亩，有林地 36.95 万亩，其中天然林 20.64 万亩，人工林 16.38 万亩，森林覆盖率 19.66%。各种用材树 90 多种，至今尚存的灵山银杏、韩城龙柏、西庄国槐、马河秋榆、祁庄白松等被文物部门列为珍优保护树木，血参、柴胡、茯苓等药材出口到东南亚等地区。土壤分潮土、褐土、棕壤土和水稻土 4 个土类，全县耕地基本上是以小麦、玉米为主的两年三熟栽培植物片。适宜种植小麦、玉米、豆类、棉花、烟叶、芝麻、红薯、水稻等多种农作物和蔬菜。药用植物种类达 200 多种，其中名贵药材 10 余种。血参、柴胡、丹皮、防风、茯苓等药材产量较大。

堆积土体种子库特性与优良的植物条件为堆积体生态防护提供了丰富的物质基础与绿植资源，但由于堆积体为人工堆积，生态防护与植物恢复需要一个长期的过程。在生态工程堆积体防护区域，多采用草本类护坡植物；对比人工植物与天然植物，护坡草本类绿植以狗牙根最为常见。研究区堆积体土植物分为土体种子库植物(天然植物)和人工栽培植物两类。

2. 工程生态环境

研究区境内的人类工程活动主要有交通工程、城乡建设、采矿工程及旅游开发建设等。

交通工程。近年来，县境内交通工程建设取得快速发展。高速公路、高速铁路、省道 S323 八官线、S319 安虎线、S247 南车线等构成县境交通框架，其他县乡级公路密集分布。这些交通工程一方面为研究区交通提供了方便，另一方面修路易形成斜坡隐患。由于研究区地形地貌条件复杂，尤其高速公路等主要交通干线沿线，修路过程中多处路段存在切坡或坡体开挖，形成高陡路堑边坡。修路时多采用爆破或机械掘进，使边坡岩体破碎或土体松动，导致边坡稳定性变差，存在较大的崩塌、滑坡隐患，对公路、车辆、行人及附近居民生命财产安全构成威胁。

城乡建设。由于地形地貌条件的限制以及当地建设用地较为短缺，生活在黄土区的当地村民，习惯于在斜坡坡脚处修建房屋、挖窑洞居住。这类活动往往形成高陡边坡，打破了斜坡的自然平衡状态，随着时间的推移和降雨的冲刷，边坡土体变得破碎，失去稳定，形成滑坡、崩塌和不稳定斜坡。

采矿工程。研究区矿产资源相当丰富，拥有能源、金属、非金属、水资源四大类矿种的矿床、矿点，矿化点达 50 种以上，产地达 150 多处。这些矿产比较集中地分布在南部、西南山区，与中部、北部农业区形成资源与经济优势互补。能源矿产主要是煤、煤层气和可能存在的地热资源带；非金属矿产包括石灰岩类、黏土和黏土类，花岗石、长石、白云岩、蛭石、重晶石、橄榄石、熔炼水晶、白垩等；金属矿产包括以铁、铁锰、铬铁为代表的黑色金属，以铝、铜、铅为代表的有色金属，以金为代表的贵金属，以铝土矿中的伴生镓为代表的稀散元素；水资源主要是地下水、矿泉水。全县 50 多种矿产资源中，仅不同程度开发利用了 20 个矿种，占全部矿产总数的 37%，至 2013 年底，全县有采矿证的企业 160 个。矿产开采严重破坏了周围的地质环境，导致水土流失、植被破坏，多处出现滑坡、崩塌、泥石流、地面塌陷等灾害现象；而且造成地质环境破坏严重，集中表现在大量的矿渣乱堆放，形成大量的矿渣堆场。调查中，我们发现研究区的矿渣堆场现象较多，其中主要是因采煤而堆放的煤矸石堆。煤矸石中含有大量的硫化物及其他有毒有害物质，长期堆放会导致有毒有害物质随降雨扩散到周边环境或者随地下水入渗造成污染，这些矿渣堆在降雨等条件下可能会形成一些人为的滑坡、泥石流、崩塌等灾害，对周围居民以及耕地产生威胁。除煤矸石堆场外，研究区还有一些金属矿渣堆场，同样存在上述问题，例如，上观乡柱顶石马蹄沟村废弃铁矿矿坑，因其铁矿石品位不高，开矿者放弃投资，而废矿渣却无人问津。有些金属矿的开采方式原始，存在很多安全隐患，例如，城关乡马庄八孔窑的废铝土矿，开采后留下的巨大洞穴和堆放在其旁边的废矿渣已成为重大的安全隐患。

旅游开发建设。研究区旅游资源丰富，山水古迹众多。近年来，研究区大力实施"旅游名县"战略，深入挖掘历史文化和人文生态资源，采取"政府主导、市场运作"模式加快旅游项目建设，初步形成"三山一寺一水一名人"的生态文化旅游发展格局（三山：花果山、香鹿山、锦屏山；一寺：灵山寺；一水：洛河；一名人：李贺故里）。在开发旅游的过程中，修建道路、宾馆等设施，导致周围地质环境遭受不同程度的破坏，特别是花果山开发道路建设，导致崩塌、滑坡隐患尤为严重。

2.4　地质环境问题及成因分析

2.4.1　土壤侵蚀统计

1. 土壤侵蚀特征

研究区地形地貌类型多样，岩性复杂，生态环境脆弱，特殊的自然地理环境和地质构造背景，导致该地区发育多种土壤侵蚀，包括滑坡、崩塌、泥石流、地面塌陷等。①滑坡：区内滑坡分布广，规模大，致灾重，多分布在沟壑纵横、冲沟发育的黄土残源梁峁区或沟壑丘陵区的斜坡地带；按物质组成可分为基岩滑坡和黄土滑坡；基岩滑坡呈散点状分布在研究区南部；黄土滑坡在境内洛河以北分布广泛，多呈带状群集分布；现已发生土质滑坡2处，岩质滑坡3处。②崩塌：研究区崩塌活动频繁，分布密度大，群集特征明显，但规模相对较小，突发性强，危害程度较大，多分布在斜坡陡直、岩土体垂直裂隙发育的中低山地段和黄土丘陵陡坎处；在境内洛河以南，河谷、沟壑深区，岩石基岩裸露，沿节理裂隙面顺陡坡基岩崩塌发育；在黄土长梁及源边沟壑区，黄土风化剥蚀强烈，垂直节理发育，黄土崩塌多成群成带密集分布。③泥石流：研究区现查明较大型泥石流有2条，主要为沟谷型，沟道长且上游汇水面积大，松散堆积物发育，岩石破碎，流通区沟道狭窄、沟岸陡，堵塞较严重，流通不畅，为泥石流形成和运动提供了有利地形和物质来源。④地面塌陷：地面塌陷是研究区煤田开采过程中衍生的一种土壤侵蚀，主要是由于采空区上覆的岩土体发生变形、破裂和冒落而造成，分布面积广，危害重，具有强烈的突发性、累进性和不均匀性沉降的特点。据统计，研究区已发生地面塌陷14处，全部为煤矿开采形成采空区，在社会经济活动的作用下诱发的地面塌陷。

2. 土壤侵蚀统计

（1）已发生的土壤侵蚀统计。

研究区最新土壤侵蚀统计资料显示，土壤侵蚀类型以滑坡、崩塌、泥石流、地面塌陷为主，共34处，其中滑坡5处，崩塌13处，泥石流2处，地面塌陷14处。受灾对象为居民、房屋、道路、农田和矿山。其中，滑坡、崩塌主要分布在南部、西南部中山、低山及丘陵区公路两侧、居民房前后；泥石流分布在西南部与东部低山、丘陵地带；地面塌陷分布在东部煤矿开采区。研究区已发生土壤侵蚀类型统计见表2-7。

表2-7　研究区已发生土壤侵蚀类型统计

土壤侵蚀类型		数量/处	占总数比例/%
滑坡	土质滑坡	2	5.9
	岩质滑坡	3	8.8
	小计	5	14.7
崩塌	土质崩塌	9	26.5
	岩质崩塌	4	11.8
	小计	13	38.3
泥石流		2	5.8
地面塌陷		14	41.2
合计		34	100

（2）土壤侵蚀隐患点统计。

近年来国土局的巡视、排查资料显示：研究区目前有土壤侵蚀隐患点77处，包括崩塌、滑坡、泥石流、地面塌陷、不稳定斜坡5种，其中崩塌30处、不稳定斜坡22处、地面塌陷15处、滑坡7处、泥石流3处（见表2-8）。经稳定性预测评估，32处稳定性差、45处稳定性较差。险情较大型3处，一般74处。张坞乡泥石流沟隐患点见图2-14；城关乡李沟煤矸石山隐患点见图2-15。

表2-8　研究区土壤侵蚀隐患点统计

乡镇	滑坡	崩塌	泥石流	地面塌陷	不稳定斜坡	合计
城关乡	1	5	1	6	2	15
樊村乡		1		7	1	9
白杨镇				2		2

续表

乡镇	滑坡	崩塌	泥石流	地面塌陷	不稳定斜坡	合计
赵堡乡		4			4	8
董王庄乡	2					2
张坞乡		3	2			5
莲庄乡					1	1
高村乡		4				4
寻村镇		1			1	2
柳泉镇					2	2
盐镇乡					1	1
花果山乡	2	1			3	6
上观乡					5	5
韩城镇		3				3
三乡镇		3				3
城关镇	2	5			2	9
合计	7	30	3	15	22	77

图2-14 张坞乡泥石流沟隐患点

图2-15 城关乡李沟煤矸石山隐患点

2.4.2 矿山地质环境问题及成因分析

合理划分矿山地质环境问题类型是进行矿山地质环境治理的一项基础性工作。常用的分类依据有：矿山类型、矿山开采及闭坑对地质环境的影响结果、矿山开采过程、空间分布、地质环境问题的特征等。本书研究了研究区域石灰岩矿区，依据地质环境系统演化过程的特点及实质，对矿山地质环境问题进行重新分类，分为渐变型矿山地质环境问题与突发型矿山地质环境问题(见表2-9)。

表 2-9　矿山地质环境分类依据

地质环境演化模式	参考已有分类	主要表现形式
渐变型矿山地质环境问题	生态资源破坏	土地压占植被挖损，地形地貌破坏，人文风景破坏，地表水系统破坏等
	环境污染	大气、粉尘污染
	渐变型土壤侵蚀	水土流失
突发型矿山地质环境问题	突发型土壤侵蚀	崩塌、滑坡、泥石流

　　本书根据研究区地质环境分类方案，对研究区域石灰岩矿区地质环境问题进行汇总，汇总结果见表 2-10。

表 2-10　研究区域石灰岩矿区地质环境问题汇总

矿山编号	矿山名称	渐变型矿山地质环境问题			突发型矿山地质环境问题
		生态资源破坏/km²	环境污染	渐变型土壤侵蚀	
1	研究区金山钙制品石灰岩矿	0.1455			崩塌落石、不稳定斜坡
2	研究区洛源氧化钙厂	0.1465			崩塌落石、不稳定斜坡
3	研究区白杨镇恒远石灰岩矿	0.0800			崩塌、危岩、落石
4	研究区蜂糖岭石灰岩矿	0.1569			崩塌落石、不稳定斜坡
5	研究区祥源氧化钙厂	0.0855			崩塌、危岩、落石
6	研究区东升活性氧化钙厂	0.1465	矿山生产产生大量粉尘、噪声，污染严重	矿山掌子面岩壁裸露，岩石破碎，水土流失，地形地貌逐渐遭到破坏	崩塌落石、不稳定斜坡
7	研究区白杨镇李志强石灰厂	0.0755			崩塌、危岩、落石
8	研究区弘源氧化钙厂	0.0855			崩塌、危岩、落石
9	研究区白杨石灰岩矿	0.1475			崩塌落石、不稳定斜坡
10	研究区白杨恒达石灰岩矿	0.1459			崩塌落石、不稳定斜坡
11	研究区枸柳石灰岩矿	0.0055			崩塌、危岩、落石
12	研究区昶昊建材石灰岩矿	0.0019			危岩、落石
13	研究区八里堂石灰岩矿	0.0025			崩塌、危岩、落石
14	研究区锦屏镇富新石灰岩矿	0.0015			危岩、落石

　　研究区石灰岩矿地质环境保护存在的突出问题：缺乏生态多样性修复，地质环境保护后期监管不力；生态恢复缺乏整体性，整体水平和规模效益较

低；生态恢复技术以工程复垦技术为主，生态效益较差；矿山环境治理薄弱，污染导致的生态恶化未得到足够的重视；矿山地质环境保护工程费用高，成效最大化缓慢。

1. 渐变型矿山地质环境问题

生态资源破坏：矿山生产与取土场对草地、城镇村及工矿用地的挖损，矿区工业场地、排渣场、排土场对草地、工矿仓储用地的压占，植被破坏，地形地貌景观破坏，地表水系统破坏等。环境污染：矿山生产产生大量粉尘，借助风势，严重污染当地环境。渐变型土壤侵蚀：矿山掌子面岩壁裸露，岩石破碎，水土流失，地形地貌景观逐渐遭到破坏。

2. 突发型矿山地质环境问题

研究区内发育的突发型矿山地质环境问题主要是崩塌、落石、危岩和不稳定斜坡等土壤侵蚀隐患。研究区内崩塌、危岩数量众多，以小型和中等规模的崩塌体为主，其中 4 号点曾在 2009 年 9 月发生中等规模岩体崩塌，崩塌体石方量达 1.4 万 m^3，造成 3 人死亡和严重土壤侵蚀。在 9 号采矿点，矿渣堆弃在公路边的斜坡上，目前，坡顶已经发生了拉裂，形成矿渣不稳定斜坡。研究区内随处可见直径 2m 左右的落石，在直立的岩面上可见破碎的岩石块体，稍加扰动即有掉落的可能，在毗邻居民区和公路地段对群众生命财产安全构成了严重威胁。

3. 石灰岩矿区地质环境问题分析

研究区均为坚硬岩石，调查结果显示，导致研究区产生严重地质环境问题的主要原因有三方面：第一，开采爆破形成破碎掌子面且受构造影响，节理裂隙发育，使局部岩体破碎，降雨作用使岩体容重增大、裂隙面力学参数降低，加之爆破作用，岩体进一步松动，导致崩滑概率提高。第二，采矿形成较好的临空面，沿采矿松动带发生破坏，构成岩质不稳定斜坡。第三，民间盗采爆破作业严重破坏岩体稳定，诱发崩塌灾害发生。

2.5 研究区域生态系统特点

1. 具有人工化倾向

人是城乡这个系统的核心和决定因素，不仅使原来的自然生态系统和组成发生了人工化变化，而且大量的人工技术物质（建筑物、道路、基础设施等)完全改变了原有的自然生态系统物理结构。城乡的人工结构深刻影响着自然生态系统的平衡关系，在生态宜居、生态平衡中，人为因素起着重要作用。

2. 具有不稳定性

自然生态系统中能量与物质能够满足系统中生物生存的需要，其基本功能能够自动建立、自我修补和自我调节，以维持其本身的动态平衡。在城乡的出现和发展过程中，城乡生态系统由自然生态系统转变成以人类为主体、人工化环境为客体构成的复杂系统，在城乡生态系统中能量与物质要靠其他生态系统，如农业和海洋生态系统人工的输入，同时城乡生活所排放的大量废弃物，远远超过城乡范围内自然净化能力，也要依靠人工输送到其他生态系统。如果这个系统中任何一个环节发生故障，就会影响城乡的正常功能和居民的生活，从这个意义上说，城乡生态系统是一个十分脆弱的系统，自我调节和自我维持能力十分脆弱。城乡生态系统是一个不完整的、不能完全实现自我稳定的生态系统。

3. 具有不完整性

在城乡生态系统中，消费者生物量大大超过初级生产者生物量，实际的生产者已从绿色植物转化为从事经济生产的人类，而且，消费者也是人类，城乡生态系统的植物能产量(粮食)无法自给自足，必须靠外部提供大量的附加能量和物质，对外部资源有极大的依赖性。绿色植物的主要任务已不再是为居民提供食物，已变为美化景观、消除污染和净化空气等。城乡生态系统的分界功能不充分。城乡生态系统较之其他的自然生态系统，资源利用效率较低，物质循环基本上是线状的而不是环状的。在城乡中，动物、植物和微生物失去了原有的自然系统中的环境，生物群落不仅数量少，而且结构简单。城乡生态缺乏分解者或分解者功能微乎其微，分解功能不完全，大量的物质能源常以废物的形式输出，造成严重的环境污染。城乡生态系统中的废弃物(工业与生活废物)几乎全部需要送往污水处理厂、垃圾处理厂等，由人工设施进行处理。

4. 具有制约性

城乡生态系统是受社会经济多种因素制约的生态系统。作为这个生态系统核心的人，既有作为"生物学上的人"的一个方面，又有作为"社会学上的人"以及"经济学上的人"的一个方面。从前者出发，人的许多活动是服从生物学规律的，但就后者而言，人的活动和行为准则是由社会生产力和生产关系以及与之相联系的上层建筑所决定的。所以，城乡生态系统和城乡经济系统、城乡社会系统是紧密联系的。因此，城乡生态系统可以简单表述为以居民为核心，包括其他动物、植物、微生物等和周围自然环境以及人工环境相互作用的系统。城乡是由人类社会、经济和自然 3 个子系统构成的复合生态系统，它的规模、结构、性质都是人们自己决定的，至于这些决定是否合理，将通过整个生态系统的作用效力来衡量，最后再反作用于人类。

2.6 土壤侵蚀对社会经济的影响

本书基于研究区土壤侵蚀资料的综合梳理，针对土壤侵蚀对社会经济可持续发展的具体影响(自然地理、地质环境及社会经济活动等)，对土壤侵蚀点进行统计，总结土壤侵蚀的主要类型及现状，从直接影响和间接影响两个方面详细分析土壤侵蚀对社会经济的影响。研究区土壤侵蚀分布广泛，成灾特点复杂，土壤侵蚀隐患点多，对该区所产生的社会经济影响也是多方面和非常复杂的。

1. 直接影响

长期以来，土壤侵蚀对研究区社会经济发展的直接影响是造成人员伤亡及财产损失。

(1)对城乡工业与民用建筑等社会经济活动产生严重威胁，崩塌、滑坡、泥石流等土壤侵蚀带给研究区城乡和民用设施的危害日趋严重。据调查结果，研究区土壤侵蚀隐患点共 77 处，其中崩塌 30 处、不稳定斜坡 22 处、地面塌陷 15 处、滑坡 7 处、泥石流 3 处。经稳定性预测评估 32 处稳定性差、45 处稳定性较差。险情较大型 3 处，一般 74 处。威胁 3179 人、3607 间房屋、40 间楼房、70 孔窑洞、1 所小学、1401 亩耕地、2300 米公路、100 米河道的安全，矿渣堆场破坏地质环境、占用耕地，潜在经济损失 2.38 亿元。

(2)给城乡居民生命财产带来巨大损失。根据调查结果，研究区已发生的土壤侵蚀共导致 8 人死亡，危害 1431 人，损坏平房 2126 间、窑洞 70 孔、楼房 40 间、耕地 779 亩、公路 1235 米，搬迁 2 个自然村，堵塞河道 50 米，直接经济损失达 1518.8 万元。

2. 间接影响

研究区土壤侵蚀在造成城乡人员伤亡、财产损失等直接影响的同时，还导致超越直接危害以外的社会经济影响，这种影响是巨大且难以估量的，是无形的间接损失。土壤侵蚀对社会经济活动产生的间接影响体现在以下四个方面：

（1）对国民经济发展的间接影响。研究区境内蕴藏着丰富的煤炭、建材等资源，亟待发展经济的广大山区旅游、土特产等资源开发潜力巨大。但由于土壤侵蚀的频繁发生，其间接损失不可估量，主要表现为：严重阻碍矿产资源的进一步开发利用，间接影响企业生产发展规模，矿产资源开发成本大大增加，改变着县、乡、镇原有的投资环境，使得投资商不敢贸然投资，旅游业发展严重受阻等。

（2）增加城乡居民心理担负，影响社会安定。土壤侵蚀使得研究区李沟煤矿、东风机械厂等数家大型工厂和数十家小型工厂受到威胁或一定程度的破坏，并造成社会秩序短时混乱，居民惶恐不安，部分单位正常生产受到严重影响。各种不断增加的土壤侵蚀对当地的危害及威胁，使居民心理负担加大，这不仅影响着人们身心健康，也间接影响着当地社会经济活动的安定和稳定。

（3）土壤侵蚀严重，城乡居民生存生活环境恶化。土壤侵蚀在研究区的广泛发育和频繁发生，本质是地质环境不断恶化，这必然导致区内人民生存发展受到影响或威胁。如山洪等灾害，不仅直接摧毁良田及农作物，而且随之而来的土壤侵蚀、水土流失、耕地受损等带给灾区的长远危害更是难以估量。研究表明，宜阳地区每年侵蚀模数达 $2000 \sim 2800 t/km^2$。这无疑会引起农业投入增加而产出降低；个别地区甚至发展成恶性循环，致使该地区民众因无法生存发展而面临被迫迁址的困境。

（4）加剧各种自然灾害，引发次生灾害。土壤侵蚀不仅直接危害受灾地区，还常常引发一系列次生灾害，如发展为恶性循环则会加剧各种自然灾害，恶化生态环境，造成更大范围内更大程度的损失和影响。如河道的涌浪、淤积，火灾，污染扩展等。

2.7 小结

本书通过对研究区生态宜居政策、理论与地质环境的梳理，发现生态宜居离不开适宜的地质环境，土壤侵蚀是日渐恶化的地质环境的主要表现形式，植物能很好地调节地质环境与生态宜居之间的关系、能有效防治土壤侵蚀，进而降低对社会经济发展的不利影响、提高宜居性。

堆积体土壤侵蚀特征及风险评价

3.1 土壤侵蚀特征

研究区地处豫西中低山区丘陵区。中山区分布于县境西南部，区内山势陡峻，沟谷深切，山脊狭窄；低山丘陵分布于县境的洛河南部大部分地区，其海拔自北向南逐渐抬升，西北海拔为 400~500m，西南海拔为 800~1800m。山顶平坦或呈馒头状，山坡平缓，地表残留部分卵砾石，呈平面形态。北部与漫滩阶地相邻；黄土丘陵地形分布于研究区洛河北部一带，地面标高为 350~500m，北部紧邻新安县，南部靠近洛河。高差较小，地面向河谷倾斜，边缘冲沟发育，切割深度为 20~50m；河谷阶地及河漫滩主要位于县境洛河两岸地带。发育有一级、二级阶地，海拔在 300m 以下，地势平坦。特殊的地形地貌和岩土体条件，决定了研究区是滑坡、崩塌等土壤侵蚀的高发地区。不稳定斜坡主要是由于工程建设活动开挖形成的堆积体；泥石流隐患是由于人为弃渣的堆放，造成大区域的堆积区和大方量的堆积物；地面塌陷由地下采空引起，主要分布于煤矿集中的乡镇。

遥感解译出土壤侵蚀隐患点 139 处，原区划隐患点 81 处。本书对于重要地质环境点和已引起灾害或具有潜在危害的滑坡、崩塌等土壤侵蚀点均开展了实地调查，野外实地调查点 220 处，完成遥感解译复核工作，同时完成原区划报告中 81 处灾害隐患点的核查工作。确定地质环境调查点 28 处、土壤侵蚀调查点 44 处、土壤侵蚀隐患点 127 处。野外实地调查的不同类型土壤侵蚀隐患点发育分布见图 3-1。

本书通过核对《河南省宜阳县地质灾害调查与区划报告》，将研究区下辖的 11 镇 5 乡的土壤侵蚀隐患点进行分类，可将其分为已排除灾害隐患点 23 处、保留灾害隐患点 58 处、新增灾害隐患点 69 处，三种类型列表说明依次见表 3-1、表 3-2、表 3-3。

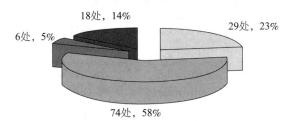

18处，14%

6处，5%

29处，23%

74处，58%

□ 滑坡　■ 崩塌　■ 泥石流　■ 地面塌陷

图3-1　土壤侵蚀隐患发育类型饼状图

表3-1　研究区已排除土壤侵蚀隐患点汇总

序号	区划编号	位置		灾种类型	级别	排除原因
1	YY-015	锦屏镇	乔岩村黄沟	不稳定斜坡	小型	矸石已清理
2	YY-032		二道沟村	崩塌	小型	已搬迁
3	YY-033	赵堡乡	二道沟村长岭	不稳定斜坡	小型	
4	YY-035		单村	崩塌	小型	归为地质环境点
5	YY-036		单村	不稳定斜坡	小型	已治理
6	YY-042	张坞镇	七峪村罗家沟	崩塌	小型	已搬迁
7	YY-047		宋王沟水库	不稳定斜坡	小型	已治理
8	YY-048		鲁村后凹	崩塌	小型	已搬迁
9	YY-049	高村乡	鲁村下周峪	崩塌	小型	已搬迁
10	YY-052		张延水库	不稳定斜坡	中型	已治理
11	YY-055	香鹿山镇	柏树沟三岔沟水库	不稳定斜坡	小型	已植树
12	YY-063	花果山乡	寺院村土门	不稳定斜坡	小型	作为环境点
13	YY-070		柱顶石村马涧沟	不稳定斜坡	小型	作为环境点
14	YY-071	上观乡	柱顶石村马蹄沟	不稳定斜坡	小型	作为环境点
15	YY-072		三岔沟村沙岭	不稳定斜坡	小型	作为环境点
16	YY-075	韩城镇	王窑村三组	崩塌	小型	已搬迁
17	YY-080		沈屯村	崩塌	小型	
18	YY-081		沈屯村锦屏山	崩塌	中型	
19	YY-082		沈屯村	不稳定斜坡	小型	锦屏山治理区范围已治理
20	YY-083	城关镇	沈屯村	滑坡	小型	
21	YY-084		沈屯村	崩塌	小型	
22	YY-085		西街村红旗煤矿	不稳定斜坡	小型	塌陷区范围
23	YY-087		西街村红旗煤矿	滑坡	小型	塌陷区范围

表 3-2　研究区保留灾害隐患点统计

序号	区划编号	点位		类型	规模	险情
1	YY-001		马庄村二里庙	地面塌陷	中型	较大
2	YY-002		马庄村三里庙	地面塌陷	中型	较大
3	YY-003		马庄村八孔窑	崩塌	小型	一般
4	YY-004		马庄村何年	崩塌	小型	一般
5	YY-005		马庄村何年	崩塌	小型	一般
6	YY-006		马庄村	地面塌陷	中型	重大
7	YY-007	锦屏镇	马庄村山头	泥石流	小型	一般
8	YY-008		马庄村何年	地面塌陷	中型	较大
9	YY-009		焦凹村南天门	崩塌	中型	较大
10	YY-010		焦凹村南天门	地面塌陷	小型	较大
11	YY-011		大雨淋村外沟	不稳定斜坡	小型	一般
12	YY-012		大雨淋村杜家坡	滑坡	小型	一般
13	YY-013		大雨淋村许家门	崩塌	小型	较大
14	YY-014		乔崖村黄沟	地面塌陷	中型	大型
15	YY-016		沙坡村刘沟	地面塌陷	中型	大型
16	YY-017		沙坡村东山头	地面塌陷	中型	较大
17	YY-018		沙坡村西南山头	地面塌陷	小型	一般
18	YY-019		沙坡村安古	地面塌陷	小型	一般
19	YY-020	樊村镇	马道村李家疙瘩	地面塌陷	中型	较大
20	YY-021		马道村冯家沟	不稳定斜坡	中型	较大
21	YY-022		水河沟村	崩塌	中型	较大
22	YY-023		南杓柳村	地面塌陷	大型	一般
23	YY-024		马道村杨疙瘩	地面塌陷	小型	较大
24	YY-027	白杨镇	西马村联营矿	地面塌陷	中型	较大
25	YY-028		西马村	地面塌陷	中型	较大
26	YY-029		马河村梨树岭	不稳定斜坡	小型	较大
27	YY-030	赵堡乡	马河村曲庄	不稳定斜坡	小型	一般
28	YY-031		二道沟村马头沟	崩塌	小型	较大
29	YY-034		十字岭村	崩塌	小型	一般
30	YY-038	董王庄乡	灵官殿村刘河	滑坡	小型	较大
31	YY-039		灵官殿村三道壕	滑坡	小型	较大

续表

序号	区划编号	点位		类型	规模	险情
32	YY-040	张坞乡	土桥村东坡	泥石流	小型	一般
33	YY-041		七峪村	崩塌	小型	较大
34	YY-043		茶沟村下茶沟	崩塌	小型	较大
35	YY-045	莲庄乡	马回村	不稳定斜坡	中型	一般
36	YY-046	高村乡	宋王沟村下宋王沟	崩塌	中型	较大
37	YY-050		丰涧村	崩塌	小型	一般
38	YY-051		丰涧村	不稳定斜坡	中型	一般
39	YY-053	香鹿山镇	王洼村王杨	崩塌	小型	一般
40	YY-054		赵老屯村寨根	不稳定斜坡	小型	一般
41	YY-056		砖古窑水库	不稳定斜坡	中型	一般
42	YY-058	柳泉镇	纸房村	不稳定斜坡	小型	一般
43	YY-059		贺沟村小学	不稳定斜坡	小型	一般
44	YY-062	盐镇乡	竹园村西坡	不稳定斜坡	小型	较大
45	YY-064	花果山乡	穆册村	不稳定斜坡	小型	一般
46	YY-065		花山村南天门	不稳定斜坡	小型	一般
47	YY-066		花山村南天门	崩塌	小型	一般
48	YY-067		花山村	滑坡	小型	一般
49	YY-068		花山村	滑坡	小型	一般
50	YY-069	上观乡	柱顶石村架寺	不稳定斜坡	小型	一般
51	YY-073		上观村石窑沟	不稳定斜坡	中型	一般
52	YY-074	韩城镇	西关村二组	崩塌	小型	一般
53	YY-076		小马沟村	崩塌	小型	一般
54	YY-077	三乡镇	流渠村	崩塌	小型	一般
55	YY-078		东王村	崩塌	小型	一般
56	YY-079		吉家庙村	崩塌	小型	一般
57	YY-086	城关镇	西街村	崩塌	小型	一般
58	YY-088		西街村全诚矿	崩塌	小型	一般

表 3-3　研究区新增灾害隐患点统计

序号	编号	位置		灾种类型	规模	险情
1	HP01	锦屏镇	大雨淋村三组	滑坡	小型	一般
2	HP02		大雨淋村四组	滑坡	小型	一般
3	HP04		大雨淋村三组	滑坡	小型	一般
4	HP05		马庄村三组	滑坡	小型	一般
5	HP06		马庄村二组	滑坡	小型	一般
6	HP07		马庄村五组	滑坡	小型	一般
7	HP09		崔村	滑坡	小型	一般
8	HP10	董王庄乡	刘河村	滑坡	小型	一般
9	HP15	香鹿山镇	下韩村	滑坡	小型	一般
10	BT03	锦屏镇	大雨淋村三组	崩塌	小型	一般
11	BT04		大雨淋村三组	崩塌	小型	一般
12	BT05		大雨淋村一组	崩塌	小型	一般
13	BT06		县道公路	崩塌	小型	一般
14	BT07		马庄村二组	崩塌	小型	一般
15	BT08		马庄村三组	崩塌	小型	一般
16	BT10		乔家门—冷庄村村通	崩塌	小型	一般
17	BT12		乔岩村	崩塌	小型	一般
18	BT13		马庄村	崩塌	小型	一般
19	BT15		焦家凹白家村	崩塌	小型	一般
20	BT16		高桥村	崩塌	小型	一般
21	BT17		石门村	崩塌	小型	一般
22	BT18	董王庄乡	S249	崩塌	小型	一般
23	BT19	樊村镇	马道村二组	崩塌	小型	一般
24	BT20		水河沟	崩塌	小型	一般
25	BT21		上王村	崩塌	小型	一般
26	BT22	花果山乡	木柴关	崩塌	小型	一般
27	BT23	香鹿山镇	韩庄村六组	崩塌	小型	一般
28	BT24		上韩村	崩塌	小型	一般
29	BT25		下韩村	崩塌	小型	一般
30	BT26		王凹村	崩塌	小型	一般
31	BT27		王凹村四组	崩塌	小型	一般
32	BT29		下韩村	崩塌	小型	一般

序号	编号	位置		灾种类型	规模	险情
33	BT30	白杨镇	宏沟三组	崩塌	小型	较大
34	BT31		宏沟一组	崩塌	小型	一般
35	BT32	城关镇	西街村	崩塌	中型	一般
36	BT33		西街村三道岔	崩塌	小型	一般
37	BT35	高村乡	杜渠村七组	崩塌	小型	较大
38	BT39	赵堡乡	郭凹村	崩塌	小型	一般
39	BT41	韩城镇	小马沟南村村通公路	崩塌	小型	一般
40	BT45	柳泉镇	纸房—赵沟公路	崩塌	小型	一般
41	BT46		黑沟村北村村通西侧	崩塌	小型	一般
42	BT48	三乡镇	东王庄—大洛	崩塌	小型	一般
43	BT51	上观乡	杏树洼大队琉璃庙	崩塌	小型	一般
44	BT56	张坞镇	茶沟四组	崩塌	小型	一般
45	BT57		上庞沟六组	崩塌	小型	一般
46	BT58		下庞沟一组	崩塌	小型	一般
47	BT59	盐镇乡	贾院村	崩塌	小型	一般
48	NSL02	锦屏镇	马庄村民采铝土矿坑	泥石流	小型	一般
49	NSL04	张坞镇	国有林场土庞沟	泥石流	小型	一般
50	NSL05		竹溪村	泥石流	小型	一般
51	NSL06		竹溪村	泥石流	小型	一般
52	TX13	樊村镇	马道村	塌陷	小型	一般
53	TX16	城关镇	钟山公墓	塌陷	小型	一般
54	TX17		钟山公墓南岭	塌陷	小型	一般
55	TX18		西街村	塌陷	小型	一般
56	BT61	锦屏镇	大雨淋村三组	崩塌	小型	一般
57	BT62		于沟村二组	崩塌	小型	一般
58	HP17		马庄村二组	滑坡	小型	一般
59	BT63		东店村张李沟	崩塌	小型	一般
60	HP18		八里堂	滑坡	小型	一般
61	BT64		苏村	崩塌	小型	一般
62	BT66	花果山乡	穆册铜矿	崩塌	小型	一般
63	BT67	香鹿山镇	赵老屯	崩塌	小型	一般
64	HP26	张坞镇	上庞沟六组（老龙沟）	滑坡	中型	一般

续表

序号	编号	位置		灾种类型	规模	险情
65	HP27	盐镇乡	西沟村西沟水库	滑坡	小型	一般
66	HP28		西沟水库西侧堆积体	滑坡	小型	一般
67	BT72		孙留村	崩塌	中型	一般
68	BT73	莲庄镇	孙留村	崩塌	中型	一般
69	BT74		石村	崩塌	小型	一般

3.1.1 土壤侵蚀类型

本书依据中国地质调查局发布的《滑坡崩塌泥石流灾害详细调查规范》（1:50000），结合研究区实际情况，不考虑未引起灾害或不具有潜在危害的滑坡、崩塌自然地质现象点，划分出研究区土壤侵蚀主要类型有滑坡、崩塌、泥石流、地面塌陷4种。研究区土壤侵蚀44处，其中滑坡9处、崩塌21处、泥石流2处、地面塌陷12处。研究区土壤侵蚀分布见图3-2；土壤侵蚀类型划分见表3-4。

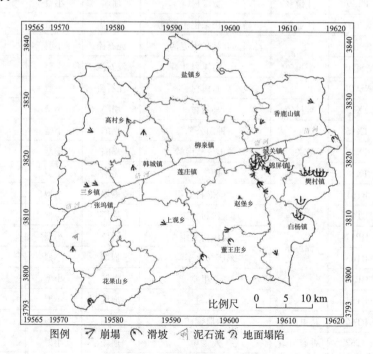

图3-2 研究区土壤侵蚀分布

表 3-4　土壤侵蚀类型划分

类别	划分依据	基本类型		不同类型灾害点数	占总数百分比/%
		名称	指标		
滑坡	物质组成	土质滑坡	以黄土为主体	6	67
		岩质滑坡	以基岩为主体	3	33
	滑体厚度	浅层滑坡	<10m	8	89
		中层滑坡	10~25m	1	11
		深层滑坡	25m~50m	0	0
		超深层滑坡	>50m	0	0
	运动形式	推移式滑坡	后部推动	0	0
		牵引式滑坡	前缘牵引	9	100
	发生原因	工程滑坡	以人类活动为主	8	89
		自然滑坡	以自然因素为主	1	11
	现今稳定程度	稳定滑坡	无活动特征	0	0
		基本稳定滑坡	有轻微活动特征	5	56
		不稳定滑坡	有明显活动特征	4	44
	发生年代	新滑坡	现今活动	9	100
		老滑坡	全新世以来发生	0	0
	滑体体积	小型滑坡	$<10 \times 10^4 m^3$	8	89
		中型滑坡	$(10 \sim 100) \times 10^4 m^3$	1	11
		大型滑坡	$(100 \sim 1000) \times 10^4 m^3$	0	0
		特大型滑坡	$>1000 \times 10^4 m^3$	0	0
崩塌	物质组成	土质崩塌	发生于黄土中	16	76
		岩质崩塌	发生于基岩中	5	24
	崩塌体积	小型崩塌	$<1 \times 10^4 m^3$	19	91
		中型崩塌	$(1 \sim 10) \times 10^4 m^3$	2	9
		大型崩塌	$(10 \sim 100) \times 10^4 m^3$	0	0
		特大型崩塌	$>100 \times 10^4 m^3$	0	0
	形成机理	倾倒式崩塌	受倾覆力矩作用	17	81
		拉裂式崩塌	主要受拉张力	2	9.5
		滑移式崩塌	自重	2	9.5

类别	划分依据	基本类型		不同类型灾害点数	占总数百分比/%
		名称	指标		
泥石流	类型	沟谷型	0	2	100
		山坡型	0	0	0
	规模等级	巨型	$50 \times 10^4 m^3$	0	0
		大型	$(20 \sim 50) \times 10^4 m^3$	0	0
		中型	$(2 \sim 20) \times 10^4 m^3$	0	0
		小型	$<2 \times 10^4 m^3$	2	100
地面塌陷	成因类型	岩溶塌陷	0	0	0
		土洞塌陷	0	0	0
		冒顶型	0	12	100
	塌陷面积	巨型	$\geq 10 km^2$	0	0
		大型	$1 \sim 10 km^2$	0	0
		中型	$0.1 \sim 1 km^2$	6	50
		小型	$<0.1 km^2$	6	50

3.1.2 土壤侵蚀发育特征

1. 滑坡

本次调查共发现滑坡灾害9处，主要分布在锦屏镇、樊村镇、董王庄乡、花果山乡和香鹿山镇，地处低中山、低山丘陵区，在城镇附近和交通沿线亦有发生。滑坡主要有两种形式：基岩风化残坡积土层滑坡和碎屑岩体滑坡。滑坡规模均属小型。其平面形态不一，有半圆形、圆椅状等，剖面多呈凸形或阶梯状，碎石含量10%～50%，最高达95%。滑面呈线形，埋深1～15m，这些滑坡主要位于居民建筑物后及山间坡边。

（1）诱发因素。

研究区滑坡灾害9处，1处自然滑坡处于马庄大雨淋的河道南侧，由河流坡脚冲刷侵蚀造成，7处滑坡是人工开挖造成的工程滑坡，马庄何年滑坡由地下采煤诱发。

（2）形态与规模特征。

①平面形态。由于部分滑坡发生时间较早，大部分滑体已被处理，而且植被较好，在现场已看不到破坏特征，基本是从老乡口中得知大概情况。滑

坡平面形态主要以舌形及不规则形为主，大雨淋小学南侧土质滑坡呈台阶状。滑坡后壁多位于斜坡中上部，且较为笔直，坡度多在50°~90°。

②长度、宽度与厚度。据9处实地详细滑坡调查资料，本书对相关数据进行分区和统计，得出长度、宽度和厚度主要分布区间及集中分布区。滑坡体长度跨度范围较大，自6~210m都有分布，但主要集中在100m以内，共有8处，占总数的89%（见表3-5）。宽度：滑坡体的宽度跨度范围亦较大，从8~600m都有分布。但87.5%都集中在8~200m。8~50m有5处，占滑坡总数的56%；大于200m的1处，占滑坡总数的11%（见表3-6）。厚度：滑坡以浅层为主，中厚层滑坡比较少见，区内未发现深层或超深层滑坡。滑坡体厚度分布范围为2~13m，10m以下8处，占实地调查滑坡总数的89%，滑体厚度大于10m的有1处，占滑坡总数的11%（见表3-7）。

表3-5　滑坡长度分布区间

长度区间/m	≤10	11~30	31~50	51~100	101~200	201~250
数量/处	2	1	1	4	0	1
占比/%	22	11	11	45	0	11

表3-6　滑坡宽度分布区间

宽度区间/m	8~50	51~100	101~200	201~600
数量/处	5	1	2	1
占比/%	56	11	22	11

表3-7　滑坡厚度统计

总数/处	平均厚度/m	滑体厚度分级/m			
		浅层滑坡	中层滑坡	深层滑坡	超深层滑坡
		<10	10~25	25~50	>50
16	4.8	8	1	0	0
占比/%		89	11	0	0

（3）面积和体积。

根据表3-5、表3-6、表3-7数据，滑坡长度主要集中在100m以内，宽度主要集中在8~200m，厚度主要集中在2~10m。从滑坡规模看，其大小主要取决于面积的变化，面积的变化又主要取决于宽度的变化，故宽度与滑坡规模具有很大关系。规模小的滑坡多偏窄，规模大的滑坡多较宽。根据以上统计数据，滑坡面积为$(0.008 \sim 3.0) \times 10^4 m^2$，体积为$(0.02 \sim 15) \times 10^4 m^3$。研究区滑坡汇总见表3-8。

表3-8 研究区滑坡汇总

点位		X坐标	Y坐标	体积 ($\times 10^4 m^3$)	诱发因素	坡度/°	变形特征	稳定状态
锦屏镇	大雨淋村三组	3818381	607401	0.1	修路削坡	53	滑体已清理，偶有小块岩体因裂隙切割滑落	较稳定
	大雨淋村四组	3818332	607476	0.02	修路削坡	35	滑坡顶部有大裂缝	较稳定
	马庄村李沟煤矿	3818606	605965	0.5	河水侵蚀	65	滑坡前缘位于河道中，受河水侵蚀，坡脚失稳	较稳定
	马庄村何年	3815989	605570	15	采煤	32	滑坡后壁陡直，高约6m，见拉张裂缝，居民房屋出现不同程度裂缝	不稳定
	崔村	3824102	618019	0.2	坡脚开挖	68	坡面沿节理面滑落	较稳定
董王庄乡	刘河村	3806182	600498	0.7	削坡建房	40	滑面为覆盖层与基岩接触面，可见部分马刀树	较稳定
	灵官殿三道壕	3803529	574936	6.16	削坡建房	35	滑坡后缘有拉张裂缝，坡土树木歪斜	不稳定
花果山乡	花山村	3795534	576195	0.6	修建道路	65	目前该滑坡已清理	较稳定
	花山村	3795792	576113	0.18	修建道路	57	目前该滑坡已清理	较稳定

从表3-9、表3-10的统计结果来看，9处滑坡面积多集中在$(0.0 \sim 0.1) \times 10^4 m^2$区间内，面积在$(0.0 \sim 0.1) \times 10^4 m^2$的滑坡有8处，占滑坡总数的89%；面积在$(1 \sim 10) \times 10^4 m^2$的滑坡有1处，占滑坡总数的11%。规模等级为中型的滑坡有1处，占滑坡总数的11%，小型的有8处，占滑坡总数的89%。

表3-9 滑坡体面积统计

面积区间($10^4 m^2$)	0.0~0.1	0.1~1.0	1.0~10	>10
数量/处	8	0	1	0
占灾害点总数比例/%	89	0	11	0

表 3-10 滑坡体规模等级统计

类别	总数/处	总体积 ($\times 10^4 m^3$)	平均体积 ($\times 10^4 m^3$)	规模等级($\times 10^4 m^3$)			
				小型	中型	大型	超大型
				<10	10~100	100~1000	>1000
滑坡	9	23.46	2.52	8	1	0	0
占灾害点总数比例/%				89	11	0	0

(4)边界特征。

滑坡后壁。滑坡后壁是滑坡体最为显著的特征要素之一，位置较高，平面多呈弧形。后壁坡度一般较大，在 50°~90°，坡向与原坡向基本一致，坡度明显大于原坡面；顶部与原斜坡坡面相交，形成明显的坡度转折棱坎，滑坡越新转折越清晰。后壁中部坡高最大，向两侧逐渐呈弧形弯曲降低，高度多在几米至十几米。壁面总体土较平直。受自然界风化侵蚀，滑坡壁面由破碎趋于完整。由于风化和流水侵蚀，当滑坡后壁破碎严重时，壁面不易发现，壁面坡度逐渐变小，与周边斜坡逐渐接近。滑坡后壁表面略显凹凸不平，其土植被不发育，与周边斜坡可明显地区别开。

滑坡侧界。滑坡侧界可分为上下两部分，侧界上部为侧壁，与后壁特征相近；侧界下部为滑体边界，在滑动中滑体堆积于下方，并向两侧扩展。滑坡下滑后，坡面坡度减缓，在斜坡上形成一处凹地，凹地两侧即为上部侧界。由于滑坡发生时间不同，故侧界保留的清晰程度也不相同，多数滑坡的侧界已不清晰，多被林木草丛覆盖，与原坡面呈渐变过渡的形态；由于滑体大多后倾，中部凸起稍高，两侧边界地势低。

滑坡前缘出露位置。老滑坡在长期的地质历史中遭受流水侵蚀，其前缘基本没有留存，仅存滑坡体中后部。当老滑坡和新滑坡前缘尚存在时，滑坡在下滑过程中多冲向彼岸，并堵塞河道，从而迫使河流弯曲，在地貌形态上多表现为河流凸岸；人工削坡建房引起的滑坡在下滑时多冲向居民屋后，堆积墙体，引起房屋破坏变形。

临空面。受人为因素影响，处于斜坡坡脚的滑坡前缘多被人为削坡建房形成临空面，其高度一般在数米至十数米，临空面坡度陡，多在 45°以上，甚至可能达到 90°，临空面直立。

剪出部位。剪出部位出露的地层因地质结构和河谷所处地段不同而异，可分为两种类型：土层类型，研究区内樊村镇水河沟村滑坡为开挖坡脚，而且前缘堆积，滑面位于土层中，剪出目位置在黄土堆积层中，滑体形成 3 级台阶。土层—基岩型是区内较常见的一种剪出目类型。黄土或碎石土直接与基岩或节理面接触，滑坡体沿基岩面或节理面剪出。刘河村 2 处潜在滑坡及马庄河道 2 处滑坡特征比较明显。

(5)外部特征。

研究区大部分由于道路修建引发的滑坡滑体已清理，无明显特征。个别滑坡保留有典型的滑坡特征：何年滑坡后壁和侧壁壁面新鲜明晰，而且滑坡体基本没有被侵蚀，侧面发育有数厘米宽的张性裂缝。刘河滑坡滑带中部平台出现马刀树，滑坡后缘及中部有碎石剥落及树木歪斜现象。韩庄滑坡后缘顶部有 10~20cm 裂缝，坡面黄土滑塌呈陡坎状。近期发生的滑坡，滑坡顶部有大裂缝，滑体两侧有张性裂缝，裂缝宽数厘米，近似平行排列，间距随滑坡规模大小不同而各不相等，从数厘米到数米都有。老滑坡在经历长时期的外动力改造后，会形成新的临空面，产生大小不等的裂缝。

(6)内部特征。

滑坡体：土质滑坡受土质坡体地质结构制约，滑坡体主要由黄土状土、粉质黏土、坡积碎石土等组成。滑体在滑动时松动解体，稳定后在重力作用下，又重新压密固结。在钻孔内和冲沟中，可以见到固结混杂的土体。岩质滑坡滑体处于裂隙节理面上部，结构保持完好，大雨淋滑坡滑体为层状泥砂岩。花果山风景区公路边滑坡滑体为中等—弱风化花岗岩，滑体已清理，据调查滑体整体滑落，大部分保持原样结构。

结构面与滑带：斜坡结构面主要包括节理面与层面两大类。节理面包括原生的垂直节理、构造节理、风化节理、卸荷节理、湿陷节理等，最典型的是黄土的垂直节理和卸荷节理。对土质滑坡而言，节理面主要控制滑坡的后壁拉裂位置，与滑动面关系不大。层面主要有黄土与基岩接触层面，层面控制着滑动面的位置，其在黄土中的位置越高，所形成滑坡的规模就越小。岩质滑坡主要由软弱结构面控制，研究区岩质滑坡结构面主要是泥砂岩接触面及爆破震动或坡脚开挖产生的拉涨剪切裂隙面。

土质滑坡主滑面土体挤压破碎，次级错动面发育，节理密集成带。主滑带发育密集，剪切裂隙夹黄土碎片，带宽 0.01~0.03m。滑带附近滑体发育有与滑面平行或斜交的多组裂缝，结构破碎。滑带附近滑床为浅黄色黄土，土质均一，致密坚硬，稍湿，发育有与滑带平行的剪裂缝，裂面平直，缝宽0.1~0.3m。滑带土岩性相对复杂，前缘滑带形成于基岩面土，岩性为碎石土，为泥砂岩强风化带在上部巨大的推滑作用下形成。土体呈似层状，颜色为黄绿—灰绿色，细粒矿物有定向排列趋势，多出现镜面和擦痕；中后部滑带形成于黄土中，滑带土为黄土状土，多呈黄褐色，挤压错动迹象明显。

岩质滑坡主滑面为软弱结构面，杜家坡滑坡为泥岩砂岩接触面，厚 0.1~0.3m，泥岩受降水浸泡，接触面形成一层泥浆，抗剪强度降低，形成滑坡；花果山风景区公路滑坡由于地表滑体已清理，表面看是一节理或裂隙面，据调查了解，推测滑面为爆破震动或坡脚开挖产生的拉涨剪切裂隙面。

滑床：滑床埋藏于滑体之下，多为基岩或全风化基岩，两侧冲沟多未切穿，野外露头不明显，仅在前缘侵蚀断面上可见部分露头。根据钻孔资料，滑床土体部分多呈强烈挤压状，土体结构致密，具有明显的排列一致的挤压纹理。当周边压力减缓后，纹理张裂，土体破碎，形成厚度数十厘米至数米的挤压带。

(7)滑动特征。

研究区滑坡滑动方向和斜坡坡向相同。由于滑坡多属于坡脚遭受流水侵蚀或人工开挖斩坡引起，滑坡的形成机制比较简单，主要为牵引式滑坡。

2. 崩塌

研究区共发现崩塌 21 处，主要分布在锦屏镇、赵堡乡、张坞镇等乡镇，大多发育在自然陡坡处，形成房前屋后堆积体、公路堆积体等，研究区崩塌汇总见表 3-11。

表 3-11 研究区崩塌汇总

地理位置			堆积体体积/m³	坡度/°	斜坡类型	诱发因素	稳定状态
地名	X 坐标	Y 坐标					
锦屏镇	大雨淋村四组	3818277	607832	1100	82	土质	降雨、风化	较稳定
	大雨淋村三组	3818624	607177	1200	45	碎屑岩	风化、坡体切割	较稳定
	县道公路	3818787	605002	1800	55	碎屑岩	降雨、开挖坡脚	较稳定
	马庄村三组	3817620	604990	200	73	土质	降雨、开挖坡脚	较稳定
	马庄村九组	3814475	606488	300	85	土质	降雨、开挖坡脚	较稳定
	马庄村八组	3816088	605661	6000	78	土质	降雨、开挖坡脚	较稳定
	马庄村	3820727	605907	1200	66	碎屑岩	降雨、开挖坡脚	较稳定
董王庄乡	S249	3807892	600576	1600	70	变质岩	降雨、开挖坡脚	较稳定
香鹿山镇	韩庄村六组	3826053	605926	1800	75	土质	降雨、开挖坡脚	较稳定
	王凹村	3829749	615133	2000	78	土质	降雨、开挖坡脚	较稳定

地理位置			堆积体体积/m³	坡度/°	斜坡类型	诱发因素	稳定状态
地名	X坐标	Y坐标					
白杨镇 宏沟三组	3803455	608932	1200	75	土质	降雨、开挖坡脚	较稳定
高村乡 杜渠村七组	3824517	576733	2300	90	土质	降雨、开挖坡脚	较稳定
下宋王沟二组	3826917	582668	9000	80	土质	降雨、开挖坡脚	较稳定
赵堡乡 二道沟村马头沟	3813629	602262	8000	76	土质	降雨、开挖坡脚	较稳定
马河村梨树岭	3808107	598204	10	74	土质	降雨、开挖坡脚	较稳定
韩城镇 西关二队	3818847	583769	4600	80	土质	降雨、开挖坡脚	不稳定
吉家庙村	3815376	577603	2000	85	土质	降雨、开挖坡脚	较稳定
流渠村	3815125	576100	30000	88	土质	降雨、开挖坡脚	较稳定
上观乡 杏树洼大队琉璃庙	3808660	589530	400	62	土质	降雨、开挖坡脚	较稳定
张坞镇 七峪村八组	3804822	573273	20000	80	土质	降雨、风化、开挖坡脚	较稳定
茶沟村四组	3808633	576169	1800	80	土质	降雨、开挖坡脚	较稳定

(1)崩塌数量多，规模小，以土质崩塌为主。本次调查崩塌灾害21处，5处岩质崩塌、16处黄土崩塌。规模小于 $1×10^4m^3$ 的有19处，占总数的90.5%，规模在 $(1\sim10)×10^4m^3$ 的崩塌有2处，占总数的9.5%。

(2)崩塌发生速度快，危害大。崩塌规模虽无大型，但是由于瞬间发生，速度快，其危害性并不亚于滑坡。

(3)崩塌发生的坡度陡，变形破坏模式多样。本次调查的21处崩塌中，据统计，产生崩塌的坡形直线形1处，20处为凸形，坡高6~44m，坡度多为70°~79°，80°~90°次之，崩塌坡度原始统计见表3-12。研究区黄土崩塌变形模式主要为倾倒式，岩质崩塌主要存在倾倒式、拉裂式及滑移式三种变形模式。

表3-12　崩塌原始坡度统计

坡度划分/°	<60	60~69	70~79	80~90
数量/处	2	2	10	7
占总数比例/%	9.5	9.5	47.7	33.3

倾倒式崩塌。研究区内的崩塌有17处属于倾倒式。1处属于岩质崩塌，为花果山风景区公路修建形成，由于降雨或坡脚开挖，岩体沿节理或裂隙面与稳定的母岩分开，上覆土层或岩体因重心外移倾倒产生突然崩塌。15处黄

土崩塌，结构面多为垂直节理、直立层面，不稳定岩土体的上下各部分和稳定岩土体之间均有裂隙分开，受倾覆力矩作用，在降雨时沿节理面渗透或坡脚开挖导致土体沿坡脚的某一点为支点发生转动性倾倒。

滑移式崩塌。临近斜坡的岩体内存在软弱面倾向与坡向相同，则软弱面上覆的不稳定岩体在重力作用下具有向临空面滑移的趋势，当岩体的重心滑出陡坡，产生突然的崩塌。降水渗入岩体裂缝中产生的静、动水压力以及地下水对软弱面的润湿作用都是岩体发生滑移崩塌的主要诱因。研究区内发现 2 处滑移式崩塌。

拉裂式崩塌。拉裂式崩塌多见于软硬相间的岩层中，风化裂隙或重力张拉裂隙发育。突出的岩体通常发育有构造节理或风化节理，在长期重力作用下，分离面逐渐扩展。一旦拉应力超过连接处岩石的抗拉强度，拉张裂缝就会迅速向下发展，最终导致突出的岩体突然崩落。研究区内发现 2 处拉裂式崩塌。

3. 不稳定斜坡

不稳定斜坡指目前正处于或将来可能处于变形阶段，进一步发展可形成崩塌或滑坡灾害的沟谷斜坡，是一种潜在土壤侵蚀。不稳定斜坡既有基岩斜坡，也有黄土斜坡，以及黄土—基岩斜坡。本书针对坡下多有城镇、工矿及基础设施等威胁人民生命财产安全的斜坡做了调查，根据不稳定斜坡的发展趋势，本次调查把不稳定斜坡分别归为滑坡隐患及崩塌隐患类别。

4. 泥石流

研究区域共发生过两次泥石流，且均为小型水石流：马庄泥石流发生于 2007 年 8 月，堵塞河道 50m；上龙东坡泥石流发生于 1996 年 8 月，损毁房屋 10 间、耕地 2 亩、公路 300m。马庄村泥石流见图 3-3；上龙东坡泥石流见图 3-4；研究区泥石流汇总见表 3-13。

图 3-3　马庄村泥石流　　　　　　　图 3-4　上龙东坡泥石流

表 3-13　研究区泥石流汇总

点位	动力类型	物质来源	物源特征	流通区特征	堆积特征	流域面积/km²	险情等级	易发性
锦屏镇马庄村三组	暴雨	人工弃石弃渣	沟上部两侧有多处矿渣堆均为采煤、采铝土矿开挖所堆积	沟槽横断面为平坦型，坡度30°，补给段长度比为20%	河流沟目初矿渣堆积物较厚，河流易改道	0.06	小型	低易发
张坞镇上龙东坡	暴雨	自然沟谷堆积碎石	该处岩性为强风化花岗岩，沟谷见大量卵石、漂石，沟底常伴有少量崩塌、滑坡	沟槽横断面为V形，坡度40°，补给段长度比50%	松散物储量30m³/km²，松散物平均厚度为0.3m	0.02	小型	中易发

（1）泥石流形成的内部条件。

形成区。马庄村泥石流处于沟谷河道平坦区，采矿弃渣或人工弃石堆积于河道形成物源区，渣堆高 2 ~ 8m，沟槽横断面为平坦型，主沟纵坡比为200‰，补给段长度比为 20%。上龙东坡泥石流位于张坞—穆册公路旁，上龙河的右岸。该处岩性为强风化花岗岩，沟谷见大量卵石、漂石，崩塌发育形成物源，沟槽横断面为 V 形，主沟纵坡比为 150‰，高差约 100m，补给段长度比 50%。

流通区。流通区是泥石流运动、外泄的通道。马庄泥石流流通区为宽约10m 的小河道，长约 40m；上龙东坡泥石流流通区为狭窄陡峭的河谷，沟槽较顺直，纵坡比降大，在基岩出露地段形成多处陡坎和跌水。

堆积区。堆积区是泥石流最终堆积的地段。马庄泥石流堆积区位于小河道拐弯处，堵塞河道 50m，已清理；上龙东坡泥石流顺沟而下，堆积于沟目平坦区域，损毁房屋 10 间、耕地 2 亩、公路 300m，年代较远，土地已恢复或植树，房屋已清理或重建；已看不出堆积区的有关特征。

（2）泥石流形成的外部条件。

气象水文条件。锦屏镇马庄泥石流发生时持续暴雨，引发小区域洪水，水流冲刷矿渣堆，在河道拐弯处堆积，形成泥石流，堵塞河道约 50m。张坞乡东坡土桥泥石流，位于张坞—穆册公路旁，上龙河的右岸，发生于 1996 年8 月，持续 10 天的强降雨，引发了泥石流。水流沿"V"字形沟泄流而下，携带了强风化花岗岩碎屑、崩塌或小规模滑坡堆积物，堆积于沟目平坦区域，危害 7 人、10 间房屋和 2 亩耕地，并堵塞公路约 300m，直接经济损失30 万元。

人类活动。锦屏镇马庄泥石流物源为采矿遗留渣堆，无序非正规开采为引发泥石流的主要因素；上龙东坡泥石流沟植被严重破坏，人工修筑梯田，植被逐年减少，山坡和坡上耕地被冲蚀，引起水土大量流失，小规模崩塌、滑坡不断。

5. 地面塌陷

研究区地面塌陷灾害 12 处，均为开采煤矿所引起，中型规模 7 处，小型规模 5 处，主要在城关镇—城关乡—樊村乡—白杨镇采煤区，这条成矿带呈线性分布；研究区地面塌陷汇总见表 3-14。煤层比较连续，厚度大，所以形成的采空区面积比较大。加上近年来煤炭价格上涨，部分煤矿开采违反国家规定，偷采保安矿柱，加之人为采矿时爆破震动，局部失稳，废弃后出现坑道顶板冒落，导致地表出现塌陷坑，危及地表房屋、耕地、水渠、道路等。

表 3-14　研究区地面塌陷汇总

点位	基本特征	诱发因素	规模
锦屏镇马庄村二组	总体呈不规则椭圆状，长轴方向 168°，长约 800m，宽 100~260m，塌陷深度 2~5m	煤矿开采	中型
锦屏镇马庄村三里庙	塌坑 1 呈椭圆形，面积 16082m²，塌陷深度 1.5~2.0m；塌坑 2 呈不规则状，面积 88700m²，塌陷深度 0.5~2m；塌坑 3 呈不规则状，面积 32000m²，塌陷深度 1.5~2m	煤矿开采	中型
锦屏镇乔岩村黄沟	塌陷区呈圆形，变形区面积 102853m²，造成整处自然村民房不同程度受损	煤矿开采	中型
锦屏镇焦家凹	塌坑呈长列式排布，塌陷坑直径最大 239m	煤矿开采	中型
马道村李家疙瘩	塌坑呈矩形排布，变形区面积 97000m²	煤矿开采	小型
沙坡村刘沟	发育三条较大规模的裂缝，变形区面积 15000m²	煤矿开采	中型
沙坡村西南山头	塌坑呈长圆形，变形区面积 64000m²，造成 100 亩耕地受损	采矿	小型
沙坡村东山头	呈矩形，面积 4000m²，塌陷深度 0.5~2.0m	采矿	小型
南杓柳村东	塌陷坑呈矩形，面积 240000m²，塌陷深度 6~10m，伴有地裂缝	煤矿开采	中型
杨家疙瘩	塌陷坑呈矩形，面积 38000m²，塌陷深度 1m，造成整处 65 间民房不同程度受损，直接经济损失 26 万元	煤矿开采	小型

点位	基本特征	诱发因素	规模
白杨镇天福煤矿	塌陷坑呈矩形，坑目面积 $2030m^2$，最大深度 30m，变形区面积 $30000m^2$，最大裂缝长 20m、宽 1.6m、深 30m，造成整处 50 亩农田受损，损坏房屋 55 间，直接经济损失 22.4 万元	煤矿开采	小型
白杨镇西马村五组	塌陷区见两处塌坑，塌坑 1 呈矩形，面积 $3900m^2$，深度 0~40m，变形区面积 $210000m^2$；塌坑 2 呈不规则状，面积 $9700m^2$，变形区面积 $51000m^2$	煤矿开采	中型

（1）地面塌陷的形成条件。

研究区地面塌陷的形成，主要受矿体分布形态、地层岩性、开采方式等因素的制约。开采方式是影响围岩应力变化、岩层移动、上覆岩层破坏和地面构筑物变形的主要因素。同时，采空区的大小、形状、工作面推进速度和工作面的宽度、高度均影响地面变形的速度和变形形式。区内地面塌陷多因煤矿开采引起，其开采方式以硐采为主，露天剥采较少，地面构筑物多因此形成大面积裂缝。在采区顶板埋深较小的地区，则形成不连续的场陷坑，地貌形态变化较大地段，常伴有崩塌、滑坡等土壤侵蚀。

（2）地面塌陷的发育特征。

研究区内因煤矿开采形成的地面塌陷发育特征如下：在地表存在明显凹陷特征，以长条形及椭圆形为主，7 处中型，5 处小型。锦屏镇焦家凹南天门塌陷规模最大，始发于 1996 年，盛发时间为 2005 年，塌坑呈长列式排布，长列方向 116°，塌陷坑目直径最大 239m，最小 84m，塌陷深度 0.5~2m，影响总面积约 $425800m^2$。塌陷区内伴生其他灾害类型。调查发现，塌陷除引起房屋裂缝外，在采区内尤其是硐附近、地形变化较大的陡坡、陡坎、人工切坡处，还形成一系列滑坡、崩塌土壤侵蚀。

3.1.3　土壤侵蚀隐患类型与特征

根据野外实地调查及核查结果：研究区土壤侵蚀隐患点共计 127 处，其中滑坡隐患 29 处，占土壤侵蚀隐患总数的 22.83%；崩塌隐患 74 处，占土壤侵蚀隐患总数的 58.27%；泥石流隐患 6 处，占土壤侵蚀隐患总数的 4.72%；地面塌陷隐患 18 处，占土壤侵蚀隐患总数的 14.17%。

1. 滑坡隐患

本次调查共发现滑坡隐患 29 处，滑坡隐患主要分布在锦屏镇、樊村镇、董王庄乡、花果山乡和香鹿山镇，地处低中山、低山丘陵区。滑坡特征：29处滑坡隐患，8处为岩质，21处为土质；堆积体平面形态主要以舌形及不规则形为主，坡度在26°~68°。研究区滑坡隐患坡度统计见表3-15；研究区滑坡隐患汇总见表3-16。

表3-15　研究区滑坡隐患坡度统计

坡度划分/°	<60	60~69	70~79	80~90
数量/处	2	2	10	7
占总数比例/%	9.5	9.5	47.7	33.3

表3-16　研究区滑坡隐患汇总

点位		体积×10^4m³	诱发因素	坡度/°	变形特征
锦屏镇	大雨淋村三组	0.1	修建道路、削坡	53	滑体已清理，偶有小块岩体因裂隙切割滑落
	大雨淋村四组	0.02	修建道路、削坡	35	滑坡顶部有大裂缝
	大雨淋村三组	9.0	降雨、坡脚侵蚀	26	滑带中部平台出现马刀树
	大雨淋村三组	2.1	降雨、坡脚侵蚀	47	由于滑坡前缘受河水冲刷，坡积物沿基岩面滑动
	马庄村三组	0.5	河水侵蚀	65	滑坡前缘位于河道中，受河水侵蚀，坡脚失稳
	马庄村二组	2.0	降雨、坡脚侵蚀	62	滑坡后缘见拉张裂缝，处于初始蠕变阶段
	马庄村五组	0.08	雨水、污水	43	滑坡顶部有一小型塌坑，中上部树木歪斜，壁鼓胀
	马庄村七组	15.0	采煤	32	见拉张裂缝，居民房屋出现不同程度裂缝
	崔村	0.2	坡脚开挖	68	坡面沿节理面滑落
董王庄乡	刘河村	0.7	削坡建房	40	滑面为覆盖层与基岩接触面，可见部分马刀树
	刘河村	0.3	削坡建房	65	滑坡后缘及中部有碎石剥落及树木歪斜现象
	灵官殿三道壕	6.16	削坡建房	35	滑坡后缘有拉张裂缝，坡上树木歪斜
樊村镇	樊村水河沟村	3.0	削坡建房	36	目前处于初始蠕变阶段
花果山乡	花山村	0.6	修建道路	65	目前该滑坡已清理
	花山村	0.18	修建道路	57	目前该滑坡已清理

点位		体积×$10^4 m^3$	诱发因素	坡度/°	变形特征
香鹿山镇	下韩村	0.3	修筑道路	35	滑坡顶部有 10~20cm 裂缝，坡面黄土滑塌呈陡坎状
锦屏镇	马庄村二组	1.0	降雨、开挖坡脚	65	坡脚堆积少量泥岩碎屑
锦屏镇	八里堂	2.0	降雨	56	坡脚堆积少量矿渣
樊村镇	冯家沟灯盏窝	2.0	爆破震动	52	房屋开裂，屋后堆积体非雨天掉块石，地下采矿
花果山乡	穆册村	0.18	降雨、风化、开挖坡脚	50	坡脚堆积有碎石
香鹿山镇	砖古窑	2.0	降雨、开挖坡脚	80	坡脚堆积有松散物
城关镇	西街广源	0.8	降雨、开挖坡脚	63	右侧柱状节理发育，有三条裂缝，宽 0.2~1m
高村乡	丰涧水库	1.8	降雨、坡脚冲刷	47	坡脚堆积有松散物
赵堡乡	马河村曲庄	0.6	降雨、开挖坡脚	68	居民房后堆积有碎石土
上观乡	柱顶石村架寺	6.2	降雨、风化、开挖坡脚	36	坡脚处有少量堆积物
张坞镇	上庞沟六组	7.0	降雨、开挖坡脚	78	坡脚堆积有块石
盐镇乡	西沟水库	0.5	降雨、坡脚浸润	14	坡脚堆积有松散物
盐镇乡	西沟水库西侧	0.3	降雨、人工加载	56	坡脚有松散物
莲庄镇	马回	0.5	降雨、开挖坡脚	33	堆积体中部下滑，形成2m高陡崖，长70m

形成原因：锦屏镇、香鹿山镇及花果山乡 5 处滑坡隐患是修建道路、开挖堆积体形成的；锦屏镇 4 处滑坡隐患点位于河道边，由于降雨及冲刷形成危险堆积体；马庄七组何年滑坡及冯家沟灯盏窝滑坡隐患主要是地下采煤引发；其他隐患点主要是因为居民削坡建房，形成较陡危险堆积体。

变形特征：部分隐患点堆积体上部有张拉裂缝，部分存在马刀树现象，坡脚开挖的隐患点主要是坡脚有松散堆积，坡度较大，存在软弱结构面（土岩接触面），从而确定为滑坡隐患点。

诱发因素：根据当地已发生的 9 处滑坡灾害分析，降雨是引发滑坡灾害的主要因素；人类活动、建房修路、开挖坡脚形成高陡堆积体是滑坡的重要诱因。

2. 崩塌隐患

研究区共发现崩塌隐患 74 处，主要分布在锦屏镇、赵堡乡、张坞镇等乡镇。本次实地调查 74 处崩塌隐患，其中 23 处为岩质崩塌隐患，占总数的 31%，其余皆为黄土崩塌隐患，占总数的 69%。调查的崩塌点数较多，其原因一是在研究区中低山丘陵区，人类工程活动强烈，景区道路修建及切坡建房现象普遍存在；二是黄土垂直节理发育，直立性好，陡壁分布广泛，小型崩塌比比皆是，而大中型崩塌很少见。研究区崩塌隐患坡度统计见表 3-17；研究区崩塌隐患汇总见表 3-18。

表 3-17　研究区崩塌隐患坡度统计

坡度划分/°	<40	40~49	50~59	60~69	70~79	80~90
数量/处	1	5	6	7	32	21
占总数比例/%	1	7	8	10	45	29

表 3-18　研究区崩塌隐患汇总

点位		体积/m³	坡度/°	斜坡类型	诱发因素	危岩体稳定状态
锦屏镇	大雨淋村四组	1100	82	土质	降雨、风化	较稳定
	大雨淋村三组	800	70	土质	降雨	较稳定
	大雨淋村三组	700	80	岩质	降雨	较稳定
	大雨淋村三组	1200	45	碎屑岩	风化、坡体切割	较稳定
	大雨淋村一组	1900	73	碎屑岩	降雨、风化、开挖坡脚	较稳定
	县道公路	1800	55	碎屑岩	降雨、开挖坡脚	较稳定
	马庄村二组	900	72	碎屑岩	降雨、开挖坡脚	较稳定
	马庄村三组	200	73	土质	降雨、开挖坡脚	较稳定
	马庄村九组	300	85	土质	降雨、开挖坡脚	较稳定
	乔家门村村通	3000	82	土质	降雨、开挖坡脚	较稳定
	马庄村八组	6000	78	土质	降雨、开挖坡脚	较稳定
	乔岩村	2000	46	碎屑岩	降雨、开挖坡脚	较稳定
	马庄村	1200	66	碎屑岩	降雨、开挖坡脚	较稳定
	焦家凹	4200	78	土质	降雨、开挖坡脚、坡脚冲刷	较稳定
	焦家凹白家村	2000	62	碎屑岩	降雨、开挖坡脚	较稳定
	高桥村	4500	63	碎屑岩	降雨、风化、开挖坡脚	稳定
	石门村	2600	71	碎屑岩	降雨、开挖坡脚	较稳定

续表

点位		体积/m³	坡度/°	斜坡类型	诱发因素	危岩体稳定状态
董王庄乡	S249	1600	70	变质岩	降雨、开挖坡脚	较稳定
樊村乡	马道村二组	100	45	碳酸盐岩	降雨、开挖坡脚	较稳定
	水河沟	1800	70	碎屑岩	降雨、风化、坡脚开挖、冲刷	较稳定
	上王村	18000	69	碎屑岩	降雨、坡体切割	较稳定
花果山乡	木柴关	9000	72	变质岩	降雨、风化、开挖坡脚	较稳定
香鹿山镇	韩庄村六组	1800	75	土质	降雨、开挖坡脚	较稳定
	上韩村	1300	56	土质	降雨、开挖坡脚	较稳定
	下韩村	3000	53	土质	降雨、开挖坡脚、坡脚冲刷	较稳定
	王凹村	2000	78	土质	降雨、开挖坡脚	较稳定
	王凹村四组	5000	78	土质	降雨、开挖坡脚	较稳定
	王凹村三组	1300	81	土质	降雨、开挖坡脚	较稳定
	下韩村	18000	57	碎屑岩	降雨、坡脚冲刷	较稳定
白杨镇	宏沟三组	1200	75	土质	降雨、开挖坡脚	较稳定
	宏沟一组	2800	78	土质	降雨、开挖坡脚	较稳定
城关镇	西街村	3000	76	碳酸盐岩	降雨、开挖坡脚、坡体切割	较稳定
	西街村三道岔	7000	76	碳酸盐岩	降雨、开挖坡脚、爆破震动	较稳定
高村乡	丰涧村	1600	80	土质	降雨、开挖坡脚	较稳定
	杜渠村七组	2300	90	土质	降雨、开挖坡脚	较稳定
	下宋王沟二组	9000	80	土质	降雨、开挖坡脚	较稳定
赵堡乡	二道沟村马头沟	8000	76	土质	降雨、开挖坡脚	较稳定
	十字岭村	1000	42	土质	降雨、开挖坡脚	较稳定
	郭凹村	1300	78	土质	降雨、人工加载开挖坡脚、坡脚冲刷	较稳定
韩城镇	小马沟三组	2000	80	土质	降雨、开挖坡脚	较稳定
	小马沟南村村通公路	1300	74	土质	降雨、开挖坡脚	较稳定
	西关二队	4600	80	土质	降雨、开挖坡脚	不稳定
柳泉镇	贺沟二组小学	1000	76	土质	降雨、开挖坡脚	较稳定
	纸房村	600	70	土质	降雨、开挖坡脚	较稳定
	纸房—赵沟公路	600	85	土质	降雨、风化、开挖坡脚	较稳定
	黑沟村北村村通西侧	6000	87	土质	降雨、开挖坡脚	较稳定

点位		体积/m³	坡度/°	斜坡类型	诱发因素	危岩体稳定状态
三乡镇	东王庄	4000	82	土质	降雨、开挖坡脚	较稳定
	东王庄—大洛	600	85	土质	降雨、开挖坡脚	较稳定
	吉家庙村	2000	85	土质	降雨、开挖坡脚	较稳定
	流渠村	30000	88	土质	降雨、开挖坡脚	较稳定
上观乡	杏树洼大队琉璃庙	400	62	土质	降雨、开挖坡脚	较稳定
张坞镇	七峪村八组	20000	80	土质	降雨、风化、开挖坡脚	较稳定
	上龙村九组	18000	80	土质	降雨、开挖坡脚	较稳定
	上龙村九组	1000	80	土质	降雨、开挖坡脚	较稳定
	茶沟村四组	1800	80	土质	降雨、开挖坡脚	较稳定
	茶沟村四组	2000	75	土质	降雨、开挖坡脚	较稳定
	上庞沟六组	1000	70	土质	降雨、开挖坡脚	较稳定
	下庞沟一组	400	68	土质	降雨、开挖坡脚	较稳定
盐镇乡	贾院村	1600	67	碎屑岩	降雨、开挖坡脚	较稳定
锦屏镇	大雨淋村三组	1600	70	碎屑岩	开挖坡脚、风化	较稳定
	大雨淋村三组	800	53	碎屑岩	降雨、开挖坡脚、风化	较稳定
	于沟村二组	12000	72	碳酸盐岩	开挖坡脚、风化	较稳定
城关镇	东店村张李沟	12000	48	碳酸盐岩	开挖坡脚、风化	较稳定
樊村镇	苏村	3000	72	土质	降雨、风化、开挖坡脚	较稳定
花果山乡	花山村公路	5000	72	变质岩	降雨、风化、开挖坡脚	较稳定
	穆册铜矿	2000	56	变质岩	降雨、风化、开挖坡脚	较稳定
香鹿山镇	赵老屯	1000	75	土质	降雨、开挖坡脚	较稳定
	赵老屯村寨根	12000	73	土质	降雨、开挖坡脚	较稳定
赵堡乡	马河栗树岭	100000	68	土质	降雨、开挖坡脚	较稳定
上观乡	石窑沟公路	1200	26	变质岩	降雨、开挖坡脚	较稳定
莲庄镇	竹园村六组	3200	88	土质	降雨、开挖坡脚	较稳定
	孙留村	4300	78	土质	降雨、开挖坡脚	较稳定
	孙留村	6000	72	土质	降雨、开挖坡脚	较稳定
	孙留村石村	3000	71	土质	降雨、开挖坡脚	较稳定

（1）崩塌隐患点形态。

74处崩塌隐患，凸形堆积体62处，阶梯形5处，凹形3处，直立4处，坡度主要分布在60°~90°。

（2）诱发因素。

土质崩塌多由降雨引发。土质崩塌前期变形迹象不明显，具有突发性，黄土节理裂隙发育，降雨渗透，黏结力下降，重力增加，从而引发倾倒式崩塌。岩质崩塌表现为卸荷裂隙发育，贯通性好、延伸长，沿一处方向延伸。一般发育多组裂隙，切割岩体形成楔形结构面，具有高陡临空面及岩体风化强烈带。风化裂隙与构造裂隙常将岩体分割剥离，临空面岩体常处于孤立临界状态，在雨水渗透或爆破震动作用下易发生各种形式的崩塌或掉块，具有突发性明显、不可预见性大及危害性大的特点。

3. 泥石流

在本次调查中共发现 6 处泥石流隐患。按照泥石流的物质组成分类来分，本次调查的泥石流多属于水石型泥石流；按发育泥石流的地貌来分，本次调查的泥石流为沟谷型泥石流。在本次调查的泥石流隐患中，其主要物源为采矿活动产生的弃渣以及沟槽两岸或河床的堆积物，其中 4 处物源为弃渣型，2 处为自然沟谷型。马庄南沟泥石流隐患点见图 3-5；竹溪村南沟泥石流隐患点见图 3-6；上龙东坡泥石流隐患点见图 3-7；竹溪泥石流隐患点见图 3-8；研究区泥石流沟易发程度数量化标准见表 3-19；泥石流沟易发程度数量化结果统计见表 3-20；研究区泥石流隐患汇总见表 3-21。

图 3-5　马庄南沟泥石流隐患点

图 3-6　竹溪村南沟泥石流隐患点

图 3-7　上龙东坡泥石流隐患点

图 3-8　竹溪泥石流隐患点

表 3-19 研究区泥石流沟易发程度数量化标准

序号	影响因素	权重	量级划分						
			严重 A	得分	中等 B	得分	轻微 C	得分	一般 D	得分
1	水土流失	0.159	重力侵蚀严重，多深层滑坡和大型崩塌，表土疏松，冲沟发育	21	崩塌滑坡发育多，浅层滑坡和中小型崩塌，有零星植被覆盖，冲沟发育	16	有零星崩塌、滑坡和冲沟存在	12	无崩塌、滑坡和冲沟存在	1
2	沿途补给物	0.118	>60	16	60~30	12	30~10	8	<10	1
3	泥石流堆积	0.108	河形弯曲或堵塞	14	河形无较大变化	11	河形无变化，大河主流在高水偏	7	无河形变化	1
4	坡度	0.090	>12°	12	12°~6°（213~105）	9	3°~6°	6	<3°	1
5	区域构造	0.075	强抬升区，六级以上地震区	9	抬升区，4~6级地震区，有中小支断层	7	相对稳定，有小断层	5	构造影响小	1
6	植被覆盖率	0.067	<10	9	10~30	7	30~60	5	>60	1
7	河沟变幅	0.062	>2	8	2~1	6	1~0.2	4	0.2	1
8	岩性	0.054	软岩、黄土	6	软硬相间	5	风化和节理发育的硬岩	4	硬岩	1
9	沿途松散物	0.054	>10	6	10~5	5	5~1	4	<1	1
10	沟岸坡度	0.045	>32°	6	32°~25°	5	15°~25°	4	<15°	1
11	沟槽横断面	0.036	V形谷、U形谷	5	拓宽U形谷	4	复式断面	3	平坦型	1
12	产沙区松散物	0.036	>10	5	10~5	4	5~1	3	<1	1
13	流域面积	0.036	0.2~5.0	5	5~10	4	0.2以下10~100	3	>100	1
14	流域相对高差	0.030	>500	4	500~300	3	300~100	3	<100	1
15	堵塞程度	0.030	严	4	中	3	轻	2	无	1

表 3-20　泥石流沟易发程度数量化结果统计

编号	1	2	3	4	5	6	7	8	9	10	11	12	13	14	15	合计	易发性
NSL1	12	8	7	9	5	7	4	4	1	6	1	4	5	1	2	76	低易发
NSL2	16	12	1	12	5			1	6	5	5	5	5	2	3	79	低易发
NSL3	16	12										1	5	2	2	86	中易发
NSL4	1	12		12	5	7	4	4	1	6	1	5	1		1	66	低易发
NSL5	12	12	7										1			32	低易发
NSL6	16	12	1	9	5	1		1	6	6	5	3	5	4	3	77	低易发

表 3-21　研究区泥石流隐患汇总

点位	动力	物质来源	物源特征	流通区特征	堆积特征	活动特征	流域面积/km²	等级	易发性
锦屏镇马庄村三组	暴雨	人工弃石、弃渣	铝土矿渣堆积物	沟槽横断面平坦，坡度30°，补给段长度占比20%	河流沟目初矿渣堆积物较厚，河流易改道	堵塞河道50m	0.06	小型	低易发
锦屏镇马庄村	暴雨	人工弃石、弃渣	铝土矿渣堆积物	沟槽横断面 V 形，坡度60°，补给段长度占比36%	松散物储量为 $109 \times 10^4 m^3/km^2$，松散物平均厚度为12m	无	0.264	小型	低易发
张坞镇上龙东坡	暴雨	自然沟谷堆积碎石	强风化花岗岩，卵石、漂石，沟底伴有崩塌、滑坡	沟槽横断面 V 形，坡度40°，补给段长度占比50%	松散物储量为 $30m^3/km^2$，松散物平均厚度为0.3m	损毁房屋10间、耕地2亩、公路300m	0.02	小型	中易发
张坞镇庞沟上庞沟	暴雨	自然沟谷堆积碎石，露天采矿渣堆	强风化片麻岩，有民采矿渣	沟槽横断面为拓宽 V 形，坡度38°，补给段长度比为48%	松散物储量为 $0.6 \times 10^4 m^3/km^2$，松散物平均厚度为0.6m	无	0.04	小型	低易发
张坞镇竹溪	暴雨	自然沟谷堆积碎石	黄土及含砾黄土，沟底见卵石和漂石	沟槽横断面为 V 形断面，坡度52°，补给段长度比为56%	松散物储量为 $0.5 \times 10^4 m^3/km^2$，松散物平均厚度为0.3m	无	1.05	小型	低易发
张坞镇竹溪	暴雨	人工弃石、弃渣	大量矿渣堆积	沟槽横断面为 V 形断面，坡度36°，补给段长度比为42%	松散物储量为 $46 \times 10^4 m^3/km^2$，松散物平均厚度为4.2m	无	1.62	小型	低易发

（1）泥石流形成的内部条件。

①泥石流的形成区。区内西南部、东部低山丘陵区沟谷纵横，高低悬殊，切割强烈，沟谷两侧坡度多在50°以上，且汇水面积较大，便于集水，是形成泥石流的有利条件。在西南部中山区，主要分布的是花岗岩。岩石裂隙十分

发育，风化强烈，风化深度大于10m，岩石非常破碎，结构松散，有小型滑坡、崩塌现象，在山脚下有松散物质堆积。坡谷区表层岩石风化强烈，破碎严重，沟谷中有人为堆积的大量碎石及残坡积物和冲洪积物广泛分布。东部低山丘陵区，主要分布碎石土，因采矿引起的坡体失稳，坡体堆积物松散。由上可知，该区泥石流物质来源较丰富。马庄村泥石流处于河道平坦区，其他潜在泥石流沟谷均呈"V"形，高差较大，周边山坡坡度一般为25°~50°，底面比降约30°，因为坡面陡峭，坡体稳定性差，极易发生崩塌、滑坡等物质快速堆积。上龙东坡潜在泥石流岩性为强风化花岗岩，沟谷见大量卵石、漂石；竹溪潜在泥石流岩性以沟谷两侧为第四系黄土及含砾黄土，沟底见卵石和漂石，崩塌发育形成物源；其他4处物源都是采矿弃渣或人工弃石堆积形成。

②流通区。流通区是泥石流运动、外泄的通道。流通区主要为狭窄陡峭的河谷，沟槽较顺直，纵坡比降大，在基岩出露地段形成多处陡坎和跌水；研究区内泥石流沟槽横断面大部分为V形，坡度40°~60°，补给段长度比为20%~56%。

③堆积区。堆积区是泥石流最终堆积的地段；堆积区一般位于地形较为开阔地段，一般是泥石流沟的出山口处或小型山间盆地。

（2）泥石流形成的外部条件。

①气象水文条件。据研究区气象局资料，研究区年最大降雨量达1022.6mm，日最大降雨量达201.5mm。来自地质体外长时间降水、暴雨所形成的水流，不仅是泥石流形成必不可少的物质条件，而且也是泥石流获得初始动能，得以流动的能量提供者，强劲的降水易携带沟坡及沟谷中大量碎石、土体，形成泥石流，造成危害。

②人为活动。区内泥石流沟，植被严重破坏，人工修筑梯田，植被逐年减少，山坡和坡土耕地被冲蚀，引起水土大量流失。另外，人类工程活动诸如采矿，造成大量碎石、弃渣堆积在沟谷中，这些因素均为泥石流的物质来源提供了有利条件。研究区4处泥石流物源均为采矿遗留废渣堆积形成，早期民采或小型采矿对废石就近堆放，现在国土部门加大执法力度，同时近几年矿山不景气，乱采乱挖现象已不多见。

③泥石流的易发性。根据泥石流沟易发程度数量化标准，对勘查区6条泥石流沟综合打分，结果见表3-20，锦屏镇马庄村两条泥石流沟为低易发泥石流沟；张坞镇除上龙东坡为中易发泥石流沟，其他3条都为低易发泥石流沟。

4. 地面塌陷

地面塌陷隐患共有 18 处，17 处均为煤矿开采引发，锦屏镇马庄村公路边塌陷推测由采矿引起。区划记录有 13 处，本次调查增加 5 处，部分处于矿区荒山地段，未造成损失。研究区地面塌陷隐患汇总见表3-22。

表3-22   研究区地面塌陷隐患汇总

点位	基本特征	岩土体类型	诱发因素	规模
锦屏镇马庄村二组	总体呈不规则椭圆状，长轴方向168°，长约800m，宽100~260m，塌陷深度2~5m，20世纪80年代中期开采煤矿引起，含水层被疏干	碎屑岩岩组	煤矿开采	中型
锦屏镇马庄村	塌陷坑目呈圆形，面积约10m²，坑深10m，周边为疏林地，地形呈缓坡状，距公路约60m	碎屑岩岩组	未确定	小型
锦屏镇马庄村三里庙	该区有塌坑3处，塌坑1呈椭圆形，面积16082m²，塌陷深度1.5~2m；塌坑2呈不规则状，面积88700m²，塌陷深度0.5~2m；塌坑3呈不规则状，面积32000m²，塌陷深度1.5~2m	碎屑岩岩组	煤矿开采	中型
锦屏镇乔岩村黄沟	塌陷区呈圆形，长轴方向120°，变形区面积102853m²，塌陷深度0.5~1m，造成整处自然村民房不同程度受损	碎屑岩岩组	煤矿开采	中型
锦屏镇焦家凹	始发于1996年，盛发时间为2005年，塌陷坑呈列式排布，长列方向116°，塌陷坑目直径最大239m，最小84m，塌陷深度0.5~2m	碎屑岩岩组	煤矿开采	中型
樊村马道村李家疙瘩	始发于2000年，盛发时间为2010年，塌坑呈矩形排布，长列方向98°，变形区面积97000m²，塌陷深度0.5~3m	碎屑岩岩组	煤矿开采	小型
樊村镇沙坡村刘沟	始发于2000年，发育有三条较大规模的裂缝，最大的长1200m、宽3m、深3.2m，塌坑呈不规则状，长轴方向120°，变形区面积15000m²，塌陷深度1~5m	碎屑岩岩组	煤矿开采	中型
樊村沙坡村西南山头	始发于2005年，塌坑呈长圆形，变形区面积64000m²，塌陷深度0.5~1m，造成100亩耕地受损	松散岩组	采矿	小型
樊村镇沙坡村东山头	初次发生变形为1995年，呈矩形，长轴方向131°，面积4000m²，塌陷深度0.5~2m	松散岩组	采矿	小型

塌陷主要在城关镇—城关乡—樊村乡—白杨镇采煤区这条成矿带上呈线性分布。本次调查发现，锦屏镇马庄村公路边塌陷坑表面看像土洞，该区上部第四纪黄土厚度约4m，下伏粉砂岩。据当地居民介绍，该区下部仍然是李沟煤矿采区，推测塌陷由采矿引发。近年来，虽然煤价走低，但采矿从未停

止，早期民采采空区没有记录，盲空区大量存在。本次调查也未能获取相关煤矿地质及开采资料，对未发生过塌陷区域不能进行评估。根据调查资料来看：宜阳地面塌陷进入盛发期，建议当地国土部门结合矿山企业，做到规范开采，做好监测防治工作。

3.1.4 土壤侵蚀分布规律

1. 土壤侵蚀的空间分布规律

研究区内土壤侵蚀分布规律严格受自然地质条件和人为因素的制约，土壤侵蚀在空间上有相对集中和条带状展布的分布规律，具体表现为五个方面。研究区各乡镇灾害隐患点数或处数及比例见表3-23。

表3-23 各乡镇灾害隐患点处数及比例

乡镇	滑坡	崩塌	泥石流	地面塌陷	合计	占总数比例/%
锦屏镇	11	21	2	5	39	30.71
樊村镇	2	3		8	13	10.24
白杨镇		2		2	4	3.15
赵堡乡	1	4		3	8	6.30
董王庄乡	3	1			4	3.15
张坞镇	1	7	4		12	9.45
莲庄镇	1	3			4	3.15
高村乡	1	3			4	3.15
香鹿山镇	2	9			11	8.66
柳泉镇		4			4	3.15
盐镇乡	2	2			4	3.15
花果山乡	3	3			6	4.72
上观乡	1	2			3	2.36
韩城镇		3			3	2.36
三乡镇		4			4	3.15
城关镇	1	3			4	3.15
总计	29	74	6	18	127	100

（1）沿居民点片状分布。

据本次调查资料统计，研究区由于地处低山丘陵区，受地形条件制约，建设用地短缺，居民常靠开挖坡脚获取更多建设用地；滑坡、崩塌及不稳定斜坡主要在人工切坡建房形成的陡坡处。同时，随着城镇化进程的加快，经济发展较好的乡镇建设步伐加快，人员的相对聚集，导致锦屏镇、张坞镇及香鹿山镇的工程土壤侵蚀较多，所以土壤侵蚀具有沿居民点片状分布的特点。

（2）沿重要交通干线两侧呈条带状分布。

近年来，宜阳大力发展交通道路建设，县级公路乡乡连、城乡公路村村通，部分路段切坡开挖，形成高陡堆积体，频频发生崩塌、滑坡；洛阳市西南环绕城高速、郑西高速铁路客运专线，洛阳至洛宁高速公路的建设，在高速公路两侧形成 5~30m 的堆积体，形成潜在崩塌带，本次调查中，对相近的区域划为一处点。花果山风景区内道路建设也形成 6~20m 的岩质堆积体，崩塌较发育。

（3）土壤侵蚀受地形地貌控制明显。

研究区土壤侵蚀受地貌因素控制较为明显，据调查资料统计，研究区土壤侵蚀由北向南分布密度逐渐变大，活动性也有所加强。在东南部低山丘陵区地区（锦屏镇、张坞镇及白杨镇），其中熊耳山余脉横卧其中，海拔自北向南逐渐抬升，西北海拔为 400~500m，西南海拔为 500~800m。山顶平坦或呈馒头状，山坡平缓，地表残留部分卵砾石，呈平面形态。北部与漫滩阶地相邻，区内岩性主要为中新生界砂页岩及碳酸盐岩组成。沟谷深切，切割深度为 10~60m，呈"U"形，易导致岩质中、小型崩塌、滑坡土壤侵蚀的发生。该地区东南部因煤矿开采，易发生地面塌陷土壤侵蚀。西南部中山区，由太古界、元古界变质岩、岩浆岩，古生界碳酸盐岩组成。标高 1000~1800m，相对高差 500~1000m，花果山主峰海拔 1831.8m，为全县最高峰，区内山势陡峻，沟谷深切，山脊狭窄，外围以大型活动性断裂与低山丘陵相邻，形成陡峭的断崖。由于强烈的侵蚀切割，山内沟谷发育，多呈"V"形，易发生崩塌、滑坡、泥石流等土壤侵蚀。研究区洛河北部一带为黄土丘陵区（高村、三乡及盐镇），地面标高为 350~500m，面积约占宜阳县 40%，北部紧邻新安县，南部靠近洛河。高差较小，地面向河谷倾斜，边缘冲沟发育，切割深度为 20~50m。黄土陡坎有土质滑坡、崩塌等土壤侵蚀现象。上部为上、中更新统风成黄土或黄土状土，下伏下更新统、第三系粉土、泥岩、砂岩，局部有二叠系、三叠系泥岩、砂岩出露。从乡镇分布来看各乡镇由于所处的位置和地形地貌、地质条件、人口密度及人类工程活动的不同，土壤侵蚀发育程度是不均匀的。这种不均匀包括土壤侵蚀发育的处数和类型的不均匀性。

（4）在易滑或易崩地层岩性组合部位相对集中。

区内易滑地层或软弱结构面主要为中元古界砂质页岩、二叠系基岩中的泥质页岩层面、三叠系的黏土岩；易崩地层为砂质页岩及第四系黄土地层。就土质滑坡而言，在西南部低山区以及北部、中部丘陵区，滑坡体主要岩性为第四系中更新统残坡积粉质黏土，其产生活动类型主要为层内错动，其次为沿土岩接触面滑动；就岩质滑坡而言，滑动面主要为泥质页岩，滑坡体沿该软弱层滑动。崩塌主要集中在研究区中部和南部丘陵区，就黄土崩塌而言，其黄土垂直节理发育，在高陡堆积体部位，卸荷裂隙和风化裂隙更甚，故在黄土高陡堆积体地段，黄土崩塌较多；就岩质崩塌而言，崩塌多集中在修建道路沿线两侧，由于人为开挖堆积体，形成裸露的高陡堆积体危岩体，砂质页岩、泥质页岩等软弱层在降雨的条件下，其应力结构发生变形破坏，造成岩体不稳定，发生崩塌。

（5）地面塌陷沿煤层成矿带呈线性分布。

研究区矿产资源相当丰富，煤矿开采历史久远；采空区分布较广，17处塌陷隐患主要沿城关镇—城关乡—樊村乡—白杨镇采煤区这条成矿带呈线性分布。据本次调查资料统计，土壤侵蚀隐患集中在洛宁高速及花果山风景区道路两侧发育，呈条带分布。

2. 土壤侵蚀的时间分布规律

在时间域上，土壤侵蚀也呈现出集中分布的规律。主要表现为：在人类历史时期，滑坡、崩塌在人类活动强烈时期相对集中；在一年之内，滑坡、崩塌在雨季相对集中。一是现代人类活动强烈的时期相对集中。本次调查的滑坡、崩塌主要为1996—2013年发生的，其主要是由人类工程活动引起的，表现出在人类历史时期，滑坡、崩塌在人类活动强烈的时期相对集中。主要是不合理的人类工程活动破坏了斜坡的结构，使原始斜坡应力发生变化，如削坡建房、修路开挖堆积体等，导致斜坡失稳发生崩塌、滑坡等土壤侵蚀。二是雨季相对集中。本次调查到的44处土壤侵蚀中，31处有比较确定的发生时间，均在雨季(7—9月)，占土壤侵蚀总数的70%；土壤侵蚀确切发生时间无相关记录的，根据当地村民回忆，大多数与降雨相关。

3.1.5　土壤侵蚀稳定性、灾情与危险性

1. 土壤侵蚀稳定性

本书首先进行定性评价，然后加以定量评价，再运用工程类比法综合分析。在进行类比时，本书考虑了滑坡或堆积体结构特征的相似性，以及促使滑坡或堆积体演变的主导因素和发展阶段的相似性。影响滑坡或堆积体稳定性的因素可分为地形地貌、地质特征(地层岩性、岩土体结构面特征、构造节理等)、降雨、人类工程活动(开挖、加载、蓄水等)。这些因素对滑坡或堆积体的稳定性是相互作用、相互影响的。在这些因素的相互作用下，本书结合坡体变形特征，判别坡体的稳定性。

(1)滑坡稳定性。

本次调查过程中，滑坡的稳定性主要依据《崩塌滑坡泥石流详细调查规范》7.14 条规定和滑坡稳定性野外判别依据进行定性确定，见表 3-24。在调查的 29 处滑坡隐患中，不稳定的 4 处，占滑坡总数的 13.8%，较稳定的 25处，占滑坡总数的 86.2%。

表 3-24　滑坡稳定性野外判别依据

滑坡要素	不稳定	较稳定	稳定
滑坡前缘	临空，坡度较陡且有地表径流冲刷，有季节性泉水出露，岩土潮湿、饱水	前缘临空，有间断季节性地表径流，岩土体较湿，斜坡坡度为 30°~45°	前缘斜坡较缓，临空高差小，无地表径流流经和继续变形的迹象，岩土体干燥
滑体	滑体平均坡度>40°，坡面上有多条新发展滑坡裂缝，其上建筑物、植被有新的变形迹象	滑体平均坡度在 25°~40°，坡面上局部有小的裂缝，其上建筑物、植被无新的变形迹象	滑体平均坡度<25°，坡面上无裂缝发展，其上建筑物、植被未有新的变形迹象
滑坡后缘	后缘可见擦痕或有明显位移迹象，后缘有裂缝发育	后缘有断续小裂缝发育，后缘壁上有不明显变形迹象	后缘无擦痕和明显位移迹象，原有的裂缝已被充填

(2)崩塌稳定性。

本次调查过程中，崩塌的稳定性主要根据崩塌所在地的斜坡特征和危岩体的工程地质特征进行综合分析，进行定性判定，崩塌稳定性野外判别依据见表 3-25。在调查的 74 处崩塌隐患中，现处于较稳定状态的有 73 处，占崩塌总数的 98.6%，不稳定的 1 处，占崩塌总数的 1.4%。

表 3-25　崩塌稳定性野外判别依据

斜坡要素	不稳定	较稳定	稳定
坡脚	临空，坡度较陡且常处于地表径流的冲刷之下，有发展趋势，并有季节性泉水出露，岩土潮湿、饱水	临空，有间断季节性地表径流流经，岩土体较湿	斜坡较缓，临空高差小，无地表径流流经和继续变形的迹象，岩土体干燥
坡体	坡面上有多条新发展的裂缝，其上建筑物、植被有新的变形迹象，裂隙发育或存在易滑软弱结构面	坡面上局部有小的裂缝，其上建筑物、植被无新的变形迹象，裂隙较发育或存在软弱结构面	坡面上无裂缝发展，其上建筑物、植被没有新的变形迹象，裂隙不发育，不存在软弱结构面
坡肩	可见裂缝或明显位移迹象，有积水或存在积水地形	有小裂缝，无明显变形迹象，存在积水地形	无位移迹象，无积水，也不存在积水地形
岩层	中等倾角顺向坡，前缘临空；反向层状碎裂结构岩体	碎裂岩体结构，软硬岩层相间；斜倾视向变形岩体	逆向和平缓岩层，层状块状结构
地下水	裂隙水和岩溶水发育，具多层含水层	裂隙发育，地下水排泄条件好	隔水性好，无富水地层

（3）泥石流易发性。

本次调查过程中，泥石流的易发性主要根据《泥石流灾害防治工程勘查规范》附录 G 中泥石流沟易发程度数量化评分标准进行定性判定，泥石流野外判别依据具体见表 3-26。在调查的 6 处泥石流灾害隐患点中，中易发泥石流灾害 1 处，占泥石流灾害总数的 16.7%，低易发泥石流灾害 5 处，占泥石流灾害总数的 83.3%。

表 3-26　泥石流野外判别依据

等级	总分
极易发（严重）	116~130
易发（中等）	87~115
轻度易发（低）	44~86
不易发	15~43

2. 土壤侵蚀灾情及危害程度

（1）评估标准。

土壤侵蚀的威胁对象包括人口和财产。人口可以直接用数量来表征；财产包括土地、牲畜、房屋、修建道路等。本书根据实际物价调查资料，建立主要经济价值评估标准及承灾体经济评价标准，见表 3-27。本书以表 3-27 为参考，结合地区差异、预测危害及承灾体现状价值综合确定危害程度，承灾体经济价值评价主要指直接损失，未计算家庭财产，公路堆积体危害只是预测堆积占路的清理费用。本书将《土壤侵蚀群测群防体制建设指南》中国土资源部地质环境司给出的标准做适当修改作为河南省土壤侵蚀详查灾情和险情的评判标准，土壤侵蚀灾情分级标准及危险程度分级标准按表 3-28 的规定评估。在表 3-27、表 3-28 中：灾情分级即已发生的土壤侵蚀灾度分级，采用"死亡人数"或"直接经济损失"栏指标评价；危害程度分级即对可能发生的土壤侵蚀危害程度的预测分级，采用"受威胁人数"或"潜在经济损失"栏指标评价。

表 3-27　承灾体经济价值评价标准

项目		单位	单价/元	项目		单位	单价/元
牲畜	牛、马、驴	头	10000	房屋	全毁	间	10000
	猪		1500		半毁		4000
	羊		1000		裂缝		1000
耕地	全毁	亩	30000	公路	水泥	米	600
	半毁		15000		土路		500
窑洞	土窑	孔	2500		高速		20000
	砖窑		4000		柏油		1500

表 3-28　土壤侵蚀灾情及危害程度分级标准

土壤侵蚀灾情/危害程度分级	死亡人数/人	受威胁人数/人	直接经济损失/万元	潜在经济损失/万元
轻(一般)	<3	<10	<100	<500
中(较大)	3~10	10~100	100~500	500~5000
重(重大)	10~30	100~1000	500~1000	5000~10000
特重(特大)	>30	>1000	>1000	>10000

（2）灾情。

①滑坡。调查的 29 处滑坡隐患中，造成一定经济损失和人员伤亡的滑坡共有 9 处，灾情等级为轻的有 8 处，为中型的有 1 处，共造成经济损失 147.7 万元（见表 3-29）。

表 3-29　滑坡灾害灾情评价

地理位置		灾害损失		灾情
		危害	损失/万元	
锦屏镇	大雨淋村三组	30m 公路	1.5	轻
	大雨淋村四组	13m 公路	1.2	轻
	马庄村三组	堵塞河道	2	轻
	马庄村何年	210 间房	103	中型
	崔村	堆积	1.8	轻
董王庄乡	刘河村	5 间房	2	轻
	灵官殿三道壕	15 间房、2 亩地	21.2	轻
花果山乡	花山村	100m 公路	5	轻
	花山村	120m 公路	10	轻

②崩塌。在调查的 74 处崩塌隐患中，已发生危害并造成直接经济损失的有 21 处，20 处灾情为轻，1 处灾情为中型，共造成经济损失 126.2 万元（见表 3-30）。

表 3-30　崩塌灾害灾情评价

地理位置		灾害损失		灾情
		危害	损失/万元	
锦屏镇	大雨淋村四组	10 间房	4	轻
	大雨淋村三组	40m 公路	1.3	轻
	县道公路	14m 公路	1.2	轻
	马庄村三组	5m 公路	1.2	轻
	马庄村九组	20 间房	2	轻
	马庄村八组	30m 公路	1.4	轻
锦屏镇	马庄村	15m 河道	1.3	轻
董王庄乡	S249	堆积 160m³	1.2	轻
香鹿山镇	韩庄村六组	耕地 2 亩、3 间房	4.2	轻
	王凹村	堆积 160m³	1.4	轻
白杨镇	宏沟三组	1 间房	1.5	轻
高村镇	杜渠村七组	40 间房、34 孔窑洞、死 1 人	20	轻
	下宋王沟二组	10 间房、死 1 人	4	轻
赵堡乡	二道沟村马头沟	55 间房	22	轻
	小马沟南公路	5 间房	5	轻
韩城镇	西关二队	40 间房、死 4 人	16	中型

地理位置		灾害损失		灾情
		危害	损失/万元	
三乡镇	吉家庙村	65 间房、死亡 1 人	26	轻
	流渠村	2 孔窑洞	1	轻
上观乡	杏树洼琉璃庙	1 间房、20m 公路	2	轻
张坞镇	七峪村八组	40 孔窑洞	8	轻
	茶沟村四组	12 孔窑	1.5	轻

③泥石流。在调查的 6 处泥石流隐患中，2 处造成直接经济损失，灾情等级均为轻，共造成经济损失约 73 万元(见表 3-31)。

表 3-31　泥石流灾害灾情评价

地理位置	毁坏房屋/间	其他危害	直接经济损失/万元	灾情等级
锦屏镇马庄村	无	堵塞河道 50m	23	轻
张坞镇上龙东坡	100	损毁耕地 2 亩、破坏道路 300m	50	轻

④地面塌陷。在调查的 18 处地面塌陷隐患中，12 处造成不同程度直接经济损失，其中中型有 4 处，8 处为轻，共造成经济损失 854.4 万元(见表 3-32)。

表 3-32　地面塌陷灾情评价

地理位置		灾害损失		灾情
		危害	损失/万元	
锦屏镇	马庄村二组	100 间房	40	轻
	马庄三里庙	20 间房	8	轻
	乔岩村黄沟	360 间房	144	中
	焦家凹	20 间房、60 亩地	44	轻
樊村镇	李家疙瘩	190 间房	72	轻
	沙坡村刘沟	420 间房、15 亩地、30m 公路、蓄水池 1 座	200	中
	沙坡村西南山头	100 亩地	30	轻
	沙坡村东山头	30 间房、50 亩地	42	轻
	南朹柳村东	210 亩地	126	中
	杨家疙瘩	65 间房	26	轻

地理位置		灾害损失		灾情
		危害	损失/万元	
白杨镇	西马村天福煤矿	56 间房	22.4	轻
	西马村五组	30 间房、100 亩地、100m 公路	100	中

（3）危害程度（险情）

土壤侵蚀危害程度主要由受威胁人数及由于财产损毁而可能造成的潜在经济损失决定。

①滑坡。本次调查的 29 处滑坡隐患，有 20 处滑坡隐患的险情等级为一般，7 处为较大型，重大型有 2 处。共威胁 580 人，财产损失可达 616.1 万元（见表 3-33）。

表 3-33 滑坡隐患险情评价

地理位置		潜在威胁损失		险情
		潜在威胁	损失/万元	
锦屏镇	大雨淋村三组	30m 公路	1	一般
	大雨淋村四组	25m 公路	1	一般
	大雨淋村三组	20 亩地、150m 河道	40	一般
	大雨淋村三组	110m 小河道	2	一般
	马庄村三组	50m 河道	5	一般
	马庄村二组	180m 水渠	20	一般
	马庄村五组	20m 公路	2	一般
	马庄村七组	210 间房、105 人	108	重大
	崔村	1.2 亩地	2	一般
董王庄乡	刘河村	80 间房、40 人	80	较大
	刘河村南滑坡	8 间房、20 人	8	较大
	灵官殿三道壕	15 间房、65 人	30	较大
樊村镇	樊村水河沟村	55 间房、40 人	55	较大
花果山乡	花山村	100m 公路	6	一般
	花山村	150m 公路	10	一般
香鹿山镇	下韩村	80m 公路	2	一般
锦屏镇	马庄村二组	77m 乡间小道	1	一般
	八里堂	单层厂房	20	一般
樊村镇	马道村灯盏窝	60 间房、200 人	24	重大

续表

地理位置		潜在威胁损失		险情
		潜在威胁	损失/万元	
花果山乡	穆册村	58m公路	1.2	一般
香鹿山镇	砖古窑	20亩地	30	一般
城关镇	西街广源	矿山堆矿场	2.4	一般
高村乡	丰涧水库	120亩地，堵塞溢洪道	66	一般
赵堡乡	马河村曲庄	15间房、50人	6	较大
上观乡	柱顶石村架寺	90间房、40人	36	较大
张坞镇	上庞沟六组	10间房、20人	10	较大
盐镇乡	西沟水库	堵塞水库	4.5	一般
	西沟水库西侧	80m公路及溢洪道	20	一般
莲庄镇	马回	260m省道	23	一般

②崩塌。本次调查的74处崩塌隐患中，有49处崩塌隐患的险情等级为一般，23处为较大型，重大型有2处，共威胁1249人，受威胁资产价值664.5万元(见表3-34)。

表3-34　崩塌隐患险情评价

地理位置		潜在威胁损失		险情
		潜在威胁	损失/万元	
锦屏镇	大雨淋村四组	10间房、21人	10	较大
	大雨淋村三组	10间房、12人	4	较大
	大雨淋村三组	4间房、3人	1.6	一般
	大雨淋村三组	50m公路	1	一般
	大雨淋村一组	40m公路	1.2	一般
	县道公路	50m公路	1.3	一般
	马庄村二组	70m公路	2	一般
	马庄村三组	22m公路	1.5	一般
	马庄村九组	20间房、5人	8	一般
	乔家门村村通	50m公路	1.5	一般
	马庄村八组	200m公路	1.2	一般
	乔岩村	100m公路	1	一般

续表

地理位置		潜在威胁损失		险情
		潜在威胁	损失/万元	
锦屏镇	马庄村	15m 河道	1.3	一般
	焦家凹	110 间房、60 人	44	较大
	焦家凹白家村	5 间房	2	一般
	高桥村	121m 公路	8.5	一般
	石门村	50m 公路	1.5	一般
董王庄乡	S249	破坏挡墙 80m 公路	2	一般
樊村镇	马道村二组	10m 小道	1.2	一般
	水河沟	70m 村公路	1.4	一般
	上王村	2 亩林地	3	一般
花果山乡	木柴关	800m 公路	5	一般
香鹿山镇	韩庄村六组	耕地 2.5 亩	3.5	一般
	上韩村	130m 公路(高速)	2.2	一般
	下韩村	300m 公路(高速)	5	一般
	王凹村	50m 公路	1	一般
	王凹村四组	20 间房、10 人	8	较大
	王凹村三组	25 间房、10 人	10	较大
	下韩村	高速公路 247m	2	一般
白杨镇	宏沟三组	38 间房、120 人	10	重大
	宏沟一组	50 间房、70 人	20	较大
城关镇	西街村	矿山道路	1.5	一般
	西街村三道岔	矿山厂房	2	一般
高村乡	丰涧村	20 间房、20 人	10	较大
	杜渠村七组	80 间房、186 人	50	重大
	下宋王沟二组	40 间房、83 人	16	较大
赵堡乡	二道沟村马头沟	15 间房、30 人	6	较大
	十字岭村	20m 公路	1.3	一般
	郭凹村	0.1 亩耕地	1.2	一般
韩城镇	小马沟三组	20 间房、10 人	8	较大
	小马沟南公路	100m 公路	1	一般
	西关二队	50 间房、70 人	20	较大

地理位置		潜在威胁损失		险情
		潜在威胁	损失/万元	
柳泉镇	贺沟二组小学	45 间小学教室	5	一般
	纸房村	240m 公路	6	一般
	纸房—赵沟公路	42m 乡村公路	1.5	一般
	黑沟村北西侧	70 公路	3	一般
三乡镇	东王庄	35 间房、37 人	14	较大
	东王庄—大洛	40m 公路	2	一般
	吉家庙村	85 间房、46 人	34	较大
	流渠村	40 间房、28 人	16	较大
上观乡	杏树洼琉璃庙	5 间房、40m 公路	5	一般
张坞镇	七峪村八组	78 间房、40 孔窑洞、35 人	60	较大
张坞镇	上龙村九组	70 间房、80 人	28	较大
	上龙村九组	20 孔窑洞、40 人	20	较大
	茶沟村四组	80 间房、60 人	32	较大
	茶沟村四组	8 间房、30 人	10	较大
	上庞沟六组	50m 公路	2	一般
	下庞沟一组	50m 公路	2	一般
盐镇乡	贾院村	荒地 0.6 亩	0.6	一般
锦屏镇	大雨淋村三组	70m 公路	2	一般
	大雨淋村三组	50m 公路	2	一般
锦屏镇	于沟村二组	210m 公路	5	一般
城关镇	东店村张李沟	140m 公路	2	一般
樊村乡	苏村	60m 公路	1	一般
花果山乡	花山村公路	2300m 公路	20	一般
	穆册铜矿	200m 矿山道路	2	一般
香鹿山镇	赵老屯	40m 公路	1.5	一般
	赵老屯村寨根	50m 公路	1	一般
赵堡乡	马河栗树岭	64 间房、40 人	28	较大
上观乡	石窑沟公路	200m 公路	5	一般
莲庄镇	竹园村六组	52 间房、28 人	21	较大
	孙留村	60 间房、80 人	24	较大
	孙留村	40 间房、70 人	18	较大
	孙留村石村	8 间房、5 人	8	一般

③泥石流。本次调查的 6 处泥石流隐患中，有 2 处隐患的险情等级为一般，4 处为较大型，共威胁到 190 人，受威胁财产约值 257.8 万元（见表 3-35）。

表 3-35　泥石流隐患险情评价

地理位置		潜在威胁损失		险情
		潜在威胁	损失/万元	
锦屏镇	马庄村三组	河道 50m	30	一般
	马庄村半坡沟	20 间房、30 人、60m 小河道	50	较大
张坞镇	上龙东坡	10 间房、耕地 2 亩、300m 公路、17 人	58	较大
	庞沟上庞沟	水库小道 20m 及增加淤积	1.8	一般
	竹溪二组	30 间房、20 人、80m 公路	38	较大
	竹溪四组	80 间房、63 人	80	较大

④地面塌陷。研究区的 18 处地面塌陷隐患，险情为重大型的有 5 处，险情为较大型的有 5 处，一般的有 8 处，共威胁 1590 人，受威胁财产值 2816 万元（见表 3-36）。

表 3-36　地面塌陷隐患险情评价

地理位置		潜在威胁损失		险情
		潜在威胁	损失/万元	
锦屏镇	马庄村二组	32 亩地、200 间房、110 人	248	重大
	马庄村二组	人蓄误入	1	一般
	马庄三里庙	50 间房、30 人	20	较大
	乔岩村黄沟	20 间房、10 人（大部分已搬迁）	5	较大
锦屏镇	焦家凹	70 亩地、180 间房、200 人	100	重大
樊村镇	李家疙瘩	600 间房、420 人	600	重大
	沙坡村刘沟	620 间房、200m 公路、15 亩地、550 人	700	重大
	沙坡村西南山头	100 亩地	30	一般
	沙坡村东山头	50 间房、60 亩地、25 人	140	较大
	安古村	40 亩地	60	一般
	南朹柳村东	210 亩地	315	一般
	杨家疙瘩	55 间房、30 亩地、40 人	90	较大
	马道村	40 间房、20 亩地（调查时无人）	60	一般

地理位置		潜在威胁损失		险情
		潜在威胁	损失/万元	
白杨镇	西马村天福煤矿	97间房、70亩地、75人	202	较大
	西马村五组	50间房、120亩地、130人	230	重大
城关镇	钟山公墓	3亩荒地	2	一般
	永鑫煤矿后山	7亩林地	3	一般
	永鑫煤矿	12间矿山房（调查时无人）	10	一般

3.2 土壤侵蚀与地质环境的关系

3.2.1 土壤侵蚀与地形地貌的关系

地形地貌是滑坡、崩塌灾害产生的先决条件。斜坡的几何形态决定着斜坡体内应力的大小和分布，控制着斜坡的稳定性与变形破坏模式。本节将以野外调查数据为依据，运用统计分析、应力分析等方法，从斜坡的坡形、坡度、坡高和坡向四个方面分析地形地貌对土壤侵蚀的控制作用。

1. 土壤侵蚀与宏观地貌的关系

研究区地处中低山丘陵区，西高东低，南山北岭，地貌特征可概括为"三山六陵一分川，南山北岭中为滩，洛河东西全境穿"。地理区划大致可分为洛河川区、宜北丘陵区、宜南丘陵区、白杨和赵堡盆地、宜西南中山区五大区域。西南部为熊耳山地，山峰花山，海拔高度1831m，山地面积占全县总面积的27%。中部为洛河谷地，平均海拔高度200m，占总面积的16%。洛河以北为丘陵地，平均海拔560m，占全县总面积的57%。据本次调查统计，全部127处土壤侵蚀隐患，其中9处在中山区，主要分布在花果山乡及上观乡，占灾害隐患总数的7.09%；85处在低山丘陵区，占灾害隐患总数的66.92%；33处在黄土丘陵区，占灾害隐患总数的25.99%。

2. 土壤侵蚀与微地貌的关系

（1）斜坡坡形。区内斜坡坡面形态可以划分为四种基本类型，即凸形、直线形、阶梯形和凹形。研究区滑坡、崩塌与地貌单元关系统计见表3-37。从表3-37中可以看出，研究区范围内凸形坡更容易产生滑坡和崩塌。

表3-37　各类地貌单元土壤侵蚀统计

坡型	滑坡	崩塌	合计
凸形	6	20	26
直线形	1	1	2
阶梯形	1	0	1
凹形	1	0	1
合计	9	21	30

研究区9处滑坡中凸形6处，占滑坡总数的67%；直线形坡1处，占滑坡总数的11%；阶梯形1处，占滑坡总数的11%；凹形坡1处，占滑坡总数的11%；21处崩塌中凸形20处，占崩塌总数的95.2%；直线形坡1处，占崩塌总数的4.8%。凸凹形、凹凸形以及波形是四种基本坡形的组合形式，本次调查以最具代表性的坡段作为基本坡形。

（2）斜坡坡度。

调查的9处滑坡中最大坡度为68°，最小为35°；21处崩塌灾害中最大坡度为90°，最小为45°。具体坡度分布统计，见表3-38。原始坡度<50°时，滑坡发育，几乎不会发生崩塌；坡度在51°~70°时滑坡偶有发生，并伴有崩塌；坡度>70°时没有滑坡形成，而崩塌却比较发育。据此，可以对不稳定斜坡做出初步预测：对于坡度<50°的斜坡，其破坏模式主要是滑坡；当斜坡>70°时，基本不发生滑坡，主要破坏模式为崩塌。

表3-38　滑坡崩塌灾害坡度分布统计

坡度划分/°	30~39	40~49	50~59	60~69	70~79	80~90
滑坡	3	1	2	3	0	0
崩塌	0	1	1	2	10	7

（3）"V"形河谷。

"V"形河谷主要为洛河以南中低山上游地区及其支流，大多为季节性流水。"V"形河谷多发生在陡峭谷坡上，主要以垂直侵蚀为主，河流深深切入基岩，形成河身直、河床坡度陡、激流险滩多、水流湍急、两岸崩塌发育且断面峡谷为"V"形的河谷。河谷宽50~150m，两侧坡高一般大于150m，谷坡陡峭或近于直立，一般大于60°，河谷横断面呈明显的"V"字形。"V"形河谷的垂直侵蚀速度较快，两侧多为陡崖，崩塌的特点是点密度大，规模以小型为主。由于沟谷狭小，一般无人居住，也无重要工程设施，故发生的崩塌一般不引发土壤侵蚀。在汛期及暴雨季节，随着崩塌体在沟谷的堆积，在水动力的作用下，极易发生泥石流灾害隐患，对下游居民生命财产安全造成威胁。

3.2.2 土壤侵蚀与地层及岩土体结构的关系

1. 易滑地层

研究区内分布第四系、新近系、三叠系、二叠系和中元古界地层等。其中，第四系黄土、二叠系砂岩及砂质页岩互层和三叠系砂岩与泥岩互层是区内的易滑地层。中元古界泥岩与石英砂岩互层构成易崩地层。第四系黄土在研究区内分布最为广泛。其土体结构疏松、强度较低、遇水易软化、节理裂隙发育的特性决定了该层是区内最主要的易滑地层。本次调查的绝大多数滑坡、崩塌均发生在该层中。二叠系、三叠系埋藏于第四系之下，在洛河以南中低山区，但由于该层内含砂岩、砂质页岩互层和泥岩互层等软弱层，加上削坡建房及矿业开发，致使原有的堆积体受到破坏，受降雨以及地下水位陡升陡降的影响，在该地区时有小型滑坡、崩塌发生。中元古界地层主要出露在区内西南部，受构造运动影响，该地层形成的地貌主要为中山区，地势起伏较大，沟谷发育，由于该层石英砂岩内夹有泥岩、页岩，受软弱层的影响，加上人类工程活动削坡形成裸露的高陡堆积体，导致该地区较多发生崩塌。

2. 斜坡结构

区内斜坡结构主要包括三种类型：层内错动型、碎石土—基岩接触型和基岩沿节理接触面滑动型。斜坡结构决定了斜坡变形破坏的方式和软弱结构面的位置，对滑动面的位置具有明显的控制作用。

（1）层内错动型。

该类斜坡自坡脚至坡顶皆由第四系黄土地层构成，属于黄土斜坡，主体为中更新世黄土，主要分布于研究区大部分区域，除西北部基岩山区外，在研究区其他区域均有出露。从黄土本身来讲，该类型斜坡稳定性主要与黄土的工程地质性质密切相关。在岩性方面，黄土质地松散，工程地质特性差，抗拉强度低，极易在临空面附近形成卸荷裂隙，有利于滑坡体与母体分离。黄土遇水时强度急剧降低，有利于滑动面的形成，可沿谷底坡脚剪出，层内错动型斜坡结构见图3-9。

图 3-9 层内错动型（摄于马庄村三组）

（2）碎石土—基岩接触型。

该类斜坡主要由上部碎石土及下部基岩组成，主要分布在研究区西南部基岩山区，以及东南部丘陵区，包括锦屏镇、花果山乡、张坞镇、董王庄乡、樊村镇及白杨镇等乡镇。下伏基岩是引起大多数滑坡发生的积极因素：一是岩土在工程地质性质上具显著差别，基岩力学强度大，抗滑能力强，稳定性高，多成为滑坡剪出目的下伏稳定地层；二是基岩的隔水性能相对较好，地下水容易在基岩面上相对富集，易饱水，造成基岩之上体力学强度下降，转变为滑带。碎石土—基岩接触型见图 3-10。

图 3-10 碎石土—基岩接触型（摄于樊村下王庄）

（3）基岩沿节理接触面滑动型。

该类斜坡主要为岩质斜坡，斜坡坡脚至坡顶都由基岩组成，主体为二叠系砂岩及砂质页岩和三叠系砂页岩及黏土岩，分布于涧河两岸以及县城西南等区域，软弱层为页岩及黏土岩。此类斜坡类型稳定性主要与软弱层的性质有关。岩性方面页岩及黏土岩遇水极易膨胀，密实度差，雨水沿裂隙入渗，在坡体内部形成径流带，径流带上下岩体不断遭受侵蚀、软化，岩体强度降低，在自身重力作用下，极易产生崩塌。基岩沿节理接触面滑动型见图 3-11。

图 3-11　基岩沿节理接触面滑动型（摄于锦屏镇长岭崩塌带）

3.2.3　土壤侵蚀与水的关系

1. 降雨

据本次调查资料，滑坡主要发生在 7—9 月，与降雨量以及降雨特征关系密切。研究区内近年发生的滑坡和崩塌频次与多年月平均降水量呈明显的正相关关系。2014 年 8 月 29 日至 9 月 2 日，研究区牌窑水文站统计：降雨持续 4 天，日最大降雨量为 8 月 30 日的 38.7mm，4 天降雨总量达 49.7mm。持续降雨引发香鹿山镇下韩村土质滑坡，该滑坡长 30m，宽 80m，厚度约 2m，坡度 35°，坡面形态为凸形，降雨沿裂隙渗透，降低裂隙充填粉质黏土的抗剪强度，滑体重力增加，引发滑坡，滑体体积约 300m^3，为含砾黄土，滑床岩性新近系含砾泥岩，滑坡后缘形成宽 10~20cm、长 10m 裂缝；下韩村公路滑坡后缘裂缝见图 3-12。该滑坡未造成危害，路面黄土已清理，但存在安全隐患，威胁公路约 80m，可能对行人车辆造成危害，同时堵塞交通。黄土由粉土、粉质黏土组成，透水性一般较差，降雨一般不容易渗入形成土层滞水或潜水，一次降雨所引起的潜水位上升幅度不大，而且滞后现象明显。所以，单纯就降雨而言，似乎一般不会触发滑坡、崩塌土壤侵蚀。但是，在黄土构造节理、卸荷与风化裂隙、落水洞、陷穴等发育部位，降雨可沿空隙下渗甚至灌入，在相对隔水部位形成土层滞水或饱水带，增大岩土体重力，甚至形成孔隙水压力，降低岩土体强度，从而触发黄土滑坡、崩塌的发生。在软硬岩互层或土岩接触地区，风化节理发育，雨水渗透到软岩或强全风化岩、软化泥页岩或上层粉质黏土，降低了抗剪强度，减弱了稳定性，从而引发滑坡、崩塌。

图 3-12 下韩村公路滑坡后缘裂缝

2. 地表水

地表水与土壤侵蚀关系密切，主要指河流与水库中的地表水。黄土地区土质疏松，夏秋季多暴雨和大雨且时间集中。降雨在短时间内汇集，形成具有较强侵蚀能力的地表水流，常引发土壤侵蚀。在汛期及暴雨季节，在水动力的作用下，极易发生泥石流灾害隐患，对下游居民生命财产安全造成威胁；河流发育中期，河流主要扩展方式为侧方侵蚀，谷坡变形失稳主要为土质滑坡，规模以小型为主。

3. 地下水

根据研究区地形以及岩性特征，碎屑岩类孔隙裂隙水主要分布在樊村、陡沟和柳泉—寻村油房头一带、宜阳盆地下部及莲庄—陈宅地区、宜洛煤田外围和杨店南老龙山地区；碳酸盐岩类裂隙岩溶水主要分布在东南部山区锦屏山、灵山—石板沟一带；变质岩类裂隙水主要分布于区内中南部赵堡、董王庄及上观乡东部一带及西南部木柴和张坞南部及上观乡西部地区。松散岩类孔隙水主要分布在洛河河谷及河谷北岸和洛河以南的张坞庞沟、赵堡及白杨黄土丘陵区。研究区内碎屑岩类孔隙裂隙水主要分布于樊村、柳泉、香鹿山镇部分区域，岩性多为半胶结砂砾岩，以砾岩、泥灰岩及疏松砂岩为主，脆硬的砂岩发育有众多构造裂隙和风化裂隙，时代较新的砂岩胶结不好，孔隙较发育，由于页岩、泥岩相对隔水，为地下水补给和储存创造了条件，变化极易破坏岩土体的稳定性，加上地形等因素影响，极易引发滑坡和崩塌等土壤侵蚀。区内碳酸盐岩类裂隙岩溶水主要分布于锦屏镇灵山寺一带，含水层为寒武系灰岩、泥灰岩、白云岩和白云质灰岩等。构造裂隙发育，岩溶现象明显，利于大气降水及地表水的补给，对土壤侵蚀的形成影响也较弱。变质岩类裂隙水主要分布于区内中南部赵堡、董王庄和上观乡东部一带及西南部木柴和张坞南部及上观乡西部地区，含水层中以中元古界熊耳群安山岩及汝阳群、上元古界洛峪群石英砂岩、深变质岩类及侵入岩类为主，赋存风化和构造裂隙水。经长期构造变动和风化剥蚀作用，构造及风化裂隙发育，大气降水是唯一的补给来源，径流途径短，水交替强烈，多系当地补给、当地排泄，对土壤侵蚀的形成影响较弱。松散岩类孔隙水主要分布在洛河河谷及河谷北岸和洛河以南的张坞庞沟、赵堡及白杨黄土丘陵区，主要含水层为全新统和上更新统冲积、冲洪积砂卵层及中下更新统洪积、湖积层，含水岩组具有含水层分布稳定、结构疏松、渗透性强、传导迅速、反应灵敏、交替循环强、质优量丰、浅埋易采等特点，河谷地带属冲积平原，呈条带状分布，海拔在300m以下，地势平坦，土质肥沃，主要由全新统亚黏土、亚砂土及卵石层组成，土壤侵蚀不发育，洛河南部张坞庞沟、赵堡及白杨一带属黄土丘陵区，由于黄土节理裂隙发育，在原生节理和构造节理的基础上，斜坡地带发育了密集的风化和卸荷裂隙。在暴雨过程中，降水汇集，沿节理、裂隙、陷穴和落水洞等通道快速下渗，在基岩之上形成局部土层滞水，甚至潜水；地下水活动降低了黄土强度，改变了坡体应力状态，常常触发斜坡变形失稳。据研究，当黄土含水量低于18%时，黄土力学强度较高，坡体在直立的状态下也可保持稳定；但如果大于20%，则强度降低很快，坡体稳定性亦变差。所以，地下水活动对斜坡变形失稳的影响作用十分明显。

3.2.4　土壤侵蚀与植被的关系

植被起到护坡和防止水土流失的作用，对斜坡的演化和稳定性具有一定的影响。宜阳属暖温带大陆性气候，地处北暖带南缘向北亚热带过渡的暖温带植物区系。西南部山地以落叶栎树为主植物片，广大丘陵区以"四旁"的落叶乡土树种以及成片的造林和果木树覆盖，大面积植被以乔灌木为主。宜阳森林资源丰富，林业用地67万亩，有林地36.95万亩，其中天然林20.64万亩，人工林16.38万亩，森林覆盖率19.66%。调查中发现，宜阳土壤侵蚀主要是人类工程活动引起的，植被影响不大。

区内植被对斜坡变形、演化和土壤侵蚀的影响主要体现在以下三个方面：

（1）水文地质效应。地表的植被情况不同程度地阻滞了地面径流，增大了降水对坡体的入渗补给量。区内地下水匮乏，植被对地下水的蒸腾排泄作用不是非常强烈。

（2）力学效应。植被根系具有加固土体、提高土体抗剪强度的能力，嵌入基岩或下部老黄土的根系还起到锚筋作用；同时，坡体上植被的自重增加了坡体的荷重，并向坡体传递风的动力荷载。

（3）护坡效应。植被发育的地区不易产生水土流失，地形侵蚀切割较缓慢，斜坡变形破坏较弱。相反，植被覆盖率低的地区，水土流失严重，地形切割强烈，斜坡变形破坏较强。研究区西南部中低山区以落叶栎树为主，广大丘陵区植被以乔灌木为主。但由于研究区矿产资源丰富，采矿活动频繁，故这些地区的植被破坏严重，覆盖率不高，坡体稳定差，土壤侵蚀十分发育。

3.2.5 土壤侵蚀与人类工程活动的关系

随着社会经济的迅猛发展，人类工程活动无论是在深度上还是在广度上都日益加剧。特别是对自然斜坡的不合理开挖，打破了地质历史时期形成的斜坡平衡状态，造成斜坡变形失稳，已成为触发土壤侵蚀的主要因素之一；研究区人类工程活动主要体现在斜坡坡脚处挖窑洞、建房，修建公路及采矿活动等方面，这些工程活动是本区土壤侵蚀发生的重要诱因。

由于受历史原因和地形地貌条件的限制，生活在黄土区的村民，习惯在斜坡坡脚处修建房屋、挖窑洞居住。经调查后发现，居民房后被切后的斜坡坡度均在60°~90°，斜坡岩性又以第四系风坡积粉质黏土（部分含砾石层）为主，开挖后斜坡稳定性降低，多处于临界稳定状态，切坡后又极少进行护坡或采取削坡等减载措施，随着时间的推移和降雨的冲刷，堆积体土体变得破碎，失去原有的稳定性，形成滑坡、崩塌和不稳定斜坡，全区大多数灾害点的形成与此有关。

近年来，县境内交通工程建设取得快速发展。省道构成县境内交通框架，其他县乡级公路密集分布。境内已形成"两纵两横加一环"的公路网络，全县公路里程达2223公里。全长17公里的洛宜快速通道使宜阳县城与洛阳市中心的通车时间控制在15分钟以内。全县353个行政村已全部通上了柏油路或水泥路，形成了县级公路乡乡连、城乡公路村村通的公路网络。公路多沿斜坡而建，大量的坡脚开挖形成了高陡堆积体，局部区域形成了陡峭的临空面，且开挖堆积体很少有喷浆和锚杆等防护措施，大多形成裸露的岩壁，大大降低了斜坡原有的稳定性，形成了大量的不稳定斜坡，多处形成严重的滑坡或崩塌，严重危及公路的安全运行。洛宁高速公路两侧及花果山景区道路两侧均形成潜在的高陡堆积体崩塌带，有关部门应采取相应的措施，逐步加以治理。

研究区矿产资源相当丰富，矿产比较集中地分布在南部、西南山区与中部，矿产主要是煤、煤层气石灰岩类、黏土和黏土类、花岗石、铁、铁锰、铝、铜、铅、金、镓等。全县 50 多种矿产资源中，仅不同程度开发利用了 20 个矿种，占矿产总数的 37%，截至 2013 年底，全县有采矿证的企业 160 家。

矿业开发的特征是数量多、规模小、布局分散、资源利用率低，受"有水快流、强力开发"短视行为影响，大批矿山重开发轻保护，对原始地形地貌破坏严重。矿产开采严重破坏周围的地质环境，水土流失、植被破坏，多处出现滑坡、崩塌、泥石流、地面塌陷等灾害；而且造成地质环境破坏严重，集中表现在大量的矿渣乱堆放，形成大量的矿渣堆场。调查中，我们发现宜阳由于采煤引发的地面塌陷 12 处，导致地表出现塌陷坑，危及地表房屋、耕地、水渠、道路。同时研究区的矿渣堆场现象较多，主要是因采煤而堆放的煤矸石堆。煤矸石中含有大量的硫化物及其他有毒有害物质，长期堆放，这些有毒有害物质可能随降雨扩散到周边环境或者随地下水入渗造成污染，如城关乡李沟煤矸石堆场，这些矿渣堆在降雨等条件下可能会形成一些人为的滑坡、泥石流、崩塌等灾害，威胁周围居民以及耕地。除煤矸石堆场外，研究区还有一些金属矿渣堆场，同样存在上述问题，例如，上观乡柱顶石马蹄沟村废弃铁矿矿坑，因其铁矿石品位不高，开矿者放弃投资，而废矿渣却无人问津。有些金属矿的开采方式原始，存在很多安全隐患，例如城关乡马庄八孔窑的废铝土矿，开采后留下巨大的洞穴，其旁边的废矿渣随意堆放，这些均已成为重大的安全隐患。

综上所述，在土壤侵蚀的诸多形成条件中，地质环境条件变化缓慢，对土壤侵蚀诱发程度较弱，人类工程活动和降雨则是最活跃的因素，二者的双重作用是诱发土壤侵蚀最活跃、最积极的因素。

3.3 土壤侵蚀区划与分区评价

3.3.1 总体评价原则

（1）本次评价充分体现"以人为本、生态宜居"和"可持续发展"的战略新思想，既对土壤侵蚀的易发性进行评价，又考虑土壤侵蚀对社会的危害和对人民生命财产安全的威胁。

(2)评价以已发生过的土壤侵蚀为背景，既根据调查做出现状评价，又充分考虑人类工程经济活动及各种外营力条件变化影响做出预测性评价。

(3)土壤侵蚀具有随机性、模糊不确定性和复杂性等特点。因此，本次评价采用定量、半定量方法，对土壤侵蚀发生的危险性进行了分析。

(4)评价逐级进行。先对宜阳全区土壤侵蚀进行易发程度和危险性评价，进而筛选出危险地段进行二次易发程度和危险性评价。

(5)编制的土壤侵蚀易发程度分区图和危险性分区图，力求时空信息量大，实用易懂，可用于防灾决策和指导土壤侵蚀防治。

3.3.2　土壤侵蚀易发性区划及分区评价

1. 土壤侵蚀易发性区划原则

(1)"以人为本、生态宜居"的原则。对人民生命财产安全已造成危害的土壤侵蚀点或具有潜在危害的土壤侵蚀隐患点或不利于生态宜居的渐变型地质环境问题及不稳定斜坡进行评价，对于目前不具危险性的土壤侵蚀点，只做分区参考。

(2)"区内相似、区际相异"的原则。综合考虑评价单元内土壤侵蚀的地质结构条件，在自然动力因素和人类工程活动力因素的基础上，根据土壤侵蚀的发育程度将全区定性划分为高易发区、中易发区、低易发区和非易发区。基本条件相似的单元划分为一个区，差异明显的单元划分为不同的区。

(3)"定性与定量相结合"的原则。在定性的基础上利用信息系统空间分布分析方法进行定量分区。

2. 技术要求

(1)土壤侵蚀易发区划分，依据土壤侵蚀形成的地质环境条件，发育现状，人类工程活动及活动强度与研究工作程度，以定性评价和信息系统空间分析方法确定。

(2)评价单元的划分，一般以土壤侵蚀形成的地质环境条件差异确定。

3. 土壤侵蚀易发区划分

土壤侵蚀易发区指容易产生土壤侵蚀的区域，易发区的划分基于土壤侵蚀现状。研究区全区采用定性划分和信息系统空间分析的方法划分出高易发区、中易发区、低易发区、非易发区，土壤侵蚀易发区划分标准见表3-39。

表 3-39　土壤侵蚀易发区划分标准

灾种	易发区划分			非易发区
	高易发区	中易发区	低易发区	
	G=4	G=3	G=2	G=1
滑坡崩塌	构造抬升剧烈，岩体破碎或软硬相间；人类活动对自然环境影响强烈；暴雨型滑坡，规模大，高速远程	红层丘陵区、坡积层、构造抬升区，暴雨及久雨；中小型滑坡，中速，滑程远	岗地和河谷平原，崩塌；规模小、河流侧向侵蚀较强烈，人类活动对自然环境影响一般	缺少滑坡形成的地貌临空条件，基本上无自然滑坡，局部溜滑
泥石流	地形陡峭，水土流失严重，形成坡面泥石流；数量多，10 条沟/20km 以上；活动强，超高频，每年暴发可达 10 次以上。沟目堆积扇发育明显完整、规模大；排泄区建筑物密集	坡面和沟谷泥石流，6~10 条沟/20km；强烈活动；分布广，活动强，淹没农田，堵塞河流等；沟目堆积扇发育且具一定规模；排泄区建筑物多	坡面、沟谷泥石流均有分布，3~5 条沟/20km；中等活动；沟目有堆积扇，但规模小，排泄区基本通畅	以沟谷泥石流为主，物源少，排导区通畅；1~2 条沟/20km，多年活动一次；沟目堆积扇不明显，排泄区通畅
地面塌陷	构造发育，岩体破碎，地下采空区规模大；矿井密集；坑道空洞埋藏浅，地面变形裂缝多；有大面积地面下沉	构造发育，岩体较破碎，地下采空区规模较大；坑道空洞埋藏较深；有地面变形裂缝	构造较发育，岩体较完整，地下采空区规模较小；矿井较少；坑道空洞埋藏深；无地面变形裂缝	无地下采空区
地裂缝	构造与地震活动非常强烈，第四系厚度大；地下水开采强烈	构造与地震活动强烈，第四系厚度大，地下水开采较强烈	构造与地震活动较为强烈；地下水开采一般	第四系覆盖薄，差异沉降小；地下水开采弱

（1）单元网格剖分。

单元划分采用 1∶50000 比例尺地形图作为基础图件。取边长 4.0cm，面积 2km×2km 的正方形网格，将研究区行政区划运用栅格数据处理方法，进行网格剖分。共剖分 464 个单元，总面积 1617.35km²。

（2）单元信息提取及数字化。

依据土壤侵蚀易发区主要特征，对每个网格单元分别提取滑坡、崩塌、泥石流、地面塌陷、地裂缝等土壤侵蚀易发程度信息，并进行数值化。在计算机上，将剖分的网格与已数字化的土壤侵蚀图件进行要素叠加，并将灾害划分为：A 级——土壤侵蚀高易发区，取值 4；B 级——土壤侵蚀中易发区，取值 3；C 级——土壤侵蚀低易发区，取值 2；D 级——

土壤侵蚀不易发区，取值1。然后，将多种土壤侵蚀进行叠加，当有两种以上土壤侵蚀高易发区重叠时，则取值为5。根据上述标准，对调查所属单元进行土壤侵蚀信息的提取和数字化：①滑坡崩塌灾害信息提取：滑坡崩塌灾害划分为滑坡崩塌高易发区、滑坡崩塌中易发区、滑坡崩塌低易发区、滑坡崩塌非易发区四类；②泥石流灾害信息提取：泥石流灾害划分为泥石流高易发区、泥石流中易发区、泥石流低易发区、泥石流非易发区四类；③塌陷灾害信息提取：塌陷灾害划分为塌陷高易发区、塌陷中易发区、塌陷低易发区、塌陷非易发区四类。

（3）单元土壤侵蚀评价。

单元信息叠加结果 G 满足如下公式：$G = G_滑 \cup G_崩 \cup G_泥 \cup G_塌 \cup G_裂 \cup G_矿$；其中，G 为单元叠加结果，$G_滑$ 为滑坡灾害数值，$G_崩$ 为崩塌灾害数值，$G_泥$ 为泥石流灾害数值，$G_塌$ 为塌陷灾害数值，$G_裂$ 为地裂缝灾害数值。其中 G ＝"A"，即单元属于土壤侵蚀高易发区。再将 A 分为以下四种情况：$A = A_1$，滑坡崩塌灾害高易发区；$A = A_2$，泥石流灾害高易发区；$A = A_3$，滑坡、崩塌、泥石流灾害高易发区；$A = A_4$，塌陷灾害高易发区。G ＝"B"，即单元属于土壤侵蚀中易发区。再将 B 分为以下四种情况：$B = B_1$，滑坡崩塌灾害中易发区；$B = B_2$，泥石流灾害中易发区；$B = B_3$，滑坡、崩塌、泥石流灾害中易发区；$B = B_4$，塌陷灾害中易发区。G ＝"C"，即单元属于土壤侵蚀低易发区。

（4）土壤侵蚀易发区等值线。

将上述单元综合信息叠加结果，按 1、2、3、4、5 数值表示，并在计算机上用 surfer 自动生成等值线。其中，等值线≥3.5，为土壤侵蚀高易发区；等值线在 2.5~3.5，为土壤侵蚀中易发区；等值线在 1.5~2.5，为土壤侵蚀低易发区；等值线<1.5，为土壤侵蚀非易发区（见图 3-13）。

4. 土壤侵蚀易发性分区评价

本书根据土壤侵蚀易发性评价结果，滑坡、崩塌等地质现象分区及土壤侵蚀点的分布情况，综合考虑地形地貌、岩土体类型和结构特征以及人类工程活动影响范围及强弱程度，对研究区土壤侵蚀易发程度进行分区。鉴于此次详细调查，野外填图采用了全区 1:50000 填图和城区及其附近区域的 1:10000 填图两种比例尺，所以易发性分区评价分为两种情况，即全区 1:50000 易发性分区评价和城区 1:10000 易发性分区评价。研究区土壤侵蚀易发性分区简图见图 3-14；土壤侵蚀易发区分布见表 3-40。

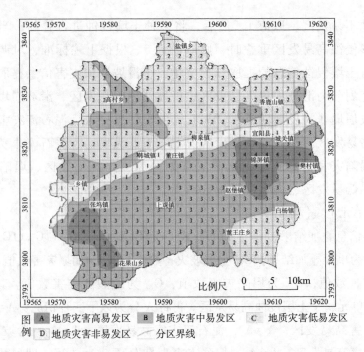

图 3-13　研究区土壤侵蚀单元剖分、各单元取值分布及易发区结果

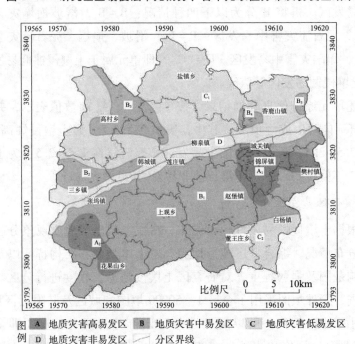

图 3-14　研究区土壤侵蚀易发性分区简图

表 3-40　土壤侵蚀易发区分布

等级	代号	(亚区)名称	亚区代号	面积/ km²	占总面积比例/%	灾害点数/处	隐患点数/处
高易发区	A	锦屏镇—樊村镇采煤区地面塌陷高易发区	A_1	87.67	5.42	22	54
		张坞镇—花果山乡崩塌滑坡高易发区	A_2	54.52	3.37	3	13
中易发区	B	白杨镇—张坞镇崩塌滑坡中易发区	B_1	610.34	37.73	11	28
		韩城—三乡崩塌中易发区	B_2	51.27	3.17	3	5
		高村乡崩塌滑坡中易发区	B_3	86.63	5.36	2	8
		香鹿山西侧崩塌滑坡中易发区	B_4	11.37	0.70	1	6
		香鹿山东侧崩塌滑坡中易发区	B_5	6.76	0.42	1	5
低易发区	C	洛河以北黄土丘陵崩塌低易发区	C_1	489.63	30.27	1	6
		白杨镇—董王庄乡崩塌低易发区	C_2	83.63	5.17	0	2
非易发区	D	洛河冲积平原土壤侵蚀非易发区	D	135.71	8.39	0	0
合计				1617.53	100.00	44	127

(1)研究区 1:50000 易发性分区评价。

本书根据土壤侵蚀等值线，结合各单元地质环境条件，将研究区土壤侵蚀易发区划分为土壤侵蚀高易发区(A)、土壤侵蚀中易发区(B)、土壤侵蚀低易发区(C)、土壤侵蚀非易发区(D)。考虑土壤侵蚀灾害种类及地理位置，进一步划分为锦屏镇—樊村镇采煤区地面塌陷高易发区(A_1)、张坞镇—花果山乡崩塌滑坡高易发区(A_2)、白杨镇—张坞镇崩塌滑坡中易发区(B_1)、韩城—三乡崩塌中易发区(B_2)、高村乡崩塌滑坡中易发区(B_3)、香鹿山西侧崩塌滑坡中易发区(B_4)、香鹿山东侧崩塌滑坡中易发区(B_5)、洛河以北黄土丘陵崩塌低易发区(C_1)、白杨镇—董王庄乡崩塌低易发区(C_2)、洛河冲积平原土壤侵蚀非易发区(D)10 处亚区。

(2)土壤侵蚀高易发区(A)。

锦屏镇—樊村镇采煤区地面塌陷高易发区(A_1)。该区位于研究区锦屏镇、城关镇、樊村镇，具体包括城关镇沈屯、西街，锦屏镇马庄、焦家凹、乔崖，樊村镇马道、沙坡，面积 87.67km²，占调查面积的 5.42%。该区发生的土壤侵蚀有 22 处，土壤侵蚀隐患点 54 处，主要类型为地面塌陷、崩塌、滑坡、泥石流。区内地质环境条件差，土壤侵蚀发育。地貌类型为低山丘陵，区内地层基岩以二叠系泥岩、砂岩、粉砂岩及石炭系、寒武系灰岩为主，表层多覆盖碎石土。塌陷区主要是义络煤矿和当地一些中小型煤矿的开采区，人类工程活动强烈。由于采煤区开采时间较长，塌陷区内见大面积房屋裂缝，地面塌陷、地裂缝，且在一些构造发育区伴生滑坡崩塌等土壤侵蚀，严重威胁区内居民的生产生活安全。与此同时，在锦屏镇马庄一带，由于存在铝土矿、石灰石矿等小规模甚至不规范开采，加剧该区土壤侵蚀发生的可能性。在降雨、爆破震动等条件诱发下，易发生地面塌陷、崩塌、滑坡等土壤侵蚀。

张坞镇—花果山乡崩塌滑坡高易发区（A_2）。该区位于研究区西南部上观乡、花果山乡、张坞镇，面积 54.52km²，占总面积的 3.37%。目前区内已发现土壤侵蚀点 3 处，土壤侵蚀隐患点 13 处，主要类型为滑坡、崩塌、泥石流。区内调查的土壤侵蚀点和隐患点数量并不多，但是综合考虑该区地形地貌及地质环境等因素，将其划分为土壤侵蚀高易发区。区内地貌形态为中山及低山丘陵，岩性主要以中生代角闪黑云母花岗岩为主，伴随有太古界太华群混合岩化及部分混合岩化黑云母片麻岩、黑云母斜长片麻岩、角闪石片麻岩、二长花岗岩、夹角闪岩、角闪辉石片麻岩等，元古界熊耳群许山组安山玢岩、泥板岩、凝灰质砂岩出露。该区构造发育，岩石节理裂隙发育，易形成风化层甚至强风化层，在多暴雨的 6—7 月容易形成崩塌、滑坡。区内植被多覆盖不好，且多为人为开挖的陡坎，高 5~40m，坡角多在 60°以上，局部近直立，区内部分采矿弃渣凌乱堆放，易引发滑坡、泥石流。尤其应注意，该区内上观乡乡级公路及花果山乡花果山风景区公路因人工开挖的堆积体过陡、基岩风化程度高等原因，已发育多处崩塌、滑坡。

（3）土壤侵蚀中易发区（B）。

白杨镇—张坞镇崩塌滑坡中易发区（B_1）。该区主要分布在洛河以南的张坞镇、莲庄镇、赵堡乡、董王庄乡、白杨镇，面积 610.34km²，占总面积的37.73%。目前区内已发现土壤侵蚀点 11 处，土壤侵蚀隐患点 28 处，主要类型为崩塌、滑坡、地面塌陷，威胁 945 人，预测经济损失达 1082.5 万元。区内地质环境条件较差，土壤侵蚀较为发育。岩性以新生界第四系黄土、新近系洛阳组、古近系陈宅沟组、蟒川组砂岩、粉砂岩夹砂质黏土岩、薄层泥灰岩，古生界二叠系泥质页岩、砂质页岩夹细砂岩及煤层、石炭系铝土页岩与燧石团块灰岩或生物碎屑灰岩互层、夹砂岩及煤层，中元古界王屋期浅成侵入岩、熊耳群许山组安山玢岩、泥板岩、凝灰质砂岩、太古界太华群混合岩化及部分混合岩化黑云母片麻岩、黑云母斜长片麻岩、角闪石片麻岩、二长花岗岩、夹角闪岩、角闪辉石片麻岩等为主。该区构造较发育，岩石节理裂隙较发育，易形成风化甚至全强风化层。修筑公路、开挖坡脚，产生了较陡的临空面，易形成崩塌、滑坡等土壤侵蚀。

　　韩城—三乡崩塌中易发区（B_2）。该区主要分布在洛河以北的三乡、韩城一带，面积约 51.27km²，占总面积的 3.17%。目前区内已发现土壤侵蚀点 3处，土壤侵蚀隐患点 5 处，全部为崩塌隐患。地貌类型为黄土丘陵，岩性以第四系冲洪积物、湖积物，新近系洛阳组等为主。该区内黄土丘陵部分地段土体裂隙发育，易在暴雨等条件下发育崩塌等土壤侵蚀。

　　高村乡崩塌滑坡中易发区（B_3）。该区主要分布在宜阳西北角的高村、韩城一带，面积约 86.63km²，占总面积的 5.36%。目前区内已发现土壤侵蚀点2 处，土壤侵蚀隐患点 8 处，主要类型为崩塌、滑坡。地貌类型为黄土丘陵，岩性以第四系冲洪积物、湖积物，新近系洛阳组等为主。该区内黄土丘陵部分地段土体裂隙发育，易在暴雨等条件下发育崩塌等土壤侵蚀。该区域属人类聚居区，土壤侵蚀主要是居民建房开挖坡度较陡引发，因为较集中，综合各种因素，所以也划为中等易发区。

　　香鹿山西侧崩塌滑坡中易发区（B_4）。该区主要分布在香鹿山镇西侧与盐镇乡交界地带，面积约 11.37km²，占总面积的 0.7%。目前区内已发现土壤侵蚀点 1 处，土壤侵蚀隐患点 6 处，主要类型为崩塌、滑坡。地貌类型为黄土丘陵，岩性以第四系冲洪积物夹杂钙质、硅质胶结石英砂岩、砂砾岩、长石石英砂岩为主。该区内属于碎屑岩类坚硬的中厚层状钙质、硅质胶结砂岩、砂砾岩岩组，该区域主要是洛宁高速公路通过的开挖地段，形成高陡堆积体，在雨季易引发滑坡崩塌灾害，综合各种因素，所以也划为中等易发区。

　　香鹿山东侧崩塌滑坡中易发区（B_5）。该区为香鹿山镇东侧与洛阳市接壤地带，面积约 6.76km²，占总面积的 0.42%。目前区内已发现土壤侵蚀点 1处，土壤侵蚀隐患点 5 处，主要类型为崩塌、滑坡，威胁 20 人，预测经济损失达 28 万元。地貌类型为黄土丘陵，岩性以第四系冲洪积物、湖积物，新近系洛阳组等为主。该区内黄土丘陵部分地段土体裂隙发育，易在暴雨等条件下发育崩塌等土壤侵蚀。该区域主要是洛宁高速公路通过的开挖地段，形成高陡堆积体，在雨季易引发滑坡崩塌灾害，综合各种因素，所以也划为中等易发区。

　　（4）土壤侵蚀低易发区（C）。

　　洛河以北黄土丘陵崩塌低易发区（C_1）。该区位于洛河以北的三乡镇、韩城镇、高村乡、盐镇乡、香鹿山镇、柳泉镇等乡镇，面积 489.63km²，占总面积的 30.27%。目前区内已发现土壤侵蚀点 1 处，土壤侵蚀隐患点 6 处，主要类型为崩塌、滑坡。地貌类型为黄土丘陵，岩性以第四系冲洪积物、湖积物，新近系洛阳组、古近系陈宅沟组、蟒川组砂岩、粉砂岩夹砂质黏土岩、薄层泥灰岩等为主。该区内黄土丘陵部分地段土体裂隙发育，易在暴雨等条件下发育崩塌、滑坡等土壤侵蚀。

白杨镇—董王庄乡崩塌低易发区(C_2)。该区位于白杨镇及董王庄乡大部分区域，面积 83.63km^2，占总面积的 5.17%。该区目前尚未发现土壤侵蚀点，有土壤侵蚀隐患点 2 处，全部为崩塌。地貌类型为低山丘陵，岩性以第四系冲洪积物、湖积物，新近系洛阳组、古近系陈宅沟组、蟒川组砂岩、粉砂岩夹砂质黏土岩、薄层泥灰岩等为主。该区地势相对平缓，坡度不大，土壤侵蚀隐患较少，主要是居民建房开挖坡脚，距坡脚太近，人工堆积体坡度太大，在雨季易形成土层淋漓或黄土崩塌。

（5）土壤侵蚀非易发区（D）。

该区主要分布于洛河沿岸的三乡镇、韩城镇、锦屏镇、柳泉镇等乡镇。地貌类型为洛河冲积平原，岩性以第四系亚黏土、亚砂土为主。该区面积 135.71km^2，占总面积的 8.39%。目前，区内未发现土壤侵蚀隐患。

5. 研究区重要城镇 1：10000 土壤侵蚀易发区分区评价

1：10000 比例尺覆盖的区域集中在研究区城区附近及其附近区域，面积约 120.47km^2，地貌为冲积平原区和河谷阶地，区内出露的地层岩性主要为第四系中更新统粉质亚黏土与粉质黏土互层、上更新统粉质亚黏夹砾石层和全新统亚黏土层。该区内人口密集且流动量大，建筑面积大，公路、铁路等交通设施齐全，城乡化速度较快，人类工程活动强烈。研究区城区重点地段土壤侵蚀易发程度分区说明见表 3-41。

表 3-41　研究区城区重点地段土壤侵蚀易发程度分区说明

等级	代号	（亚区）名称	亚区代号	面积/km^2	占总面积比重/%	灾害点/处	隐患点/处
高易发区	A	锦屏镇—樊村镇采煤区地面塌陷高易发区	A	41.22	34.22	20	43
中易发区	B	樊村崩塌滑坡中易发区	B_1	5.52	4.58	0	0
		城关崩塌滑坡中易发区	B_2	10.77	8.94	0	0
		香鹿山西侧崩塌滑坡中易发区	B_3	11.37	9.44	1	6
低易发区	C	香鹿山镇崩塌低易发区	C	29.1	24.16	0	0
非易发区	D	洛河冲积平原土壤侵蚀非易发区	D	22.49	18.67	0	0
合计				120.47	100.00	21	49

（1）高易发区（A）。

该区位于研究区锦屏镇、城关镇、樊村镇，具体包括城关镇沈屯、西街，锦屏镇马庄、焦家凹、乔崖，樊村镇马道、沙坡，面积41.22km²，占调查面积的34.22%，发生的土壤侵蚀点20处，土壤侵蚀隐患点43处，主要类型为地面塌陷、崩塌、滑坡、泥石流。区内地质环境条件差，土壤侵蚀发育。地貌类型为低山丘陵，区内地层基岩以二叠系泥岩、砂岩、粉砂岩及石炭系、寒武系灰岩为主，表层多覆盖碎石土。塌陷区主要是义络煤矿和当地一些中小型煤矿的开采区，人类工程活动强烈。在降雨、爆破震动等条件诱发下，易发生地面塌陷、崩塌、滑坡等土壤侵蚀。

（2）中易发区（B）。

樊村崩塌滑坡中易发区（B₁）。该区分布在1∶10000研究区的东南角，属樊村镇管辖区，该区面积为5.52km²，占1∶10000区面积的4.58%。该区离城区相对较近，人口相对集中，建房开挖坡脚等人类工程活动较多。该区属侵蚀黄土丘陵，黄土丘陵部分地段土体裂隙发育，易在暴雨等条件下发育崩塌等土壤侵蚀。

城关崩塌滑坡中易发区（B₂）。该区属城关镇管辖，面积约10.77km²，占1∶10000区面积的8.94%；为冲积平原与侵蚀变质岩低山交接处，本次调查未发现土壤侵蚀，但易在暴雨等条件下发育崩塌等土壤侵蚀。

香鹿山西侧崩塌滑坡中易发区（B₃）。该区主要分布在香鹿山镇西侧与盐镇乡交界地带，面积约11.37km²，占1∶10000区面积的9.44%。目前区内已发现土壤侵蚀点1处，土壤侵蚀隐患点6处，主要类型为崩塌、滑坡。地貌类型为黄土丘陵，岩性以第四系冲洪积物夹杂钙质、硅质胶结石英砂岩、砂砾岩、长石石英砂岩为主。该区内属于碎屑岩类坚硬的中厚层状钙质、硅质胶结砂岩、砂砾岩岩组。该区域主要是洛宁高速公路通过的开挖地段，形成高陡堆积体，在雨季易引发滑坡崩塌灾害，综合各种因素，所以也划为中等易发区。

（3）低易发区（C）。

该区在洛河北的香鹿山镇范围内，面积约29.1km²，占1∶10000区面积的24.16%，区内未发现土壤侵蚀点。该区地貌类型为黄土丘陵，岩性以第四系冲洪积物、湖积物，新近系洛阳组、古近系陈宅沟组、蟒川组砂岩、粉砂岩夹砂质黏土岩、薄层泥灰岩等为主。该区内黄土丘陵部分地段土体裂隙发育，可能在暴雨等条件下发育崩塌、滑坡等土壤侵蚀。

（4）非易发区（D）。

该区分布于洛河沿岸的锦屏镇、城关及香鹿山。地貌类型为洛河冲积平原，岩性以第四系亚黏土、亚砂土为主。该区面积 22.49km²，占 1∶10000 区面积的 18.67%；目前，区内未发现隐患点。

3.3.3　土壤侵蚀危险性区划及分区评价

本次危险程度分析亦采用基于 GIS 的信息叠加法。由于和土壤侵蚀易发区划分采用的方法、指标体系、指标量化、评价单元剖分等相同或相近，故仅简述之。

1. 土壤侵蚀危险性区划

（1）危险性评价指标体系。

土壤侵蚀危险区是指明显可能发生土壤侵蚀且可能造成较多人员伤亡和严重经济损失的地区。因此，其区域划分应基于土壤侵蚀演化趋势，采用造成损失的土壤侵蚀点，结合土壤侵蚀形成条件与触发因素、演变趋势与人类工程活动，从而圈定不同区域土壤侵蚀的危险程度。依据此原则，本书在土壤侵蚀形成条件分析的基础上，采用目标分析方法建立了研究区崩塌、滑坡危险程度评价的 4 层结构指标体系。

（2）灾害历史。

灾害历史即已有土壤侵蚀群体统计，主要考虑已造成损失的滑坡、崩塌的数量和规模。鉴于遥感解译而未经调查的滑坡、崩塌、不稳定斜坡一般都属于未造成损失的自然地质现象，故本次以已经造成或有潜在危害的实地调查的滑坡、崩塌、不稳定斜坡为依据，采用其点密度、面密度和体积密度来表征。

（3）基本因素。

基本因素指控制和影响土壤侵蚀发生的相关地质环境条件及背景等，如坡度、坡高、坡形、植物覆盖度、水文特征和岩土体类型等。

（4）诱发因素。

诱发因素指诱发（或触发）地质环境系统向不利方向演化，甚至导致土壤侵蚀发生的各种外在动力和人类活动等因素（如降雨、人类工程活动），研究区的诱发因素主要是降雨、工程震动活动、人类工程活动。

（5）土壤侵蚀的承灾体的易损程度。

土壤侵蚀的形成是灾害体和承灾体在时间和空间上产生耦合作用的结果，灾害体是因，承灾体是果，围绕生态宜居，二者缺一不可；土壤侵蚀致灾中的承灾体易损程度是土壤侵蚀危险性的重要组成部分。确定权重的方法主要包括专家打分法、调查统计法、序列综合法、公式法、数理统计法、层次分析法和复杂度分析法。其中，层次分析法是由多位专家的经验判断并结合适当的数学模型再进一步运算确定权重的，是一种较为合理可行的系统分析方法。本次研究就采用这种方法填写黄土崩滑灾害重要度比较矩阵（见表3-42）。

表3-42 区域土壤侵蚀危险程度综合评价指标体系重要度比较矩阵

A	A_1	A_2	A_3		
A_1	1	2	2		
A_2	1/2	1	1		
A_3	1/2	1/3	1		
A_1	A_{11}	A_{12}	A_{13}		
A_{11}	1	3	3		
A_{12}	1/3	1	1		
A_{13}	1/3	1	1		
A_2	A_{21}	A_{22}	A_{23}	A_{24}	A_{25}
A_{21}	1	3	4	5	5
A_{22}	1/3	1	1/2	3	4
A_{23}	1/4	2	1	3	2
A_{24}	1/5	1/3	1/4	1	1
A_{25}	1/5	1/3	1/2	1	1
A_3	A_{31}	A_{32}			
A_{31}	1	2/3			
A_{33}	3/2	1			

注：A_1代表灾害历史因素，A_{11}、A_{12}、A_{13}分别为灾点密度、灾点面密度、灾点体密度；A_2代表基础因素，A_{21}、A_{22}、A_{23}、A_{24}、A_{25}分别为岩土类型、坡高、坡形、坡度和植被覆盖率；A_3代表诱发因素，A_31、A_{32}分别为气象条件、人类工程活动。

基于重要度比较矩阵，利用方根法求得权重：A=（0.5，0.25，0.25）；A_1=（0.60，0.20，0.20）；A_2=（0.48，0.18，0.20，0.06，0.08）；A_3=（0.4，0.6）。经一致性检验可知：CRA<0.1，CRA_1<0.1，CRA_2<0.1，CRA_3<0.1，即各判断矩阵满足一致性，所获得的权重值合理。

2. 评价指标量化

与易发区评价指标量化过程类似，本书仍然以研究区1∶50000比例尺数字地形图和土壤侵蚀详细调查数据为基础，分别提取基本评价指标(坡度、坡高以及坡形，坡形指标以地面曲率表示)和已有滑坡崩塌群体统计指标。由于完全基于调查土壤侵蚀点数据，因此能够获取评价单元内精确的灾害点密度、面积密度以及体积密度。同样，植被指数也来源于全区遥感数据，根据 NDVI 计算公式，采用 ERDAS 遥感影像处理软件，对全区的植被指数进行提取，作为全区植被情况的量化值。人类工程活动的量化是以研究区的公路为基准线，向两边做三处缓冲区，间隔 500m，以 ArcGIS 为工具，分别做出上面同易发区类似的全区及城区的各处指标量化分级图，然后生成数字矩阵作为后面评判的基础数据集。

3. 计算单元剖分

本次危险程度评价单元的剖分与易发程度区划的单元剖分一致。研究区划分为 464 个单元。

4. 基于 GIS 的信息量叠加

(1)运算方法及结果。

将上述各个评价指标的量化值生成数字矩阵，利用 GIS 系统的空间叠加与统计功能，计算每一个单元格的所有评价指标值，然后得到数字矩阵的计算结果。再利用 ArcGIS 平台提供的分析计算功能，将研究区各评价单元数据按照权重分配结果，分级进行信息叠加计算，获取每个单元的危险程度指标。

(2)危险性等级分区。

综合前面的分析，经本次统计分析研究(主观判断或聚类分析)，找出突变点作为分界点，将区域划分为危险性小、危险性中等和危险性大三个等级，对上面的计算结果进行分级，在定量计算分级分区的基础上，综合考虑各种因素，人工勾画出研究区土壤侵蚀危险程度分区图。土壤侵蚀危险性评价标准见表 3-43。

表 3-43　土壤侵蚀危险性评价标准

等级	危险性小区	危险性中等区	危险性大区
标准	0~0.37	0.37~0.53	0.53~1

5. 土壤侵蚀危险性分区评价

本书依据土壤侵蚀危险性区划的原则和研究区土壤侵蚀危险性的等级分区图，将土壤侵蚀危险性划分为大、中、小 3 个级别。研究区 1：50000 土壤侵蚀危险性分区简图如图3-15所示；研究区1：50000土壤侵蚀隐患危险程度分区说明如表3-44所示。

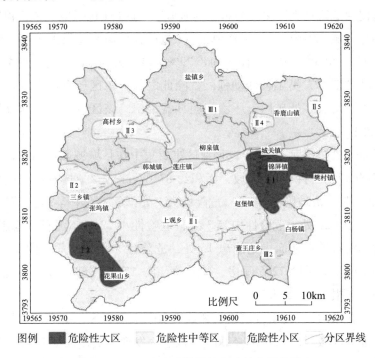

图3-15　研究区土壤侵蚀危险性分区简图

表3-44　研究区土壤侵蚀隐患危险程度分区说明

分区及代号	面积/km²	占比/%	亚区	面积/km²	不同危险程度土壤侵蚀隐患点的数量/处												合计
					滑坡			崩塌			泥石流			地面塌陷			
					大	中	小	大	中	小	大	中	小	大	中	小	
危险性大（Ⅰ）	142.19	8.79	Ⅰ₁	87.67	1	2	8	0	3	23	0	0	2	4	4	7	54
			Ⅰ₂	54.52	0	1	1	0	5	2	0	3	1	0	0	0	13
危险性中等（Ⅱ）	766.37	47.37	Ⅱ₁	610.34	0	5	5	0	4	11	0	0	0	1	1	1	28
			Ⅱ₂	51.27	0	0	0	0	3	2	0	0	0	0	0	0	5
			Ⅱ₃	86.63	0	0	1	1	3	3	0	0	0	0	0	0	8
			Ⅱ₄	11.37	0	0	1	0	0	5	0	0	0	0	0	0	6
			Ⅱ₅	6.76	0	2	0	0	2	1	0	0	0	0	0	0	5
危险性小（Ⅲ）	708.97	43.83	Ⅲ₁	625.34	0	0	3	0	1	2	0	0	0	0	0	0	6
			Ⅲ₂	135.71	0	0	0	1	1	0	0	0	0	0	0	0	2

现将危险性分区分述如下：

（1）危险性大区（Ⅰ）。

土壤侵蚀危险性大区主要分布在县城城区及周边（包括城关镇、锦屏镇及樊村镇部分区域）和研究区西南角中山区（包括张坞镇和花果山乡部分区域），总面积约 142.19km²，占全县面积的 8.79%。该区人为削坡建房、挖窑、修路和采矿活动较多，人类工程活动强烈。除此之外，该区还有许多重要的工程设施，区内开发有多处矿区，环境问题日益突出。该区可进一步划分为 2 个亚区 $Ⅰ_1$ 和 $Ⅰ_2$。

锦屏镇—樊村镇亚区（$Ⅰ_1$）。该亚区主要集中在县城城区及周边，包括城关镇、锦屏镇及樊村镇部分区域，面积约 87.67km²。该亚区发现土壤侵蚀隐患点 54 处，其中滑坡隐患 11 处，危险性大 1 处，危险性中等 2 处，危险性小 8 处；崩塌隐患 26 处，危险性中等 3 处，危险性小 23 处；泥石流隐患 2 处，为危险性小泥石流；地面塌陷隐患 15 处，危险性大 4 处，危险性中等 4 处，危险性小 7 处。共威胁 2265 间房、435m 河道、1503m 公路、389 亩地、1851 人，预测直接损失约 2527.7 万元。

张坞—花果山亚区（$Ⅰ_2$）。该亚区处于西南中低山区，主要包括张坞镇和花果山乡部分区域，面积约 54.52km²。该亚区发现土壤侵蚀点 13 处，其中滑坡隐患 2 处，危险性中等 1 处，危险性小 1 处；崩塌隐患 7 处，危险性中等 5 处，危险性小 2 处；泥石流隐患 4 处，危险性中等 3 处，危险性小 1 处。共威胁 366 间房、66 孔窑、538m 公路、2 亩地、365 人，根据调查收集数据，预测直接损失 338.7 万元。

（2）危险性中等区（Ⅱ）。

危险性中等区主要分布在洛河以南中部区域及北部几个零星区域，该区涉及的乡镇有樊村镇、白杨镇、莲庄镇、张坞镇、董王庄乡、高村乡、三乡镇、香鹿山镇及花果山乡的部分区域，总面积约 766.37km²，占全县面积的 47.37%。该区大部分属低山丘陵区，人类工程活动集聚区崩塌滑坡较发育，危险性较大，花果山乡部分区域虽属中山区，但人烟稀少，危害较少，也归为中等危险区域。根据地域特性，该区进一步被划分为 5 个亚区。

洛河南部亚区（$Ⅱ_1$）。该区为洛河以南除危险性大区以外区域，包括樊村镇、白杨镇、莲庄镇、张坞镇、董王庄乡及上观乡，面积 610.34km²；该亚区发现土壤侵蚀隐患点 28 处，其中滑坡隐患 10 处，危险性中等 5 处，危险性小 5 处；崩塌隐患 15 处，危险性中等 4 处，危险性小 11 处；地面塌陷隐患 3

处，危险性大 1 处，危险性中等 1 处，危险性小 1 处；共威胁到 400 间房、3058m 公路、440 人，预测直接损失约 324.2 万元。

三乡—韩城亚区（Ⅱ₂）。该区包括三乡镇、韩城的部分区域，面积 51.27km²。该亚区发现土壤侵蚀隐患点 5 处，全部为崩塌隐患，其中危险性中等 3 处，危险性小 2 处；共威胁 210 间房、40m 公路、181 人，预测直接损失约 86 万元。

高村乡亚区（Ⅱ₃）。该区包括高村乡、三乡镇及盐镇乡的部分区域，面积 86.63km²。该亚区发现土壤侵蚀隐患点 8 处，其中滑坡隐患点 1 处，为危险性小；崩塌隐患 7 处，危险性大 1 处，危险性中等 3 处，危险性小 3 处；共威胁 160 间房、120 亩地、382m 公路、299 人，预测直接损失约 157.5 万元。

香鹿山西侧亚区（Ⅱ₄）。该区包括香鹿山西侧及盐镇乡的局部区域，面积 11.37km²。该亚区发现土壤侵蚀隐患点 6 处，其中滑坡隐患 1 处，为危险性小；崩塌隐患 5 处，全为危险性小；共威胁 547m 高速公路、80m 公路、3.1 亩地，预测直接损失约 15.3 万元。

香鹿山镇亚区（Ⅱ₅）。该区包括香鹿山镇东侧与洛阳市接壤的区域，面积 6.76km²。该亚区发现土壤侵蚀隐患点 5 处，其中滑坡隐患 2 处，均为危险性中等；崩塌隐患 3 处，危险性中等 2 处，危险性小 1 处；共威胁 45 间房、140m 公路、20 人，预测直接损失约 20.2 万元。

（3）危险性小区（Ⅲ）。

危险性小区分布在洛河冲积平原及北部广大地区，涉及的乡镇有三乡镇、柳泉镇、香鹿山镇、莲庄镇、韩城头镇、锦屏镇、高村乡、盐镇乡。该区面积约 708.97km²，占全县面积的 43.83%。该区地势平坦，面积广阔，气候湿润，植被覆盖率高，人类工程活动微弱。该区发现土壤侵蚀隐患点 8 处，可进一步分为 2 个亚区。

洛河冲积平原及北部亚区（Ⅲ₁）。该区包括洛河冲积平原及北部广大地区，面积 625.34km²。该亚区发现土壤侵蚀隐患点 6 处，其中危险性小滑坡隐患 3 处；危险性中等崩塌隐患 1 处，危险性小崩塌隐患 2 处；共威胁 97 间房、20 亩地、150m 公路、28 人，预测直接损失约 83.5 万元。

白杨镇—董王庄乡亚区（Ⅲ₂）。该区位于白杨镇及董王庄乡大部分区域，面积 135.71km²，区内已发现崩塌隐患点 2 处，危险性大 1 处，中等 1 处，全部为人工建房形成的陡坡，宏沟三组形成一崩塌带；共威胁 88 间房、190 人，预测直接损失约 30 万元。

6. 研究区重要城镇土壤侵蚀危险性分区评价

研究区 1：10000 城区重要城镇土壤侵蚀危险性分区说明如表 3-45 所示；研究区重要城镇土壤侵蚀危险性分区如图 3-16 所示。

表 3-45　研究区重要城镇土壤侵蚀危险性分区说明

等级	分区	（亚区）名称	亚区	面积/km²	占总面积比重/%	灾害数/处	隐患数/处
危险性大	I	锦屏—樊村镇采煤塌陷危险性大区	I	41.22	34.22	20	43
危险性中等	II	樊村崩塌滑坡危险性中等区	II₁	5.52	4.58	0	0
		城关崩塌滑坡危险性中等区	II₂	10.77	8.94	0	0
		香鹿山西侧崩塌滑坡危险性中等区	II₃	11.37	9.44	1	6
危险性小	III	洛河及香鹿山镇崩塌危险性小区	III	51.59	24.16		
合计				120.47	100.00	21	49

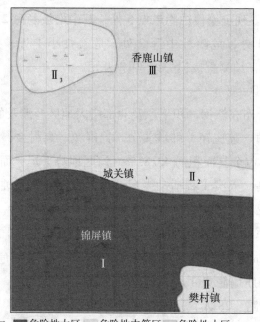

图 3-16　研究区重要城镇土壤侵蚀危险性分区

（1）危险性大区（Ⅰ）。

该区主要集中在县城城区及周边，包括城关镇、锦屏镇及樊村镇部分区域，面积41.22km²，占调查面积的34.22%。该区发现土壤侵蚀隐患点43处，其中滑坡隐患11处，危险性大1处，其余为危险性小；崩塌隐患21处，危险性中等3处，危险性小18处；泥石流隐患2处，危险性中等1处，危险性小1处；地面塌陷隐患9处，危险性大3处，危险性中等1处，危险性小5处。共威胁1280m公路、1291间房、410m河道、154亩地、1053人，预测直接损失约1330万元。

（2）危险性中等区（Ⅱ）。

樊村崩塌滑坡危险性中等区（Ⅱ₁）。该区分布在1∶10000研究区的东南角，属樊村镇管辖区，面积为5.52km²，占1∶10000区面积的4.58%。该区离城区相对较近，人口相对集中，建房开挖坡脚等人类工程活动较多。该区属侵蚀黄土丘陵，黄土丘陵部分地段土体裂隙发育，易在暴雨等条件下发生崩塌等土壤侵蚀，区内未发现隐患点。

城关崩塌滑坡危险性中等区（Ⅱ₂）。该区属城关镇管辖，面积约10.77km²，占1∶10000区面积的8.94%；为冲积平原与侵蚀变质岩低山交接处，本次调查未发现土壤侵蚀，但在暴雨等条件下易发生崩塌等土壤侵蚀，区内未发现隐患点。

香鹿山西侧崩塌滑坡危险性中等区（Ⅱ₃）。该区主要分布在香鹿山镇西侧与盐镇乡交界地带，面积约11.37km²，占1∶10000区面积的9.44%；土壤侵蚀隐患点6处，主要是公路堆积体，其中危险性小滑坡隐患1处，危险性小崩塌隐患5处；威胁高速公路677m、一般公路80m，预测经济损失15.3万元。

（3）洛河及香鹿山镇危险性小区（Ⅲ）。

该区分布于洛河沿岸的锦屏镇、城关及香鹿山。地貌类型为洛河冲积平原及黄土丘陵区，岩性以第四系亚黏土、亚砂土为主。该区面积51.59km²，占总面积的24.16%。目前，该区内未发现隐患点。

3.4　典型土壤侵蚀案例的风险评价

本书根据《滑坡崩塌泥石流灾害调查规范（1∶50000）》（DD2008-02）要

求，对威胁县城、集镇和重要公共基础设施且稳定性较差的土壤侵蚀点进行工程地质测绘或勘查，并收集区内已经开展过勘查、设计的土壤侵蚀点资料，选择重要土壤侵蚀点从其发育特征、危害程度、形成机理及稳定性进行剖析。本章将以翔实的调查及勘查资料为依据，分别对何年滑坡、梨树岭崩塌重要土壤侵蚀隐患进行工程地质勘查与评价；对典型土壤侵蚀点花果山风景区南天门崩塌带、高山乡杜渠崩塌进行工程地质评价，剖析其发育特征和形成机理；对研究区重要城镇、基础设施工程地质条件进行评价；对重要交通干沿线进行土壤侵蚀危害性评价。

3.4.1 何年滑坡风险评价

何年滑坡始发于 1996 年 9 月，滑坡造成 17 户、210 间房屋后墙出现不同程度的裂缝，严重的几户后墙被冲坏，造成财产损失 103 万元。根据调查及勘查结果，何年滑坡类型为第四系土质推覆式滑坡，体积约 32.2 万 m^3，根据《滑坡防治工程勘查规范》分类，属于中型滑坡。目前该滑坡体处于临界稳定状态。该滑坡地处低山丘陵区，山坡西高东低，缓坡状及陡坎状向东倾斜，中部分布数条陡坎，坎高 3～15m，区中冲沟较发育，沟深 3～10m，地面坡度 15°～38°。滑坡在平面上近似簸箕状，后缘可看到明显的陡壁，高约 4～6m。滑体剖面近似为折线形，滑体后部陡峭，局部有人工开挖痕迹，出露岩体为铝土矿、灰岩，节理裂隙发育，上覆 2～4m 厚的黄土，坡顶覆盖植被，中部滑体平坦，为平台状，坡体后缘和前缘均为陡坡，坡度大于 50°。该滑坡宽约 580m，纵向长约 110～180m，坡顶高程 418～428m，底部高程 342～350m，滑坡坡度约 15°～38°，倾向 55°，滑坡后壁陡直，最高约 6m，见张拉裂缝，坡前缘南侧民房的院前门楼上端向前倾斜 20～30mm。

1. 何年滑坡地理地质环境

何年滑坡位于研究区城关镇马庄行政村何年自然村的西侧山坡上，地理坐标为东经 112°10′，北纬 34°27′，面积约 0.95443km²。何年村有"村村通"公路相通，交通较为便利。勘探点位于何年自然村的西侧山坡区域，地形起伏极大，沟谷较发育，地貌单元属豫西低山丘陵区；区内，坡地、沟谷遍布，地表多为第四系黄土覆盖，其下为二叠系、石炭系、寒武系地层。该滑坡所处地势西高、东低，滑坡所在区域的最大高程为 428m，最低高程为 342m，最大高差约 86m，总体为斜坡及阶梯状地形，坡向为 55°，斜坡整体坡度约 30°。

斜坡坡脚处有多处老窑洞、房屋以及煤矿设施；斜坡中部现多为灌木及荒地；斜坡上部较陡峭，可见明显基岩出露。斜坡上植被覆盖率较高。根据钻孔、探槽揭露，勘探点上部为第四系全新统及上更新统坡积的黄土状土，坡脚局部分布有杂填土，下部为古生界二叠系下统的砂岩、页岩，石炭系中统，铝土矿、黏土岩夹砂岩，寒武系上统，白云质灰岩；二叠系下统与石炭系中统，假整合接触，且与寒武系上统，呈逆冲推覆构造接触。本书按成因类型、岩性及工程地质特性将何年滑坡勘察区划分为 12 个工程地质单元层。何年滑坡地层共计 12 层。①杂填土：杂色，以矿渣、碎石及粉质黏土为主，含植物根系、少量生活垃圾，该层成分混杂、松散，均匀性、结构性很差；局部分布，层厚为 0.50~5.20m，平均厚度为 2.03m。②黄土状粉质黏土：黄褐色，可塑，见黑色炭质颗粒、偶见白色钙质细丝，含植物根系、碎石、风化碎屑等，局部含大量中粗砂粒，光泽反应稍有光泽，摇振反应无，干强度中等，韧性中等，属中等压缩性；局部分布，层厚为 0.40~4.30m，平均厚度为 1.97m。③粉质黏土：褐黄色、微红，硬塑—坚硬，含植物根系、碎石、风化碎屑，局部含大块石，稍有光泽，摇振反应无，干强度高，韧性高，属中等压缩性；局部分布，层厚为 0.60~9.20m，平均厚度为 3.53m。④全风化砂岩、页岩：灰黄色、青灰色，岩石主要由砂碎屑、泥质组成，泥质胶结，主要矿物以石英为主，含少量长石及岩屑等，散体状结构，碎屑状构造，岩石质量指标极差，风化裂隙密集，多充填棕褐色岩屑、黏性土，形成无序碎屑和小块；局部分布，揭露层为 0.50~6.20m。⑤强风化砂岩、页岩：灰黄色、青灰色，岩石主要由砂碎屑、泥质组成，泥质胶结，主要矿物以石英为主，含少量长石及岩屑等，散体状、碎裂状结构，碎屑状，碎块状，条带状构造，岩石质量指标差，风化裂隙密集，多充填棕褐色岩屑、黏性土，形成无序小块和碎屑，粒径 0.5~3cm，个别大者可达 15cm；局部分布，揭露层为 1.20~9.00m。⑥中风化砂岩、页岩：灰黄色、青灰色，岩石主要由砂碎屑、泥质组成，泥质胶结，主要矿物以石英为主，含少量长石及岩屑等，砂泥质结构，层状构造，岩芯多呈柱状，节理裂隙发育，多充填棕褐色岩屑、黏性土；岩石质量指标较好，岩体完整程度较为破碎，岩体基本质量等级为五级；局部分布，仅在 Z203 一带可见，揭露层为 1.80m。⑦全风化铝土矿、黏土岩夹砂岩：灰黄色、青灰色，岩石主要由砂碎屑、泥质组成，泥质胶结，主要矿物以铝土矿、石英为主，含少量长石及岩屑等，散体状结构，碎屑状构造，岩石质量指标极差，风化裂隙密集，多充填棕褐色岩屑、黏性土，形成无序碎屑和小块；局部分布，揭露层为 0.50~4.60m。⑧强风化铝土矿、黏土岩夹砂岩：灰黄色、青灰色，岩石主要由砂碎屑、泥质组成，泥质胶结，主要矿物以铝土矿、石英为主，含少量长石及岩屑等，散体状、碎裂状结构，碎屑状、碎块状、条带状构造，岩石质量指标差，风化裂隙密集，多充填棕褐色岩屑、黏性土，形成无序小块和碎屑，粒径 0.5~3cm，个别大者可达 15cm；局部分布，揭露层为 6.5~9.20m。⑨中风化铝土矿、黏土岩夹砂岩：灰黄色、青灰色，岩石主要由砂碎屑、泥质组成，泥质胶结，主要矿物以铝土矿、石英为主，含少量长石及岩屑等，碎屑状、砂泥质结构，层状构造，岩芯多呈柱状，节理裂隙发育，多充填棕褐色岩屑、黏性土；岩石质量指标较好，岩体完整程度较为破碎，岩体基本质量等级为五级；局部分布，揭露层为 2.00~4.80m。⑩全风化白云质灰岩：灰褐色、灰黄色，主要矿物为白云石、方解石、黑云母等，散体状结构，碎屑状构造，岩石质量指标极差，风化裂隙密集，多充填棕褐色岩屑、黏性土，形成无序碎屑和小块；局部分布，层厚为 0.20~2.90m。⑪强风化白云质灰岩：灰褐色、青灰色，主要矿物为白云石、方解石、黑云母等，散体状、碎裂状结构，碎屑状、碎块状、条带状构造，岩石质量指标差，风化裂隙密集，多充填棕褐色岩屑、黏性土，形成无序小块和碎屑，粒径 0.5~5cm，个别大者可达 20cm；局部分布，层厚为 1.50~4.20m。⑫中风化白云质灰岩：褐灰色、青灰色，主要矿物为白云石、方解石、黑云母等，块状、裂隙块状结构，块状构造，岩石质量指标较差，节理裂隙很发育，充填棕褐色岩屑、黏性土；局部分布，厚为 6.50~7.80m，平均厚度为 5.53m。

何年滑坡体中部的陡坎及冲沟见图 3-17；何年滑坡体上的植被见图 3-18。

图3-17　何年滑坡体中部的陡坎及冲沟　　图3-18　何年滑坡体上的植被

区域内地表水季节性变化明显，坡脚沟内除雨季有地表水流外，大部分无水。区域内地下水类型为松散层孔隙潜水和基岩裂隙水。松散层孔隙潜水主要赋存第四系全新统松散地层，基岩裂隙水主要赋存基岩裂隙密集带，以大气降水及第四系全新统松散地层中的孔隙潜水补给为主，水量多少受岩体裂隙发育情况、岩石破碎程度及大气降水多少控制，以地下径流方式向沟谷排泄。勘察期间，仅坡下沟谷 TC4 见地下水，稳定水位埋深 2.70m，稳定水位标高 332.54m。据《岩土工程勘察规范》（GB50021—2001）（2009 年版）第 12.2 条评价水质分析结果，场地水对混凝土结构和混凝土结构中的钢筋具微腐蚀性。根据《中国地震动参数区划图》（GB18306—2001），研究区地震动峰值加速度为 0.05g，其对应的地震基本烈度为Ⅵ度区。本书根据中国区域地壳稳定性研究成果（见表 3-46），评估研究区域地壳稳定性。

表 3-46　地震动峰值加速度分区与地震基本烈度、区域地壳稳定性对照

地震动峰值加速度分区	<0.05g	0.05g	0.1g	0.15g	0.2g	0.3g	≥0.4g
地震基本烈度值	<Ⅵ	Ⅵ	Ⅶ	Ⅶ	Ⅷ	Ⅷ	≥Ⅸ
区域地壳稳定性	稳定		较稳定		较不稳定		不稳定

本次勘查工作根据《河南省宜阳县 1∶50000 土壤侵蚀详细调查设计书》结合有关规范，在充分收集前期已有资料和踏勘资料的基础上部署。本次 1∶1000 比例尺地形测绘共完成测图面积 1.9km²；完成联合剖面法、高密度电阻率法测量剖面各 3 条，剖面总长度 1800m。其中，联合剖面法测点 432 个，检查测点 19 个；高密度电阻率法测量物理点 1305 个，折合电测深点 162 个，检查测量剖面 1 条；完成探槽勘探点 14 个，进尺 169.50m，间距 21.31～202.29m。勘探点中钻孔 9 个，孔深 12.2～18.0m，其中取土样钻孔 4 个，钻孔取土样 23 个、岩石样 6 件。

2. 何年滑坡基本特征

从地层剖面可知，该滑坡滑动面为一折线形（近似圆弧形）。1-1′剖面及 2-2′剖面滑体岩性主要为全新统的黄土状粉质黏土及全风化铝土岩，前缘剪出目为全新统的粉质黏土与石炭系的全风化铝土矿、黏土岩夹砂岩接触处；3-3′剖面滑体岩性主要为全新统的黄土状粉质黏土及全风化砂页岩，前缘剪出目位于全新统的黄土状粉质黏土中。探槽揭露的坡积土及风化岩见图 3-19；钻孔揭露的黄土及风化岩见图 3-20。

图 3-19 探槽揭露的坡积土及风化岩

图 3-20 钻孔揭露的黄土及风化岩

滑动面位于古生界二叠系下统的全风化砂岩、页岩及石炭系中统的全风化铝土矿、黏土岩夹砂岩岩层与强风化岩层交界带处，局部处于全风化岩层中。全风化铝土矿、黏土岩夹砂岩，灰黄色、青灰色，岩石主要由砂碎屑、泥质组成，泥质胶结，主要矿物以铝土矿、石英为主，含少量长石及岩屑等，散体状结构，碎屑状构造，岩石质量指标极差，风化裂隙密集，多充填棕褐色岩屑、黏性土，形成无序碎屑和小块。滑带为全风化与强风化岩层接触带，厚度约 6～10cm，由夹粉质黏土或黏土及碎块石组成。土体呈黄、棕黄色，土体结构松散，有扰动的痕迹，含水量偏高。

从地质剖面和照片可知，滑床为强风化基岩，其地层为古生界二叠系下统的砂岩、页岩，石炭系中统的铝土矿、黏土岩夹砂岩，强风化砂岩、页岩，灰黄色、青灰色，岩石主要由砂碎屑、泥质组成，泥质胶结，主要矿物以石英为主，含少量长石及岩屑等，散体状结构，碎屑状构造，岩石质量指标极差-差，风化裂隙密集，多充填棕褐色岩屑、黏性土，形成无序碎屑和小块。强风化铝土矿、黏土岩夹砂岩为灰黄色、青灰色，岩石主要由砂碎屑、泥质组成，泥质胶结，主要矿物以铝土矿、石英为主，含少量长石及岩屑等，散体状结构，碎屑状构造，岩石质量指标极差-差，风化裂隙密集，多充填棕褐色岩屑、黏性土，形成无序碎屑和小块。

3. 何年滑坡变形破坏机理

内在因素：该滑坡地处黄土丘陵，组成岩性主要为第四系中更新统坡洪积黄土状粉质黏土、粉土和上更新统粉质黏土；黄土具有非均质各向异性，土体孔隙和垂向裂隙发育，且随深度而减弱；大气降水和地表水沿孔隙、裂隙渗入坡体，遇下伏风化的二叠系下统的砂岩、页岩，石炭系中统的铝土矿、黏土岩夹砂岩沿顺坡面向下游运移，全风化页岩及全风化黏土岩受水体浸泡，强度降低，在重力作用下沿与强风化接触面形成顺坡潜在滑面。坡体岩性结构特征和水文地质特征构成滑坡的内在因素。

外部因素：人工活动构成滑坡形成的外部因素。该坡体的东及东北方存在早期煤矿采煤形成的采空区的塌陷坡使坡体处于临界平衡状态；同时，加上坡体下方部分地段前期村民及煤矿扩地建房及建矿山设施大量削坡取土，形成高陡临空面，且未采取合理防护措施，故在大气降水及灌溉水下渗作用下诱发滑坡。

4. 何年滑坡稳定性分析及发展趋势

根据勘探剖面及现场调查情况分析，该滑坡可能出现的破坏形式主要为滑移式，潜在滑面为折线形，滑动面位于古生界二叠系下统的全风化砂岩、页岩及石炭系中统的全风化铝土矿、黏土岩夹砂岩岩层与强风化岩层交界带处，稳定性计算按照《滑坡防治工程设计与施工技术规范》（DZ/T 0219—2006）的有关规定，采用传递系数法（条分法）对坡体进行稳定性计算与分析。由于场地内地下水为松散孔隙水，补给全靠大气降水，水位不稳定，计算中未考虑渗流作用。本书根据《滑坡防治工程设计与施工技术规范》采用天然工况和暴雨工况对斜坡进行稳定性计算和评价。根据中国地震动参数区划图（GB 18306—2001），研究区内地震动峰值加速度为 0.05g，地震基本烈度为Ⅵ度。根据中国区域地壳稳定性研究成果，参照原地质矿产部 ZBD 14002—89《工程地质调查规范》（1∶100000～1∶200000）第 8.5.2 条规定，勘查区区域地壳稳定性属于稳定区，所以该项目不进行地震工况下的稳定性校核。

本次勘察为可研阶段，同时缺乏经验数值，根据勘察及土工试验，以滑带土推测滑动面附近所取土样试验数据为依据，饱和状态参数以实验室饱和试验确定。参数取值见表3-47。按照滑坡防治工程勘察规范，滑坡稳定性评价标准见表3-48。根据滑坡稳定性计算，滑坡在天然工况稳定，暴雨工况在1-1′、2-2′剖面为不稳定，在3-3′剖面欠稳定（见表3-49）。

表3-47　何年滑坡稳定性计算参数取值

岩土体滑面	天然状态			饱和状态		
	重度/(kN/m³)	内聚力/kPa	内摩擦角/°	重度/(kN/m³)	内聚力/kPa	内摩擦角/°
粉质黏土滑体	17.6	22.0	20.9	18.74	11.0	7.9
滑动面试验	18.51	21.77	19.44	19.26	10.9	7.8

表 3-48　滑坡稳定性评价标准

传递系数法 F_S	$F_S<1.0$	$1.0{\leqslant}F_S<1.05$	$1.05{\leqslant}F_S<1.15$	$F_S{\geqslant}1.15$
滑坡稳定状态	不稳定	欠稳定	基本稳定	稳定

表 3-49　滑坡稳定性计算结果

计算剖面	工况 I		工况 II	
	稳定系数	稳定状态	稳定系数	稳定状态
1-1′剖面	2.3	稳定	0.95	不稳定
2-2′剖面	1.71	稳定	0.7	不稳定
3-3′剖面	1.91	稳定	1.03	欠稳定

何年滑坡始发生于 1996 年 9 月，滑坡造成 17 户、210 间房屋后墙出现不同程度的裂缝，严重的几户后墙被冲坏，造成财产损失 103 万元。该滑坡在暴雨工况下可能产生局部或整体滑动，堵塞河道，引发泥石流，危害到下游居民，直接威胁到 30 人、30 间房、70 亩地。

5. 何年滑坡治理方案及建议

据调查及本勘察分析，斜坡在天然工况稳定，在暴雨工况处于不稳定，引发滑坡的可能性较大。该滑坡主要是受附近的矿山采空区引起地面塌陷诱因形成，考虑到当地居住环境及堆积体的永久性与安全性，建议对整段堆积体进行抗滑治理，建议后期勘察及设计施工应尽量查明矿山采空区引起地面塌陷的范围。本书根据堆积体高度、安全等级要求、堆积体现状及堆积体地质结构，以及考虑治理方案的可行性和经济性，提出以下 5 条治理建议：

(1)何年滑坡是煤矿塌陷引起的，为安全起见，考虑采取搬迁避让措施较合适。

(2)对坡面可采取分段治理支护措施，在滑体厚度相对较薄的坡面处采用土钉墙支护方案；滑体厚度相对较厚且坡度较陡的坡面处采用削坡卸荷加土钉墙支护方案以控制局部变形，坡面建议采取将切石护砌。

(3)采取上堵下排的排水措施，即坡顶一定范围内设置灰土隔水层，截水沟，不设地下水管路，以防漏水，防止雨水流入，坡面设置导水管，以排除坡内可能的积水，坡脚设置排水沟，不能积水。

(4)在施工和堆积体建成使用期间进行堆积体变形监测，为施工和使用提供安全保障，在治理工程结束后应继续监测一个水文年以上。

（5）建议对何年滑坡开展长期的变形监测和预警工作，做好防灾预案，尤其在雨季和雨雪连绵时段，必须加强监测预警工作。在明显地段设立警示标志，派专人监测，加强对斜坡前缘、陡坎、裂缝、地下水出露等情况的巡查，发现异常及时通知当地居民、行人紧急避险。

3.4.2　梨树岭崩塌风险评价

赵堡乡马河村梨树岭于 2010 年和 2012 年暴雨季节发生过土壤侵蚀，一处房子被掩埋，另一处房子后墙被推塌，部分粮食和生活用品被掩埋，无人员伤亡；另外，约有 3 处房屋遭到不同程度破坏，产生裂缝。斜坡宽约 210m，纵向长约 90~110m，斜坡坡脚处有多处房屋；斜坡上、中部为耕地；斜坡下部较陡且多灌木丛，可见明显基岩出露。前缘局部见小张拉裂缝。前期对该灾害定为滑坡，经本次勘察后，确定该地灾点类型为滑移式崩塌。

1. 梨树岭崩塌地理地质环境

研究区梨树岭崩塌位于宜阳县赵堡乡马河行政村的梨树岭自然村，地理坐标为东经 112°02′10″、北纬 34°04′33″，面积约 0.13783km²，有"村村通"公路相通，交通较为便利。勘察区位于梨树岭自然村及北侧山坡区域，地形起伏极大，沟谷较发育，地貌单元属低山丘陵区。坡地、沟谷遍布，地表部分为第四系黄土覆盖，部分为残坡积风化岩层，其下为中元古代官目群汝阳群安山玢岩地层。该斜坡所处地势北西高、南东低，所在区域的最大高程为 468.2m，最低高程为 435.0m，最大高差约 33.2m，坡向为 147°，斜坡表面坡度上、中约 5°~11°，下部 50°~70°。斜坡坡脚处有多处房屋；斜坡上、中部为耕地；斜坡下部较陡且多灌木丛，可见明显基岩出露。

根据钻孔、探槽揭露，勘探区上部表层为耕植土，其下主要为第四系全新统及上更新统坡洪积成因的黄土状粉质黏土、含碎石粉质黏土及残积土，深部为中元古界熊耳群马家河组，全风化—强风化安山岩、安山玢岩。本书按成因类型、岩性及工程地质特性将其梨树岭滑坡划分为 5 个工程地质单元层，现自上而下分层描述如下：①黄土状粉质黏土：浅褐黄色、浅黄褐色，可塑状，大孔隙及针状孔隙较发育，偶含灰白色钙质条纹，偶见螺壳及其碎片，土质纯净，光泽反应无，摇振反应中等，干强度及韧性低；该层具湿陷性；该层压缩系数 $a_{1-2} = 0.25\mathrm{Mpa}^{-1} \sim 0.07\mathrm{Mpa}^{-1}$，具中压缩性；表层为 0.3m 厚的浅褐黄色耕植土；局部分布，最薄处为 1.30m，最厚处为 6.50m，平均厚度为 3.30m。②含碎石粉质黏土：浅褐黄色、褐黄色，硬塑状，针状孔隙发育，含大量碎石，粒径多为 0.5~12cm，约占 20%，见较多全风化的岩石碎石，光泽反应无，摇振反应中等，干强度及韧性低；该层压缩系数 a_{1-2} = 0.09Mpa^{-1}~0.11Mpa^{-1}，具中—低压缩性；局部分布，最薄处为 0.30m，最厚处为 4.70m，平均厚度为 2.44m。③残积土：灰黄色、灰褐色，以黄褐色粉质黏土为主，含较多全—强风化岩石碎块；粒径多为 2~7cm，约占 20%；局部呈胶结状，局部分布，最薄处为 1.50m，见于 ZK102 号孔，最厚处为 9.30m，平均厚度为 4.83m。④全风化安山玢岩：浅褐黄色，粉状、粒状结构，组织结构已全部被破坏，含少量强风化安山玢岩碎石；局部地段块状结构，岩石质量指标极差，节理面为紫红色、黑灰褐色，多被裂隙切割成 0.5~10cm 大小不等的碎块，岩块质地较硬；裂隙中含少量粉质黏土，局部呈胶结状；局部分布，最薄处为 0.50m，最厚处为 13.50m，平均厚度为 4.36m。⑤强风化安山玢岩：杂色，块状结构，组织结构已大部分被破坏，节理发育，紫红色、黑灰褐色，岩石质量指标差，岩石多被裂隙切割成 0.5~20cm 大小不等的碎块，岩块质地较硬，镐钎挖掘较难，岩块用手能掰开；全场地分布，最大揭露厚度为 5.8m。

2. 梨树岭崩塌机理分析

本次调查按照滑坡灾害进行勘察工作，对斜坡的整体稳定性进行定性及定量分析，确定了斜坡整体是稳定的，局部存在崩塌隐患。针对已发生的两处崩塌，由于崩塌体大部分已被清理，因此根据调查了解及部分探槽揭露情况分析其失稳机理。2010 年的崩塌：该处由于建房进行坡体开挖，形成长约 20m、宽约 18m、高约 3~6m 的堆积体，坡度 70°左右，现场可以看到明显的断面，表层为耕植土，上部为黄土状粉质黏土，下部为含碎石粉质黏土，黄土状粉质黏土与含碎石粉质黏土接触面坡度约 15°~30°，坡体开挖导致坡脚应力集中，形成张拉裂隙，在雨季雨水渗透，粉质黏土层在重力作用下沿接触面下滑，形成小型滑移式崩塌。2012 年的崩塌：该处同样是建房开挖，形成长约 16m、宽约 15m、高约 2~8m 的堆积体，坡度 70°左右，上部为残积土，下部为全—强风化安山玢岩，残积土与全—强风化安山玢岩接触面坡度 30°左右；残积土以黄褐色粉质黏土为主，含较多全—强风化岩石碎块。在雨季雨水渗透，粉质黏土层在重力作用下沿接触面下滑，形成小型滑移式崩塌。总体来看，梨树岭斜坡坡度较大，地层接触面局部起伏较大，居民建房开挖坡体，导致坡脚应力集中，上部形成张拉裂隙，加上粉质黏土固有的工程特性，雨水下渗，易造成局部崩塌。人类活动是引发崩塌的主要因素。

3. 梨树岭崩塌危险性分析

赵堡乡马河村梨树岭于 2010 年和 2012 年暴雨季节发生过崩塌灾害，一处房子被掩埋，另一处房子后墙被推动倒塌，部分粮食和生活用品被掩埋，无人员伤亡；另外，约有 3 处房屋遭到不同程度破坏，产生裂缝。该斜坡下部有居民约 14 户、64 间房、40 人左右，民房距堆积体较近，堆积体崩塌的可能性较大，对人、财、物构成威胁。

4. 梨树岭崩塌隐患治理方案及建议

根据堆积体高度、安全等级要求、堆积体现状及堆积体地质结构，以及考虑治理方案的可行性和经济性，本书提出以下治理方案建议：

(1) 对坡面可采取分段治理支护措施，土体厚度相对较薄的坡面处采用土钉喷锚支护方案；土体厚度相对较厚且坡度较陡的坡面处采用锚杆挡墙支护方案以控制局部变形；为提高堆积体整体安全系数，坡面建议采取浆砌石护砌。

(2) 采取上堵下排的排水措施，即坡顶一定范围内设置灰土隔水层，截水沟，不设地下水管路，以防漏水，防止雨水流入，坡面设置导水管，以排除坡内可能的积水，坡脚设置排水沟，不能积水。

(3) 变形检测措施，建议在施工和堆积体建成使用期间进行堆积体变形监测，为施工和使用提供安全保障，在治理工程结束后应继续监测一个水文年以上。

(4) 建议对梨树岭崩塌隐患点开展长期的监测和预警工作，做好防灾预案，尤其在雨季和雨雪连绵时段，必须加强监测预警工作，加强对斜坡前缘、陡坎、裂缝、地下水出露等情况的巡查，发现异常及时通知当地居民、行人紧急避险。

(5) 这次研究区土壤侵蚀调查，大部分的灾害是人类活动引发的，特别是城乡建房进行的不合理开挖，建议国土部门加大土壤侵蚀基本知识宣传力度，尽可能避免人为灾害的发生。

3.4.3　花果山风景区南天门崩塌带风险评价

花果山风景区属中山地貌，是宜阳的旅游胜地，在开发改造过程中，道路修建几乎全部是开挖堆积体形成盘山公路，在修建及运营过程中，引发小型滑坡崩塌，虽没有造成危害，但由于大部分路段均形成高陡堆积体，存在安全隐患。该崩塌带位于花果山旅游公路南天门至景区大门段，全长 5~7km，沿公路均有不同程度的崩塌发生，形成公路崩塌带。这里选取特征显著的一点进行分析说明，该点坐标东经 112°49′36.3″、北纬 34°18′9.2″，处于一拐弯路段，为一小型岩质崩塌。该斜坡长 16m、宽 160m，坡向 160°~245°，坡度 63°~72°，开挖段坡高 6~10m，标高 1457~1468m，主要为修路开挖堆积体形成的高陡临空面。整个坡体剖面形态近似为陡崖状，受风化剥蚀严重，节理裂隙发育，斜坡土植被较发育，多处部位裸露，岩性为浅黄色细中粒含斑黑云二长花岗岩。崩塌斜坡上裂缝较多，垂直裂隙和横向裂隙交错发育。裂缝把岩体切割成多块危岩体，危岩体下部公路堆积有部分碎石块。花果山旅游公路崩塌群平、剖面示意图见图 3-21。

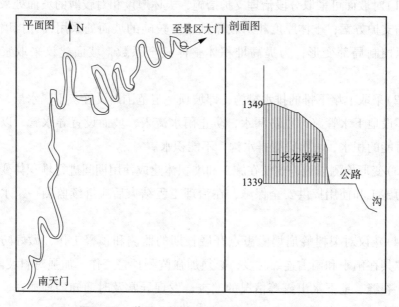

图 3-21　花果山旅游公路崩塌群平、剖面示意

1. 失稳机理分析

崩塌为倾倒式崩塌，属于典型的岩质崩塌。该区道路修筑时采用先爆破后开挖的方式，爆破震动产生大量裂隙面，造成裂隙较发育，贯通性好，多无充填或少量充填碎石，结合差，与层面组合切割岩体形成独立块体。高陡临空面：危岩区陡崖高 6~10m，坡面陡倾，是崩塌形成的内部条件之一。风

化影响：风化作用加速了危岩体裂隙的扩展，裂面强度降低，差异风化形成凹腔岩穴，促进了危岩体的失稳。危岩形成机制分析：地形陡峻，陡崖或坎众多，且坡度大，地形临空条件好；坡体地层结构为块状碎裂结构，岩体的差异风化易于形成裂隙及大小不一岩块，下部岩体风化剥落后，上覆岩块体崩落形成临空；岩体中构造裂隙和卸荷裂隙发育，各裂隙面与层面组合将岩体切割成梭形体或柱状体；区内降雨丰沛，气温年较差和日较差大，坡顶植被生长良好，植被根须发达，根劈作用较强。堆积体地形地貌、地层岩性、岩体结构特征等为危岩的发育提供了基本物质条件，长期的地壳外应力作用使岩体差异风化及岩体的卸荷作用增强，也是危岩形成和发展的主要诱因。

2. 稳定性与危险性分析

崩塌坡体风化严重，垂直节理裂隙发育，发展成为拉张裂隙；岩体较为破碎，部分部位存在危岩体，在重力产生的剪切力作用下，可能沿垂直节理面、裂隙面产生破坏；过往车辆震动及降雨、风化作用，将会加剧引发崩塌破坏。该崩塌位于 S246 省道西侧，省道过往车流量较大，该崩塌在汛期及暴雨季节有大量碎石块崩落，主要威胁过往行人及车辆，综合分析其险情等级为小型。

3. 防治建议

清除崩塌体及坡体危岩；进行坡面防护；修筑支挡工程；建立预警信息，并及时发布。

3.4.4　高村乡杜渠崩塌风险评价

研究区高村乡杜渠村属黄土丘陵地貌，该区域主要是居民建房开挖形成高陡黄土堆积体，常年有崩塌现象发生，2013 年夏天雨季崩塌严重，窑目及上部土地崩塌，窑目后移 6~7m，窑孔上部形成反坡，共造成 30 余户、30 余孔窑洞损坏，30 多间房屋倒塌，1 人死亡。目前该村共有六七组、40 多户、180 多人受到潜在崩塌威胁。杜渠村六组、七组大部分居民的住房依坡修建，并挖有窑洞。该点坐标为东经 111°50′9.4″，北纬 34°32′44.6″，分布高程 344 ~ 356m，坡高 8~12m，坡长 10~18m，坡宽 600m，坡度 80°~90°、坡向 30°~60°。出露地层岩性为棕黄色及棕红色粉质黏土，硬塑状态，垂直节理裂隙较发育。堆积体上部为耕地。高村乡杜渠崩塌平、剖面示意见图 3-22。

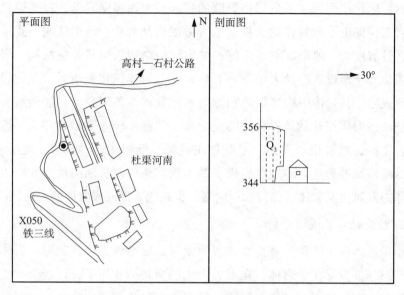

图3-22　高村乡杜渠崩塌平、剖面示意

1. 失稳机理分析

崩塌为倾倒式崩塌。斜坡岩性为晚更新统黄土，属于典型的黄土崩塌。失稳机理主要原因：首先，崩塌物较疏松，密实度差，原始坡体垂直节理裂隙发育，节理裂隙不断扩张，土体受拉张作用而产生崩塌。其次，坡体上植被稀少、冲蚀作用强烈，小型崩塌剥蚀现象不断，坡体前部由于人工斩坡建窑，形成近似直立的人工堆积体；由于建窑形成坡体空洞，窑洞周界产生应力集中，极易破坏岩土体的稳定性。再次，上部土体受雨水入渗侵蚀，坡体重量逐渐增大，窑洞周界应力也不断加大；雨水沿裂隙向窑洞入渗，当水流从坡体前部表面渗出时，形成坡体内部径流带；经长时间水流作用，径流带上下土体不断受侵蚀、软化作用，强度降低，形成坡体内近陡立、距离短的软弱带；随着雨水不断入渗，坡体重力增加，窑洞顶面应力集中加剧，坡体后部塌落；土体在重力作用下推动土体沿软弱带滑动，从窑洞顶部剪出后掩埋窑洞。最后，坡体上部有居民建房，由于人工加载，在增加坡体下滑力的同时，没有成比例增加滑动面的抗滑力，同时加大了坡顶张应力和坡脚剪应力的集中程度，使堆积体岩土体被破坏，强度降低，因而造成堆积体稳定性降低。

2. 稳定性与危险性分析

崩塌堆积体目前未清除，堆积在崩塌危岩体下方，主要为黄土，较疏松，由于无临空面，目前较稳定，不具备形成二次崩塌的条件。崩塌后缘处斜坡目前稳定性较差，节理裂隙发育，危岩体较多，土块剥落、塌土现象时常发生。残留崩塌堆体积较大，疏松破碎；由于其垂直节理发育，雨季雨水易于入渗。在暴雨或雨季，崩塌体有失稳可能，对坡体上、下房屋和窑洞的稳定性影响较大。该崩塌主要为土体崩塌，引发原因为削坡建房，临空面过陡，2013 年夏天雨季崩塌严重，窑目及上部土地崩塌，窑目后移 6~7m，窑孔上部形成反坡，共造成 30 余户、30 余孔窑洞损坏，30 多间房屋倒塌，1 人死亡。目前该村共有六七组、40 多户、180 多人受到潜在崩塌威胁。综合分析其险情等级为较大型。

3. 防治建议

建立预警信息及时发布、地表排水裂缝填埋夯实等应急措施；采取坡体后部削坡、崩塌体清除等措施确保安全。

3.5 坡面细沟发育过程中的重力侵蚀分析

1. 坡面细沟侵蚀发育过程

坡面降水逐步汇集形成股流时，坡面侵蚀形式将会发生改变，其坡面含沙量也会发生相应变化。由土石混合质堆积体不同坡度条件下的径流含沙量随产流历时(产流开始的时刻记为零)的变化特征可知，堆积体坡面含沙量变化趋势大致可分为三个不同阶段，即先增加，随后波动减小，最后趋于稳定。

堆积体坡面侵蚀过程可分为面蚀和细沟侵蚀两个阶段。面蚀阶段，即坡面开始产流至细沟形成时的坡面侵蚀。面蚀阶段大概发生在产流后的 3min 内，其含沙量表现为增加阶段，这是因为坡面片蚀开始后，薄层水流逐步汇集形成具有较大冲刷力和搬运力的股流，因此其含沙量会逐渐增加。此时坡面流通常以滚波流形式运动，同时滚波流发生叠加的地方径流侵蚀力最大，当侵蚀切应力达到足以剥离和分散泥沙时便发生侵蚀，对后续跌坎及细沟形成产生影响。细沟侵蚀阶段，即坡面跌坎形成细沟后的坡面侵蚀。该阶段大概发生在产流的 3min 后，其含沙量表现为波动减小至稳定阶段，可概括为细沟发展阶段、稳定阶段 2 个阶段。细沟发展阶段主要发生在堆积体坡面产流后，该阶段坡面股流逐步集中对下垫面进行冲刷并形成较大的细沟，同时细沟沟头的崩塌、沟壁的崩塌等会导致坡面含沙量呈强烈的波动现象。细沟稳定阶段则发生在 45min 后，其含沙量呈稳定的波动变化且数值较小，因为此时下垫由于受石质含量影响，径流冲刷过程中坡面没有充足的土供应，且冲刷后裸露石质对水流形成一定阻力，故形成较小泥沙量。

在相同条件下，堆积体坡面产流时间随放水流量增大而缩短，同时坡度越大产流时间越短；在各场冲刷试验中，产流时间不仅取决于径流的大小、下垫面入渗能力，而且还与前期土壤含水率大小密切相关。堆积体坡面细沟出现时间也与放水流量、坡度呈负相关关系，即放水流量越大，坡度越大，细沟出现时间越短；细沟出现时间及下切的快慢和程度主要由径流地形、坡度、坡长条件决定。

2. 重力侵蚀分析

重力侵蚀是以重力为直接原因，并在水力侵蚀及下渗水的共同作用下而发生的一种侵蚀形式，其对坡面侵蚀过程有着重要影响。坡面细沟重力侵蚀发生在细沟两侧及沟头，是造成细沟迅速扩展的主要原因。在堆积体坡面的细沟侵蚀过程中，细沟股流对细沟两侧沟壁的冲淘，使得沟壁两侧土体容易在自身的重力作用下失稳而发生崩塌，进而为坡面侵蚀产沙提供物质基础。大量研究表明，细沟侵蚀过程中细沟沟壁崩塌等重力侵蚀是造成坡面产沙量波动变化的主要原因。因此，如何根据坡面总产沙量来确定细沟重力侵蚀产沙量是定量分析堆积体重力侵蚀变化规律的基础。

侵蚀过程中沟壁及沟头的重力侵蚀会由于其崩塌土体大小、发生频率的不同而表现出很大的随机性。坡面重力侵蚀发生在水流下切形成细沟之后，当细沟沟壁有大块土体发生崩塌脱落等重力侵蚀现象时，坡面径流含沙量相应增大，加上重力侵蚀发生的随机性，使得坡面径流含沙量呈现出波动变化趋势。在冲刷初期，由于下垫面入渗大，坡面形成的径流小，坡面侵蚀以面蚀为主，其形成的产沙量较小且低于水力侵蚀产沙的上限；随着径流的不断冲刷，下垫面土体水分渐趋饱和，入渗减缓，径流量增大，坡面侵蚀产沙逐渐增大，当坡面水流逐渐汇集成股流时，坡面开始形成细沟并发生细沟侵蚀，此时坡面形成的径流含沙量可能达到或超过水力侵蚀产沙的上限。在细沟侵蚀过程中，细沟两岸沟壁或沟头土体崩塌脱落而堵塞水流，使得短时间内坡面的含沙量变小，可能低于水力侵蚀产沙上限；而当径流汇集达到一定程度时，被堵塞的土体被径流冲刷带走，为坡面径流侵蚀提供了大量的物质基础，含沙量表现为迅速增加，高于重力侵蚀产沙的下限。

如果能准确划分出堆积体坡面侵蚀过程中水力侵蚀产沙的上限，或重力侵蚀产沙下限，那么根据各场冲刷试验水力侵蚀产沙上限或重力侵蚀产沙下限及径流含沙量的动态变化过程，可以计算得到细沟侵蚀过程中的重力侵蚀对坡面总侵蚀产沙的贡献。根据以下原则：水动力条件不变时，水力侵蚀量基本保持稳定；实验过程中产沙量的波动主要与重力侵蚀有关；超出水力侵蚀量的部分应为重力侵蚀产沙量，可选用坡面细沟发育成熟后的稳定径流含沙量作为试验条件下水力侵蚀产沙的上限与重力侵蚀产沙的下限，本书选用每场冲刷试验最后的平均含沙量作为细沟发育成熟后的稳定含沙量，因为堆积体坡面侵蚀过程在细沟侵蚀之后，其含沙量相对稳定，基本反映了试验条件下细沟发育成熟后单纯的水力侵蚀的临界产沙能力。据此，可计算得到堆积体坡面径流冲刷过程中的重力侵蚀部分。

含沙量变异系数在一定程度上反映了堆积体坡面细沟侵蚀过程中重力侵蚀的发生程度，变异系数越小则说明侵蚀过程中含沙量比较稳定，可认为细沟侵蚀过程中很少或没有重力侵蚀发生，反之细沟侵蚀过程中重力侵蚀发生较多。紫色土堆积体细沟侵蚀过程中发生重力侵蚀的可能性较黄壤堆积体大。在堆积体细沟发育过程中，重力侵蚀产沙贡献最大，堆积体坡面细沟沟壁及沟头土体崩塌滑落是影响坡面产沙的重要因素，同时也是导致坡面含沙量波动变化的重要原因。对相同下垫面物质组成及坡长而言，随着堆积体坡度的增加，其重力侵蚀产沙贡献总体上呈增加的趋势，堆积体坡度越大，其径流沿坡面向下的冲刷力越大，堆积体就越容易下切形成细沟，故其重力侵蚀就越容易发生。

3.6 土壤侵蚀与微地形演化关系

1. 微地形对产流产沙的影响

地表糙度一方面可增加径流阻力，减小径流的流速；另一方面又可增加径流深度，增强径流侵蚀力。正是它们的相互作用影响到侵蚀产沙量的多寡。

因而，地表糙度对土壤侵蚀的影响也存在"加剧侵蚀"和"削弱侵蚀"两个相悖的观点。研究认为，地表粗糙度促进侵蚀发生的原因有：虽然粗糙度增大可延缓产流时间，但产流后粗糙度对径流量的大小并无显著影响，在此前提下，地表粗糙度越大径流集中程度更大，加剧局部沟状侵蚀，导致土壤流失增加。不过，地表粗糙度对侵蚀有削弱作用的成果则较多，主要结论有：地表糙度越大地表填洼量越大，能延缓坡面产流并减少产流量；具有较大粗糙度的上表土，雨滴具有较大的冲击角和分布范围，单位面积上雨滴打击力减小，从而减少雨滴击溅侵蚀，延缓表土结皮的形成，且结皮厚度也减小，因此地表入渗率较高。粗糙度消耗了输沙水流机械能，导致水流流速减小，其挟沙、输沙能力降低。因此，地表糙度对泥沙运移的影响是多方面的，最终是直观地增加还是减少土壤侵蚀依赖这两种相反作用结果的相对大小。地表糙度增大时，侵蚀量既可能增大，也可能减小。

2. 微地形对产流和汇流网络特征的影响

降雨—径流形成过程受到许多因素的影响与制约，是一个非常复杂的非线性过程。习惯上，人们把这个复杂的过程概化为产流和汇流两个子过程。虽然地表粗糙度通过对产流和汇流的多方面影响来影响侵蚀产沙，但地表糙度与土壤表面水文学特征间的具体联系还难以量化。地表糙度对径流量的影响较小，但是对径流的空间分布或汇流特征，具有显著影响，进而对土壤侵蚀具有影响。

入渗按其界面的供水方式可分为充分供水入渗和非充分供水入渗或者有压入渗（积水入渗）和无压入渗（无积水入渗）。若地表均整，降雨入渗应为无压入渗。但当地表出现一定的高低起伏时，一定降雨时段后，两种入渗方式均有，即微地形影响着土壤入渗形式。另外，雨滴打击角度因微地形而异，影响着打击力，打击力越大，击溅起的土粒总数越多，堵塞土壤毛管空隙的概率越高，越易形成结皮，从而降低了土壤的入渗性能。

在一次降雨过程中，超过入渗的降水首先被洼地截留，之后洼地逐渐被填满，坡面开始产流。在这个过程中，始终伴随着坡面局部产流、径流汇入洼地和洼地蓄水溢出等过程。大量实验研究证实，与平滑均整的坡面相比，在相同的环境条件下粗糙坡面上开始产流的时间晚、径流量随测流时段波动性强、径流总量小，较大的洼地蓄积量有减小径流和增强入渗的作用。一般的研究认为，地表洼地能够延缓坡面产流 5~10min 左右。

当降雨强度大于土壤的入渗能力后，陆续抵达地面的水质点就会在重力作用下沿坡面边下渗边流动，洼地产流过程呈阶梯状的增长模式。先达到坡面的水质点再沿着坡面流动的同时，受到微坡度和微坡向的变化的影响而随时发生流向的改变，并伴随有填洼、溢出与洼地贯通的作用。起伏的微地形通过蓄、分、溃塌等三种方式影响坡面流的汇集。

3. 坡面细沟形态特征与坡面产沙关系

灰色关联分析显示，放水流量对坡面产沙量的影响最大，其次为水深及流宽。径流宽及水深在堆积体的坡面上直接反映了细沟的发育状况，同时细沟的体积又直接反映了坡面侵蚀产沙量的大小。为深入分析坡面细沟形态特征与坡面侵蚀产沙的关系，本书选取侵蚀沟条数、平均沟宽、平均沟深、细沟密度、细沟宽深比及侵蚀产沙量等指标对其进行相关分析。堆积体坡面的侵蚀产沙量与平均沟深呈极显著正相关关系，这间接说明细沟侵蚀是堆积体坡面侵蚀产沙的主要组成部分，因为细沟深度直接反映了坡面径流对下垫面的下切程度；同时，细沟密度与侵蚀沟条数呈极显著正相关关系，而细沟宽深比与平均沟深呈极显著负相关关系。产沙量与平均沟深呈较好的幂函数关系。考虑下垫面条件对产沙量的影响，不同下垫面产沙量与平均沟深呈幂函数关系。

3.7 堆积体稳定性影响因素研究

工程建设形成的堆积体作为一种物质组成极不均匀的土石混合体，其形态和结构特征受施工工艺、堆积体方式等影响很大，因此影响堆积体稳定性的因素较为复杂。在各种因素的作用下，由于堆积体内土体的抗剪强度降低，进而造成堆积体失稳。堆积体稳定性受多因素的复合作用，主要包括内部因素和外部因素。

1. 内部因素

内部因素主要包括堆积体土体的工程特性、堆积体形态、堆积体所占地的地质地貌、地下水等。堆积体的工程特性包括其物理性质和力学性质。不同种类的堆积体，其物理质和力学性质差异较大。对于母岩类型不同的堆积体，其堆积体的内力作用机制不同，由坚硬致密岩石组成的堆积体，其抗剪强度一般较大，抗风化能力高，水分对其岩性影响较小，故其堆积体较为稳定；而由紫色页岩、片岩等组成的堆积体，则较容易失稳。对于含石量不同堆积体，其抗剪强度及渗透能力不同，从而在相同的条件下其堆积体稳定状况存在较大差异。研究表明，碎石含量在30%~70%，土石混合质的堆积体稳定性较好，主要是因为含石量越大则抗剪强度及渗透能力越大，且堆积体内部越容易形成地下排泄系统，限制地下水位上升，从而保持堆积体稳定。堆积方式不同的堆积体，其土体的物理力学性质差异较大，一般经机器碾压的堆积体容重较大、渗透能力弱、抗剪强度高，故其稳定性较好；未压实的堆积体其稳定性则相反。堆积体形态对其稳定性有直接影响。堆积体形态包括堆积体坡度、坡长、坡度、平面形态、剖面形态和堆积体临空条件等，坡度对堆积体稳定性影响与其岩性及其颗粒级配有关。在一定条件下，坡度越陡则堆积体越容易失稳，坡度越缓则堆积体越稳定；坡高越大，对堆积体稳定越发不利；平面形态呈凹形的堆积体较呈凸形的堆积体稳定；同是凹形堆积体，堆积体等高线曲率半径越小，越有利于堆积体稳定。地质地貌对堆积体稳定性的影响主要体现在结构面产状、发育程度、规模、连通性及充填程度；对结构面而言，结构面走向与堆积体坡面走向的关系决定了可能失稳堆积体运动的自由程度，结构面走向与坡面走向的夹角越大，其对堆积体的稳定性越不利；结构面充填软弱物质则会降低堆积体的抗剪强度，不利于堆积体稳定。

2. 外部因素

外部因素主要包括降雨、堆积体植被、外力作用、风化作用以及人类活动等。降雨是引起堆积体失稳的主要原因：在一定的降雨条件下，坡面形成的地表径流会对堆积体造成冲刷破坏；雨水入渗将土体中的细小颗粒及胶结物质带走，减小了土体的黏聚力和内摩擦角，下渗水分还会增加坡体容重，导致土体的下滑力增大；雨水入渗引起坡体内孔隙水压力上升，降低滑动面上的有效正应力，导致滑动面的抗滑力减小，进而使整个堆积体失稳。降雨与堆积体的失稳关系较为复杂，堆积体失稳还与前期降雨、降雨量、降雨历时、降雨强度、降雨雨型等有关。因此，生产单位应根据当地的降雨特征，在雨季来临前做好堆积体的临时性保护措施或堆积体防护措施，以防发生滑坡等土壤侵蚀。堆积体植被状况是影响堆积体稳定性的重要因素。植被对堆积体的影响主要包括植被的水文地质效应及力学效应。植被一方面通过其地上部分重新分配降雨并降低雨强、减少水分入渗及径流形成；另一方面根茎吸水和叶面蒸发可降低坡体水分及地下水位，再者有机生命体根系网络可固结土体，提高土体的抗剪强度及抗侵蚀能力，当根系嵌入基岩可起到锚筋作用，成为支撑坡体的拱座。因此，生产单位在对堆积体进行植被恢复时，在考虑景观效果的同时尤其应注意选择根系发达且根系抗拉强度较大的植物，以稳固堆积体。外力作用是堆积体失稳的重要因素之一，如地震、爆破、机械振动等，都能引起堆积体内部应力变化，进而影响堆积体稳定性。地震作用下岩土体受到地震加速度的作用而增加下滑力，堆积体岩土体可能发生变化甚至破坏，使原结构面张裂；地震振动对土体的压实还会增大孔隙水压力，降低土体抗剪强度并形成潜在滑动带；因此，堆积体的选址应注意避开地震区域，并做好堆积体植被恢复及工程防护措施。风化作用对堆积体失稳的影响主要体现在风化促使岩体强度减弱、形成和扩大岩体裂隙断面以及形成次生黏土矿物。长期风化作用可使岩体的抗剪强度减弱，沿裂隙风化时可降低结构面强度，并使岩体产生脱落或崩塌、滑移、堆积等。人类活动对堆积体稳定性的影响存在两面性：适宜的人类活动可增强堆积体稳定性，而不适宜的人类活动可对堆积体的稳定性产生不利影响。堆积体的不合理设计、开挖或加载，大量施工用水的渗入及爆破等都能造成堆积体失稳。

3.8　小结

土壤侵蚀造成的社会经济损失惨重。对堆积体土壤侵蚀的特征及风险尽可能做定量研究，有助于堆积体土壤侵蚀防治的科学化。有一定植物覆盖度的堆积体土壤侵蚀风险相对较低，这启示我们运用植物防治堆积体土壤侵蚀有助于生态宜居环境的构建。腐朽的植物根茎含蓄水源，不利于堆积体稳定；但运用有生命力的植物防治堆积体土壤侵蚀是一条值得探索的路子。

4

根系固土试验与计算模型

 本书在借鉴学者研究成果的基础上，结合研究区堆积体破坏特征及治理的工程实践，立足生态宜居理论和环境岩土力学理论，对堆积体地质环境条件进行调查、取样、分析，选取狗牙根植物为防治土壤侵蚀的切入点，获取狗牙根植物的生长发育环境、根系特征参数在坡体中的分布规律，做现场双环入渗试验与室内土体水力学特性试验，研究植物堆积体水力特性；做含根土体直剪试验，用单点面积应力修正法探讨含根土体抗剪强度；提出降雨条件下植物堆积体稳定性计算模型，并用试验得到的参数对提出的稳定性计算模型进行算例分析，分析降雨作用对植物堆积体浅部稳定性的影响。采用联系工程实践、做调查、做试验、做分析总结、建立计算模型并验证的思路，对植物根系固坡机理做深入研究。针对研究内容，研究分为资料整理分析、样地调查研究、测试与分析、建模与验模四个环节，如图4-1所示。

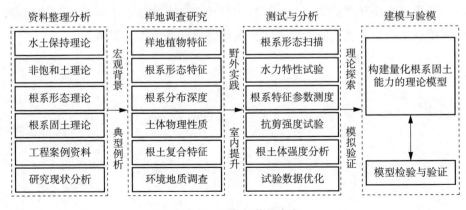

图4-1　研究环节与内容

具体研究内容包含以下四个方面：

（1）探讨植物生长环境与根系参数分布规律。对研究区域工程地质、降雨特征、坡体特征做调查分析，测算堆积体表层土体团聚体特征及土样性质，研究植物的生长发育环境；采集土样与根系试样，做植物根系生长形态调查并测算根系特征参数，研究植物根系形态与根系特征参数在坡体中的分布规律。

（2）研究植物根系对堆积体土体基质吸力的影响与含根土体的水力特性。通过现场埋设含水量传感器、张力监测设备、双环入渗试验，分析根系对土体基质吸力大小的影响、根系对入渗速率的影响及根系对土体基质吸力的影响；通过室内土水特征曲线试验，研究含根土体的水力特性。

（3）研究植物根系对含根土抗剪强度指标的影响。通过原状与重塑含根土体应变控制式直剪试验，观察含根土体在直剪试验中的破坏特征，建立根系特征参数与抗剪强度指标间的表达式，引入单点面积正应力剪应力修正理论对直剪试验数据精度做深入探讨；分析根系倾斜角度变化、含水率变化对含根土抗剪强度指标的影响。

（4）推导出了雨水入渗时的孔隙水压力解析解、湿润锋深度解析解，建立植物根系固坡稳定性计算模型并进行验证。通过现有非饱和含根土体抗剪强度理论、草本植物须根系加筋理论、含根土体孔隙水运移规律，考虑降雨与草本植物根系耦合作用，推导不同雨强时植物堆积体含根土体与无根土体在雨水入渗情况下的湿润锋深度解析解、孔隙水压力解析解，探讨潜在滑移面在坡体不同深度处的堆积体浅部稳定性计算模型；根据试验成果，运用所提计算模型获取不同雨强时植物堆积体与裸坡的入渗情况与安全系数，对提出的各工况计算模型适用性进行对比分析，分析根系对堆积体土体强度的改善。

4.1　坡体特征与土体特征

本书以宜阳境内堆积体为调查对象，收集整理研究区降雨诱发堆积体失稳资料，选取工程地质条件相似的有代表性的堆积体与裸坡为研究样地，用工程地质测绘手段获取研究样地的形态特征；通过室内试验获取土的物理力学性质指标，分析有狗牙根土与无狗牙根土的土体团聚体特征；通过探槽，沿深度方向观察、测量植物根系分布形态及特征参数。

4.1.1 堆积体坡体特征

研究样地的选择需保证坡体特征、土质条件、植物条件等因素相一致，存在潜在危害，易于采集土体试样、根系试样及实验开展。济洛高速洛阳段工程建设活动强烈，房屋、高速公路、铁路、滨河公园等基础设施密布，在雨季部分路段已有植物堆积体失稳现象，存在严重危险性评估问题，经对研究区植物堆积体进行筛选，故选其为研究样地。本次研究的植物堆积体位于济洛高速洛阳段生态工程堆积体防护区域内，该段高速公路穿越伊河、洛河、丘陵、工程建设活动密集区，沿途多为路基堆积体、少量挖方路基，用植物做生态防护的堆积体大量存在。本书根据搜集到的遥感影像资料，采用布点法，通过踏勘，应用 GPS、罗盘仪、卷尺等工具测绘并整理研究样地坡体特征数据。堆积体土体中地下潜水埋藏深度标高远低于坡脚标高，无局部土层滞水，可忽略堆积体内地下潜水与局部的土层滞水对堆积体浅部稳定性的干预。坡面草本植物主要是生长 2 年的植物，蒸腾速率 0.275mm/h。研究样地简况见表 4-1。

表 4-1 研究样地简况

样地坡面	经纬度		海拔/m	坡度/°	坡向	生长年限/年
草本植物	E112°31′35″	N34°37′10″	134.19		南坡	2
	E112°32′50″	N34°37′47″	126.89	45	南坡	2
	E112°31′57″	N34°40′55″	125.48		东南坡	2
无植物	E112°32′27″	N34°41′28″	125.18	45	南坡	——

4.1.2 植物堆积体土体特征

植物堆积体土体特征是分析堆积体是否稳定的基础，本书根据野外调查结果、结合已有学者研究成果，综合考虑确定植物堆积体土体调查厚度为200cm。自坡面沿深度方向向下，0~20cm 深度范围内植物堆积体土体团聚体影响堆积体抗侵蚀能力，是维持土体结构稳定的关键因素，显著影响着雨水及土体水的入渗、径流、侵蚀特性；20cm 以下坡体土体重度、含水率、孔隙率等基本物理性质指标是研究堆积体稳定的前提，且部分深度范围内受植物根系影响，或生长有根系，或受根系间接影响。因此，0~20cm 深度范围内土体在本书中引入土体学中土体团聚体概念，通过采样及室内试验，获取 0~

20cm 深度范围内土体的物理性质及其团聚体特征、20~200cm 深度范围内土体的基本物理性质；为了分析植物根系对土体特征的影响，做素土试样的室内试验并获取其物理性质与团聚体特征。

1. 土样采集

2017 年 6 月在研究区域某高速段选取植物覆被下的含根土体堆积体及裸坡进行土样采集。在植物覆被堆积体及裸坡条件下选取代表性地段，其中狗牙根覆被率接近 100%，使用 GPS 定位，各设置 6 个（1m×1m）样方，每个样方人工挖探槽并沿探槽深度向下用环刀、切土刀、陶瓷工具取原状土，0~20cm 深度范围内取土体样分析其团聚体特征、20~200cm 深度范围内取土样获取土体基本物理性质数据，以备实验室测定土体及土体特征；书中数据为重复 6 次后的平均值。在土样采集和运移过程中力求降低对含根土样与无根土样的扰动影响，以免破坏含根土样与无根土样的原状根土结构与土体团聚体。

2. 土样性质测定

土样性质测定分为两块：0~20cm 深度范围内植物堆积体与裸坡土体团聚体测定，20~200cm 深度范围内植物堆积体土体与裸坡土体物理性质指标测定。受植物根系影响，坡面表层土体的团聚体结构是堆积体土体结构重要的基本组成单元，团聚体结构影响着堆积体浅部土体持水能力、孔隙通透性，会对雨水向地下水转化、入渗侵蚀、水土流失产生积极影响，其理化生性能的退化会引起地表植物的退化，导致环境调控潜力的下降（张磊，2015）；深入认识研究样地植物堆积体土体团聚体特征有助于分析降雨条件下堆积体的浅层稳定性。获取研究样地植物堆积体土体物理性质参数，是堆积体稳定性分析的前提。

3. 土体团聚体特征

在尽量不破坏土样自然结构情况下用沙维诺夫干筛法获取土体机械稳定团聚体含量，用沙维诺夫湿筛法获取土体抗侵蚀能力的水稳性团聚体含量；用到的土体水稳定性团聚体参数指标有土颗粒粒径大于 0.25mm 的水稳定性团聚体质量含量（WSAC）、土体团聚体结构破坏率（PAD）、土体团聚体平均重量直径（MWD）、土体团聚体分形维数（FD）（张磊，2015）。用 WSAC 评价土体团聚体稳定性；用 MWD 表达土体团聚体各粒级级别分布情况，MWD 值越大，说明土体团聚程度越高、土体整体稳定性越好；用 PAD 反映土体团体崩解并破碎特性，PAD 值越大，说明堆积体土体越容易被侵蚀破坏掉、稳定性越差；用 FD 显示土体物理性质优劣，FD 值越大，说明土体物理性质与团聚体结构稳定性越差（张磊，2015）。

选择研究样地有植物覆被堆积体与裸坡条件下坡面向下 0~20cm 深度范围内表层土体进行分析；采用环刀法测算这部分土体的孔隙度、密度及通气度，环刀规格：内径 61.8mm、高度 20mm；采取氧化稀释热—硫酸与重铬酸钾容量法测量土体有机质。0~20cm 深度范围内植物堆积体与裸坡土体的孔隙度、密度、通气度、有机质含量物理性质数据如表 4-2 所示。

表 4-2 一定深度范围内堆积体浅部土体特性数据

坡面特征	密度/(g/cm³)	孔隙度/%	通气度/%	有机质含量/(g/kg)
植物	1.63	48.85	28.85	40.8
裸坡	1.65	42.45	20.65	19.5

试样制备时在实验室沿土块体自然结构将采集到的原状土掰成约 1cm 大小的块状土，清理掉枯根、落叶、块石、小动物遗体等杂物，自然风干。干筛法是将 100g 风干的试验用土样置于一套筛子孔径依次为 5mm、2mm、1mm、0.5mm、0.25mm 的套筛设备顶部筛子上，以一分钟 30 次的频率人工用手上下振动 5 分钟，称量各级孔径筛子上余留的土体团聚体质量，测定粒径大于等于 5mm、2~5mm、1~2mm、0.5~1mm、0.25~0.5mm、小于等于 0.25mm 土体粒径含量；湿筛法是取 100g 风干的试验用研究样地土样置于容积为 1L 的量筒容器中，沿量筒边沿缓缓加注去离子的水直到风干土样达到饱和状态，然后将注水饱和状土样挪移至放置于水桶容器中的一套筛子孔径依次为 5mm、2mm、1mm、0.5mm、0.25mm 的套筛设备顶部筛子上，用振荡仪设备以每分钟 30 次的频率电动机械上下振动 5 分钟，然后将各级孔径套筛筛子上余留的土样放置在铝盒容器中并在恒温烘箱中烘干称重量（烘箱温度 105℃），测定粒径大于等于 5mm、2~5mm、1~2mm、0.5~1mm、0.25~0.5mm、小于等于 0.25mm 土体颗粒粒径含量；根据试验获取的不同粒级的团聚体重量、平均直径、质量百分数等数据分别计算 WSAC、MWD、PAD、FD 参数，其数据处理与各参数获取方法如式(4-1)，土体团聚体组成见表 4-3。

$$
\begin{cases}
\mathrm{WSAC} = \sum_{i=1}^{n} (W_i) \\[2mm]
\mathrm{MWD} = \sum_{i=1}^{n} (\overline{X}_i \cdot W_i) \\[2mm]
\mathrm{PAD} = (m_d - m_w)/m_d \times 100\% \\[2mm]
\mathrm{FD} = 3 + (\lg X_{\max} - \lg \overline{X}_i)/(\lg M_i - \lg M)
\end{cases}
\tag{4-1}
$$

式(4-1)中，W_i 表示土体不同粒级团聚体重量(g)，$\overline{X}_i$ 表示某级团聚体平均直径(mm)，m_d 表示干筛方法取得的土体团聚体粒径大于 0.25mm 的土体质量百分数(%)，m_w 表示湿筛方法取得的土体团聚体粒径大于 0.25mm 的土体质量百分数(%)，M_i 表示粒径小于某级团聚体平均直径的土体团聚体质量(g)，M 表示测定土体团聚体的总质量(g)，$X_{\max}$ 表示土体团聚体的最大粒径(mm)。

表 4-3 土体团聚体组成

坡面特征	试验方法	深度/cm	各级粒径质量百分比/%					
			>5mm	2mm~5mm	1mm~2mm	0.5mm~1mm	0.25mm~0.5mm	<0.25mm
植物	干筛法	0~20	18	26	16	21	3	16
裸坡			19	37	16	14	2	12
植物	湿筛法	0~20	11	15	13	22	2	37
裸坡			2	3	8	15	4	68

干筛法获取的植物堆积体与裸坡土体机械稳定性团聚体质量百分比直方图如图 4-2 所示。植物堆积体土体与裸坡土体团聚体参数各粒径质量百分比整体差别不大，这可能是由于自然风干的土样包含一些非水稳性团聚体成分；有较大区别的是土体团聚体粒径在 2.0mm~5.0mm 时，这可能是由于裸坡土体该粒径段单个土颗粒粒径含量较多的缘故；湿筛法获取的植物堆积体与裸坡土体水稳性团聚体质量百分比直方图如图 4-3 所示，植物堆积体 0.25~0.5mm 土体粒径质量百分比最小，裸坡大于 1mm 土体粒径质量百分比最小，小于 0.25mm 土体粒径质量百分比最大。对比图 4-2、图 4-3，可直观地看到加去离子水至饱和后细粒占比相对于干筛法显著增加，特别是粒径小于 0.25mm 质量百分比显著增加(植物堆积体为 21%、裸坡为 56%)，湿筛法裸坡粒径小于 0.25mm 质量百分比较植物堆积体粒径小于 0.25mm 质量百分比高出 31%；表明与植物堆积体土体相比，裸坡土体遇水更易崩解。对比干筛法

与湿筛法，湿筛法获取的土体水稳性团聚体数据更能反映堆积体土体团聚体特征，更能反映降雨对堆积体土体水力特性的影响。

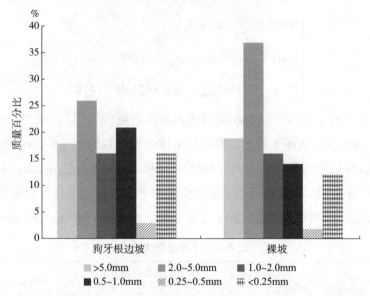

图4-2 干筛法两类堆积体土体团聚体质量百分比

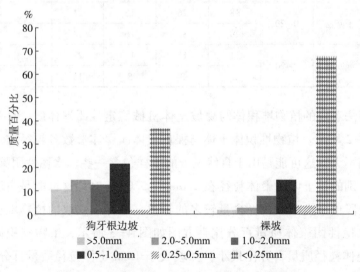

图4-3 湿筛法两类堆积体土体团聚体质量百分比

根据式(4-1)，应用土体团聚体组成数据确定 WSAC、MWD、PAD、FD 参数；由于 WSAC、PAD 都为土体团聚体质量百分比率，且在一个数量级，MWD、FD 都为土体团聚体几何参数，且在一个数量级，所以将植物堆积体与裸坡土体的 WSAC、PAD 放在一起比较，如图 4-4 所示；将 MWD、FD 放在一起比较，如图 4-5 所示。

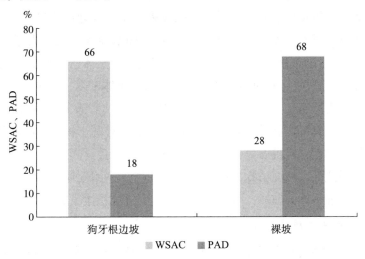

图 4-4　植物堆积体与裸坡 WSAC、PAD 直方图

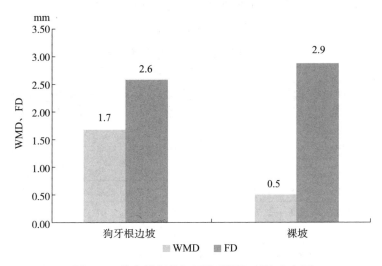

图 4-5　植物堆积体与裸坡 WMD、FD 直方图

由图 4-4 可知，植物堆积体 WSAC 明显高于裸坡 WSAC，表明植物显著改善了堆积体土体水稳性能；植物堆积体 PAD 明显低于裸坡 PAD，预示着植物能显著提高堆积体表层土体的抗侵蚀能力。由图 4-5 可知，植物堆积体 WMD 明显高于裸坡 WMD，表明植物增大了堆积体土体团聚度；植物堆积体 FD 略低于裸坡 FD，植物堆积体土体结构稳定性稍好于裸坡土体结构稳定性，说明研究样地植物对改善堆积体表层土体结构稳定性效果不明显。

结合 0~20cm 深度范围内堆积体土体的物理性质，发现除土体密度外，植物堆积体表层土体物理性质参数均高于裸坡表层土体物理性质参数，特别是有机质含量植物堆积体土体明显高于裸坡土体，即水稳性团聚体指标中 WSAC、MWD 与孔隙度、通气度、有机质含量呈正相关，与土体密度呈负相关；PAD、FD 与孔隙度、通气度、有机质含量呈负相关，与土体密度呈正相关。这说明土体重度越大，土体密实，保水能力差，团聚程度弱，导致其抗水蚀能力越弱；孔隙度、通气度大可能是受植物根系影响，其值大有利于植物呼吸作用、改善土体团聚体稳定性；有机质对土体团聚体有促进作用，这可能与有机质中有机胶体有关。因此保育坡面植物有助于改善堆积体土体团聚体结构状况，降低雨水入渗侵蚀对堆积体的破坏，防治水土流失，促进堆积体浅层稳定。

4. 土样物理性质特征

按照土工试验方法标准（GB/T 50123—1999），对从研究样地取回的 20~200cm 深度范围内土体做土工试验：首先用原状土获取天然密度、含水率数据，其次利用重塑土获取其他物理性质参数。通过室内土工试验获取的植物堆积体与裸坡土体基本物理性质数据如表 4-4 所示。

表 4-4　堆积体土体常规物理性质数据

坡面	深度/cm	密度/(g/cm⁻³)	含水量/%	土粒比重	液限/%	塑限/%	孔隙比	孔隙率/%	饱和度/%	饱和体积含水率/%	残余体积含水率/%
有植物	30	1.63	16.9	2.70	27.2	17.0	0.936	48	49	23.6	4.9
	50	1.65	17.3	2.69	27.8	17.5	0.912	48	51	24.3	4.9
	100	1.66	17.8	2.69	27.7	17.2	0.909	48	53	25.1	5.0
	150	1.70	18.3	2.70	27.8	17.9	0.879	47	56	26.3	4.8
	200	1.72	18.9	2.69	27.6	17.6	0.860	46	59	27.3	4.8
无植物	30	1.65	16.2	2.69	27.1	17.2	0.894	47	49	23.0	4.9
	50	1.66	16.7	2.69	27.6	17.6	0.891	47	50	23.8	4.8
	100	1.69	17.2	2.70	27.7	17.6	0.872	47	53	24.8	4.9
	150	1.70	17.8	2.69	27.5	17.3	0.864	46	55	25.7	4.9
	200	1.73	18.1	2.70	27.6	17.8	0.843	46	58	26.5	4.8

根据土工试验方法标准（GB/T 50123—1999）中颗分试验部分规范，用筛析法（细筛）对研究样地植物堆积体、裸坡沿深度方向所取土样做颗分试验，每一深度处试验用土 200g，首先在盛水容器中进行粗细颗粒分离，放入上下

振动振筛机，振筛时间 10min，对各孔径筛子上土样烘干称重，堆积体颗分试验结果见表4-5。

表4-5　堆积体颗分试验结果

坡面	深度/cm	各粒径(mm)段占总量百分比/%						定名
		2~20	1~2	0.5~1	0.25~0.5	0.075~0.25	<0.075	
植物	30	3.2	5.1	6.6	13.2	21.6	50.3	粉质黏土
	50	3.4	6.7	8.6	23.7	20.6	37.0	粉砂
	100	4.6	3.3	6.7	17.8	15.4	52.2	粉质黏土
	150	5.2	4.1	6.0	14.8	18.9	51.0	粉土
	200	3.1	5.2	7.4	17.3	17.9	49.1	粉砂
裸坡	30	2.1	3.5	9.1	20.1	15.0	50.2	粉土
	50	3.1	4.6	3.8	21.2	19.3	48.0	粉砂
	100	4.5	2.3	6.2	16.8	16.9	53.3	粉质黏土
	150	5.5	7.7	8.1	18.9	20.1	39.7	粉砂
	200	2.5	5.2	7.4	11.6	20.8	52.5	粉土

对表4-4堆积体土体常规物理性质数据(液限值、塑限值)和颗分数据(见表4-5)进行综合分析，将研究样地土体定名为砂质壤土。

4.1.3　植物根系特征

植物的分布密度、生长年限等因素严重影响着护坡效果。本书之所以选取狗牙根为研究对象，是因为狗牙根植物在研究区域广泛分布，既是生态护坡中普遍采用的绿植，又是土体种子库自发生长的天然须根系植物，具有很强的代表性。生长在道路与梯田之间陡坎上的狗牙根植物如图4-6所示。

图4-6　狗牙根植物及其根系

狗牙根植物物种通常可分为普通种和改良种两类(李珍玉，2017)。普通狗牙根植物是堆积体工程中普遍应用的绿地型狗牙根，主要品种与品系有 Tift 狗牙根、岸杂1号狗牙根、海岸狗牙根、萨旺尼狗牙根和米德兰狗牙根等(宋相兵，2014)。狗牙根为多年生草本喜光植物，喜生在 pH 值为 6.5 左右的肥沃且排水良好的土体，植株低矮，绿期长(在研究区域绿期为 240 天左右)，耐践踏，不耐寒；广泛分布在城镇村周边、道旁河岸、绿地公园、荒地山坡。狗牙根植物叶子一般呈线形的扁平状，长 37~81mm，宽 1~2mm，叶端尖长且叶边沿呈锯齿状，叶色浓绿，叶鞘有脊；结实力差，但种子成熟即脱落，具有自播能力，繁殖能力强大、极具生命力；生长 2 年左右的狗牙根根茎直径一般在 0.1~0.9mm，属须根系植物，须根细小而坚韧，但分布较浅(根系生长范围多在 0~40cm 的土体深度范围内)，具有根状茎和匍匐茎，匍匐茎向水平方向生长发育，长度可达 110cm，匍匐茎的节向下生根，腋芽可生茎并复再生枝，根茎枝节盘根错节，株与株之间在坡面上能互相交织穿插、生长蔓延迅速，可很快呈网状草坪，形成庞大草本植物群落，具有很好的抗逆性和耐盐碱性(姚环，2007)。狗牙根植物的这些特性，特别是根系发达的特性能显著降低雨水的溅蚀与入渗侵蚀，改善堆积体土体的物理力学特征，是生态护坡的优势选种对象。

1. 根系采集

试验用狗牙根根系需充分体现植物生物活性，本书挑选植株分布均匀、生长状况良好的狗牙根根系，以便研究其分布形态与强度，分析其对堆积体浅部稳定性的影响。研究样地狗牙根生长年限为 2 年，按照狗牙根根系生长规律，自上而下分层有序观察、采集；考虑指标可靠度问题，做 6 次重复。首先清理表层杂物，开挖 1.0m×1.0m 探槽，挖至土层中不再有根系为止，进行观察，发现狗牙根根系在土层中主要分布深度在 0~50cm，取样深度划分为 0~10cm、10~20cm、20~30cm、30~40cm、40~50cm 五层，现场挖取长宽高尺寸为 10cm×10cm×10cm 试样，沿深度方向每隔 10cm 切取一试块，调查直径在 0.2~1mm 的狗牙根根系，观察每个切面上根系分布。剔除干扰根系及杂质，在尽量不破坏根系的情况下，用水流冲洗仪缓缓清洗掉狗牙根根系携带泥土及各种杂质，并用吸水纸吸干。现场采集与清洗后的狗牙根根系如图4-7所示。

图 4-7　现场采集与清洗后的狗牙根根系

2. 根系生长形态

一株植物具有的根的总体称为根系，根系生长形态既和植物养分吸收有着密切关系，又是根系在土体中的分布及空间造型，学者（嵇晓雷，2013；毛伶俐，2007）一般用根的数量、根系分叉数量、单根根长、总根长、根系表面积、根系重量、根系体积、根系上附根毛数量、根系长度等根系生长形态参数来描述根系。根系生长形态学研究目前主要有两个方向：一是用根的数量、总根长、根表面积、根分枝数等参数来表征的根形态；二是用同一根系中的须根系或直根系在土体中的空间分布生长形态与造型表征根系构型。在特定的位置梯度下，根系生长形态分布方式是通过根系拓扑学参数的测定来表示的；此外，根系生长形态包括立体几何形态与平面几何形态，因此准确描述根系生长形态是复杂的。为便于室内试验获取重塑根土强度与原状根土强度之间的定量关系，简化试验作业，本书选择与堆积体生态防护效果最为密切的指标进行分析，有效指导工程实践。试验选取根长密度、根系密度、根体积三项指标分析研究样地植物根系生长形态。首先应用数字化扫描仪扫描根系，用根系图像分析软件处理根系扫描图像，进行根系形态指标定量分析，扫描、处理、获取植物根系形态。

根长密度（RL）为土体单位体积内根系长度的总和。根系密度（RD）反映根系对室内重塑含根土样强度的影响，存在最优 RD 使含根土样强度最高，因此 RD 对有植物堆积体浅部稳定性有不同程度的影响，衡量单位体积土体中根系密度可以用"根的生物量集度"法。根体积(R_V)是单位体积土体内植物根系的体积，用于衡量根系空间分布参数，反映根系在土体中的生长分布情况及延伸特点，用于分析根系对土体水力特性的影响；采用浸水法，将植物根系浸入装满水的容器中，忽略浸水过程中根系吸收的水分(测量容器排出水的体积)获取 R_V 参数，R_V 计算公式见式(4-2)；对根体积沿地层深度方向研究，有助于获得含根土体部分强度参数。

$$R_V = \frac{\sum_{i=1}^{n} \pi d_i^2 \Delta h/4}{\pi D_r^2 \Delta h/4} \qquad (4-2)$$

本书对植物根系分布深度(0~40cm)内各土层深度范围的 RL、RD、R_V 进行量测与统计(见表4-6)；为便于对比分析根系形态参数分布规律，保留40~50cm 深度根系形态参数为零的数据；RL、RD、R_V 随土层深度方向的变化趋势分别如图4-8、图4-9、图4-10所示。

表4-6　根系形态指标分布

Z/cm	0.0~10.0	10.0~20.0	20.0~30.0	30.0~40.0	40.0~50.0
RL/(cm/dm³)	59.3	29.6	16.8	5.4	0.0
RD/(根/dm³)	12	7	5	3	0
R_V/(cm³/dm³)	0.175	0.085	0.050	0.015	0.000

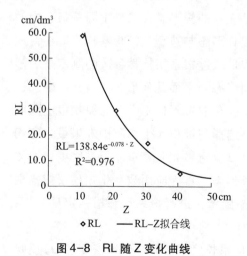

图4-8　RL 随 Z 变化曲线

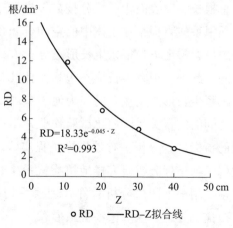

图4-9　RD 随 Z 变化曲线

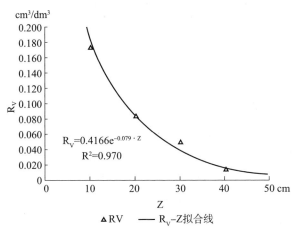

图 4-10 R_V 随 Z 变化曲线

根据图 4-8、图 4-9、图 4-10，植物根系 RL、RD、R_V 沿 Z 向下均呈指数函数递减趋势。统计植物根系三项生长形态指标在 0~30cm 深度范围土体内占总根量的比例依次为 93.6%、85.2%、93.8%，在 30~50cm 深度范围内 RL、RD、R_V 依次占到总根量的 5.3%、11.1%、0，在 40cm 深度以下 RL、RD、R_V 占总根量的比例均为 0，说明植物各根系生长形态指标均随土层深度的加深而递减，且根系主要分布在 0~30cm 段土体内。这些根系生长形态指标数据的变化趋势说明植物浅层根系发达，须根分枝能力强。

观察现场采集、清洗后的植物根系，用游标卡尺现场测量发现根系直径多在 0.5mm 左右，根系直径差别不大。虽然根系细小，但分蘖节处又分生新的更细小的根系，且新生的须根系数量众多，每一级根的侧根发育，部分根系呈竖直、倾斜(沿铅锤方向两侧倾斜角度范围 30°~75°)状分散分布，从欧氏几何的角度可被认为是无序分生结构，构成一个复杂交错的不规则几何体。植物根系形态照片及扫描图也直观地反映了根系在土体中呈一定倾斜角度不规则分布的造型。结合植物根系生长形态指标沿土层深度方向分布规律(呈指数函数递减)，植物根系形态可用倒三角形概括。这可能是植物根系与土体缠绕黏结形成网絮状含根土体、起到加筋作用、增强抗剪强度的主要原因之一。

由于试验中采集植物根系数量有限，且各根系生长形态指标有一定的数据离散性，为了便于开展室内含根土体抗剪强度试验，更好地模拟植物根系生长形态对土体强度的影响，综合分析室内重塑的植物堆积体含根土体试样抗剪强度直剪试验的根系分布形态或根系倾斜角度采用根系与直剪试验剪切面呈 30°、45°、60°、75°、90°的布设角度开展。

3. 根系特征参数

根系特征参数影响着土体抗剪强度及基质吸力(Jakob M.，2003；Schwarz M.，2010)，本书从根系横截面积比(RAR)、根表面积指数(RAI)两项根系特征参数入手，获取研究样地植物根系特征参数。RAR 是在某一深度水平横截面上所有根系的总横截面积与该深度土根系最大延展深度土体总横截面积的比例，量化对含根土体抗剪强度参数的增量；RAI 是在特定深度纵向截面上根系表面积与水平方向上根伸展区域面积的比值，用于分析土体吸力分布及土体持水能力曲线。

应用游标卡尺测量每隔 50mm 深度截面上植物根系直径，剔除占比小的、不易测量的直径小于 0.05mm 的植物根系，并按 0.05mm 的尺寸对被测量的每一直径范围内的植物根系数量进行统计归类，获取 RAR 参数数据。运用图像分析法测量 RAI。测量过程中，首先用高分辨率相机全方位拍摄植物的根系，通过叠加处理不同方位图像的方法生成完整的三维根系图片，再将生成的根系图片栅格化，每个栅格的大小设置为等同于图片像素的大小，将计算深度内所有根系的栅格累加起来，并按每毫米 12 个像素的转换系数计算植物根系面积指数；通过测量植物根系在水平方向上的最大延伸长度，并将其作为横截面圆的直径，计算植物根系水平面积。RAR 计算公式如式(4-3)所示，RAI 计算公式如式(4-4)所示：

$$RAR = \frac{\sum_{i=1}^{n} \pi d_i^2/4}{\pi D_r^2/4} \qquad (4-3)$$

$$RAI = \frac{\sum_{i=1}^{n} \pi d_i \Delta h}{\pi D_r^2/4} \qquad (4-4)$$

式中，Δh 为计算深度，取 10mm；d_i 为第 i 根根系的直径(mm)；n 为根系总数目(根)；D_r 为根系在水平方向上最大延伸长度。

沿土层深度方向，每隔 10cm 获取各调查深度范围内植物根系平均直径、根系数量、RAR、RAI(见表 4-7)。表 4-7 中数据为 6 次平行试验所得的均值。

表 4-7 根系平均直径、根系数量、RAR、RAI 沿土层深度分布

Z/cm	根系平均直径/mm	根系数量/个	RAR/‰	RAI
0~10.0	0.85	133	1.064	0.501
10.0~20.0	0.56	57	0.199	0.142
20.0~30.0	0.38	36	0.058	0.061
30.0~40.0	0.31	21	0.022	0.029
40.0~50.0	0.00	0	0.000	0.000

对表 4-7 中植物根系 RAR 随土层深度的变化规律进行拟合，拟合曲线及规律表达如图 4-11 所示；植物根系 RAI 随土层深度的拟合曲线及规律表达如图 4-12 所示；图 4-11、图 4-12 中 Z 为土层深度，R^2 为决定系数。对比分析图 4-11、图 4-12，虽然植物根系分布深度较浅、数据点较少，但根系横截面积比、根表面积指数沿深度方向的分布规律较强，均呈指数函数递减的规律。

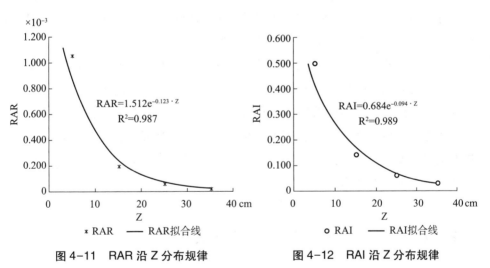

图 4-11 RAR 沿 Z 分布规律   图 4-12 RAI 沿 Z 分布规律

对植物根系 RAR 与 RAI 进行拟合，如图 4-13 所示，拟合规律表达如式(4-5)所示。图 4-13 显示植物根系横截面积比与根表面积指数之间存在着线性关系。根系表面积指数远大于根系横截面积比，RAI/RAR 比值越高，说明根系吸水能力越强，从而可以充分发挥植物根系增强土体吸力的作用，对增强土体抗剪强度和维持堆积体稳定性有着重要意义。

$$RAI = 0.456 \cdot RAR + 0.022 \quad (R^2 = 0.991) \tag{4-5}$$

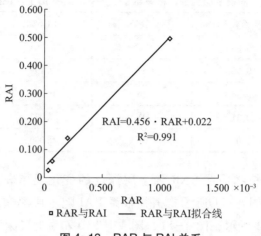

图 4-13　RAR 与 RAI 关系

植物根系特征参数数据及图表显示：根系特征参数随土层深度增加呈指数函数递减，根系主要分布在 0~30cm 段土体内，30~40cm 段土体根系特征参数骤减，40cm 以上根系特征参数为零，说明植物浅层根系发达；这与用植物根系生长形态指标描述所得结论相一致。RAI 与 RAR 之间线性拟合度较高，RAI 随着 RAR 的增大呈线性增大；用 RAI 分析植物根系对土体吸力及土体持水能力曲线的影响，用 RAR 量化根系对土体抗剪强度的影响。

综上，获取了植物根系形态分布规律与根系特征参数间的规律表达，发现植物边坡中根系密度、根长密度、根体积、根系横截面积比、根表面积指数沿土层深度向下均呈指数函数递减规律，根表面积指数随根系横截面积比的增大呈线性增大规律。

4.2　根土复合体水力特性试验研究

非饱和土体的水力特性主要是土体吸力随含水率的变化而变化及渗透系数随土体吸力的变化而变化，前者表征为土—水特征曲线（SWCC），后者表征为水力传导方程（HFC）（Rees S. W., 2012；Romano N., 2011；Tony L. T. Zhan, 2013）。土体持水能力与水力传导系数是堆积体稳定分析中的重要参数，根系作为土体的组成部分影响到土体持水能力与土体的渗透系数，考虑根系对土体水力学特性的影响，有助于正确分析降雨过程中含根系土体的吸力变化，进而合理研究植物根系对植物堆积体浅层稳定性的影响。由于根系的掺入，含根土体的 SWCC 与 HFC 表现出异于非饱和无根土体的特征：既有根系吸水（蒸腾作用）随时间持续对土体吸力的影响，又有气象环境条件随时间变化对土体吸力的影响。本书选择植物堆积体为研究对象，通过现场埋设的张力监测计、含水率传感器及马氏管双环入渗试验，结合根系特征参数（RAI）研究含根土体水力特性；并与室内体积压力板仪获取的土体吸力随含水率变化、渗透系数试验数据做对比分析。

4.2.1　现场双环入渗试验

土体渗透系数影响着坡面积水情况，当降雨强度大于等于堆积体浅部土体入渗速率时坡面会有积水产生，反之则无积水，土体渗透速率是降雨过程中影响堆积体土体基质吸力变化的重要因素之一，其中坡面有积水时降雨入渗转化为常水头入渗，这时的堆积体浅部土体稳定降雨入渗速率、累计降雨入渗量可通过现场埋设含水率传感器与原位双环入渗试验得出（王维早，2017；宋相兵，2014）。为查明研究区域降雨诱发植物堆积体失稳规律、研究植物根系对土体入渗速率的影响、总结适用于研究区域砂质壤土植物堆积体土体水力特性模型，本书结合研究区域降雨诱发堆积体失稳的降雨特征数据，在研究样地选择土体饱和渗透系数相当的植物堆积体与裸坡做双环渗透试验。本书设定入渗水头为7cm，对坡度为45°的研究样地植物堆积体（2年生狗牙根植物）与裸坡分别用双环入渗仪做原位渗透试验，试验持续时间为9h，现场双环试验按照《双环渗透仪现场测定土体渗透率的试验方法》规范进行。为便于比较，试验开始前首先记录两种覆被条件下干燥5天的堆积体土体吸力初始值。本书通过控制入渗水头进行入渗试验，记录在不同水头高度下堆积体入渗试验数据，分析入渗规律。

1. 试验场地与设备

在堆积体土体含水量较低的情况下（连续5天以上未降雨），在植物堆积体样地、裸坡样地挖掘 90cm×60cm×200cm 长方体探槽，在两种覆被条件下沿深度方向向下依次在 30cm、50cm、100cm、150cm 共4个深度处置入 EC-5 土体水分传感器、2100F 张力计传感器等监测仪器，测量植物堆积体与裸坡初始土体吸力与含水率值，各传感器布置及间距如图 4-14 所示（图中尺寸单位为cm）。对翻上来的砂质壤土做晒干、去杂、粉碎、加水搅拌处理，按照原状土的密度分层压实回填。现场渗透试验中用到的设备有马氏管双环入渗仪、

EC-5 土体水分传感器、2100F 张力计、无线传输系统、供电系统。

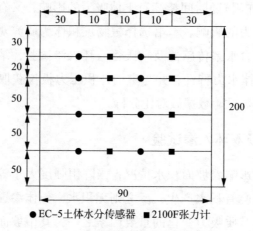

图 4-14　各传感器布置及间距

　　双环入渗设备主要组成部分：同圆心不同直径的 2 个圆环，内环直径 30cm，外环直径 60cm；马氏管 2 个，内径 14cm、高度 133.5cm，体积分别为 3000mL、10000mL。内环是入渗环，外环主要用于保证内环呈一维入渗，马氏管提供持续稳定的入渗水头、获取各时段入渗水量。为了提高原位入渗试验精度，减少内环中自由水面面积，内环中另设一个用透明有机玻璃做成的底环；入渗时内环地表及入渗水的情况可通过透明的底板观测得到。入渗水头可调范围 h = (30~80)mm，读数标尺最小刻度 1mm，灵敏度为 $(4 \times 10m^{-3})$ mm，适用温度 3℃~35℃。

　　EC-5 土体水分传感器是通过测量土体介电常数来推导土体体积含水量，测量范围 0~100%。EC-5 土体水分传感器在黏土中线性关系良好，因此这里采用一次线性方程拟合标定，监测中一共需要使用 9 个 EC-5 土体水分传感器，9 个 EC-5 土体水分传感器最大绝对误差分别为 ±2.1%、±1.9%、±2.2%、±1.8%、±2.0%、±1.7%、±2.2%、±2.0%、±1.7%。为满足 EC-5 土体水分传感器的正常工作电压，在供电电源与 EC-5 土体水分传感器之间配备 3.5VDC 调压稳压模块；在供电电源与采集模块之间配备 12VDC 调压稳压模块；在供电电源与无线传输系统之间配备 9VDC 调压稳压模块。EC-5 土体水分传感器采用 -5~5VDC 电压采集模块进行数据采集。

　　2100F 张力计的测量原理为在气压为大气压力的情况下，测量陶瓷头一侧的负孔隙水压力即为基质吸力。这里将机械表头改为电子压力传感器的 2100F

型张力计；为了和 2100F 张力计配套，电子压力传感器设计外螺纹接目，便于连接。对改装后的张力计进行标定，压力传感器量程-100～100kPa，误差±0.5kPa。为满足 2100F 张力计的正常工作电压，在供电电源与 2100F 张力计之间配备 18VDC 调压稳压模块；在供电电源与采集模块之间配备 12VDC 调压稳压模块；在供电电源与无线传输系统之间配备 9VDC 调压稳压模块。2100F 张力计采用-5～5VDC 的电压采集模块采集数据。

无线传输系统：将置于试验场地附近的采集模块（无线发射模块）采集到的数据以 Wi-Fi 形式发射，通过 IP 协议加密绑定的数据接收模块（带 USB 连接线的计算机）有效接收发射模块传出的信号，应用计算机上的土体墒情数据管理软件将各项数据分通道保存，实现对现场监测数据的集中管理。

供电系统：通过计算全套监测系统的工作电压和耗电功率，现场试验采用 12V、60AH 蓄电池供电；经过测试，保证监测仪器正常工作的电池使用时间为 48 小时，故每 2 天更换一次蓄电池。为防止雷击、短路等突发事件干扰试验，在电路中设置防短路装置。

2. 测试与参数计算方法

清整场地，将马氏管双环入渗仪 2 个入渗环对称、均匀、缓慢嵌入土体中 10cm，尽量减少对土体结构的破坏，保证入渗环处于同一水平面上；给双环充水，保持水面高度一致并做标记，发生入渗现象并稳渗后，开启马氏管供水阀给内环与外环供水，供水同时要调节供水阀门保持水位高度一致，当内环与外环水面高度均为 5cm 时开始计时，每 15min 读取一次马氏管刻度值，记录双环内液体体积在采样间隔内的变化情况。分析试验数据，绘制土体入渗速率和时间关系曲线、土体累计入渗量和时间关系曲线。用式(4-6)计算内环入渗速率 f_1(mm/h)、环形间隔入渗速率 f_2(mm/h)。

$$\begin{cases} f_1 = \Delta f_1 / (A_1 \cdot \Delta t) \\ f_2 = \Delta f_2 / (A_2 \cdot \Delta t) \end{cases} \tag{4-6}$$

式(4-6)中，Δf_1 为内环在采样间隔内水的入渗量(mm³)，A_1 为内环面积(mm²)，Δt 为采样间隔时间(h)，Δf_2 为环形间隔在采样间隔内水的入渗量(mm³)，A_2 为环形间隔面积(mm²)。

3. 试验结果分析与讨论

(1)RAI 对土体基质吸力大小的影响。

现场双环入渗试验之前，运用 2100F 张力计测量 10cm、20cm、30cm、

40cm 深度处根表面积指数（RAI）分别为 0.501、0.142、0.061、0.029 的连续干燥 5 天前后的土体吸力增量 ΔS，获取不同 RAI 下植物根土体吸力增量 ΔS，发现 RAI 为 0.501、0.142、0.061、0.029、时，植物堆积体土体吸力比 5 天前土体吸力分别高出约 4.9kPa、3.8kPa、3.6kPa、3.3kPa，张力计获取的不同 RAI 处 ΔS 与 RAI 之间关系如图 4-15 所示。通过对不同深度处植物根表面积指数下土体吸力的测量，可以看出 ΔS 与 RAI 之间符合线性拟合规律，即植物含根土体的吸力增量与根系表面积成正比，当植物具有较大根系表面积时，参与植物蒸腾作用的根系吸水量也较大，产生的土体吸力也较高；RAI 与土体有较大的接触面积，增大了根系与土体协同变形的接触面积，充分发挥了植物根系对土体水分的吸收，这可能是植物根系 RAI 提高土体吸力的重要原因；表明植物蒸腾作用（根系吸水）改善着堆积体土体基质吸力，且 RAI 越大，土体维持吸力的能力越强。从根系生长形态及特征参数角度分析，植物根系呈近三角形形状；对于三角形根系形状，根系分布深度较浅、大多数根分布于靠近坡面的地方，根系形态指标、根系特征参数均呈指数函数下降趋势，RAI 高的地方吸水相应较多，对土体吸力的改善也较显著。

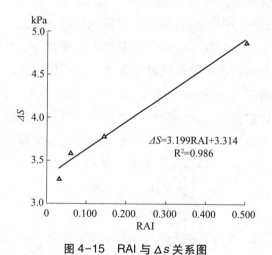

图 4-15 RAI 与 Δs 关系图

（2）根系对土体基质吸力分布深度的影响。

浸水试验前植物堆积体与裸坡不同深度处土体基质吸力变化如图 4-16 所示。植物不仅改善着根系分布区域土体吸力，还提高着根系分布深度以下一定范围土体的吸力。根系对堆积体土体基质吸力的改善沿土层深度方向向下呈指数函数递减规律，在150cm深度处根系对堆积体土体基质吸力的改善消失；干燥过程中与裸坡土体吸力分布相比，植物堆积体土体基质吸力相对较高，这说明植物根系的存在不仅提高了有根区土体基质吸力，还改善着一定深度范围无根区土体基质吸力；倒推变化趋势线，植物根系对土体基质吸力影响深度约在150cm深度处，植物根系对堆积体土体吸力的影响深度约为根长的3.75倍。这与先前学者研究草本植物河堤并认为草本植物对土吸力影响深度大于根长3倍的结论相当（NG C. W. W.，2013；Pollen-Bankhead N.，2010）。观察植物堆积体与裸坡土体基质吸力沿深度方向的变化趋势，呈指数函数下降的规律，在150cm深度处交会后并没有完全重叠，土体基质吸力植物堆积体略小于裸坡，这可能是因为植物堆积体的坡面蒸发小于裸坡的坡面蒸发。这表明植物这种呈倒三角形态分布的根系能够在一定程度、一定深度上提高和维持堆积体浅部土体基质吸力，降低渗透，增加土体抗剪强度，提高堆积体浅部稳定性。

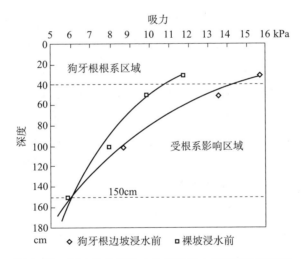

图4-16　浸水前堆积体土体初始吸力随深度变化规律

5天的干燥后，紧接着进行高度为7cm的常水头双环浸水试验，相当于研究区域30年一遇的降雨；堆积体浸水前与浸水后（入渗3小时后），植物堆积体与裸坡土体吸力随深度的分布特征如图4-17所示。

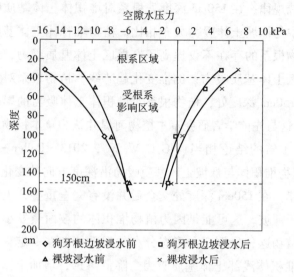

图 4-17 浸水前后植物堆积体与裸坡土体吸力比较

图 4-17 中分散的数据点显示现场双环入渗试验前(干燥 5 天)、浸水入渗 3 小时后植物堆积体与裸坡孔隙水压力分布，浸水前植物堆积体与裸坡土体吸力用负孔隙水压力表达，随着双环浸水试验的进行，两类堆积体土体孔隙水压力均由负至正呈增大趋势，即基质吸力逐渐消散、正的孔隙水压力逐渐增大。浸水前，30cm 深度处植物堆积体土体吸力为 15.6kPa、裸坡土体吸力为 11.7kPa，此深度处植物堆积体土体吸力最大，可以达到裸坡土体吸力的 1.33 倍；在研究深度范围内，随着深度增加，两类堆积体土体吸力均呈指数函数递减规律，但在受根系影响区域植物堆积体土体吸力均高于裸坡土体吸力，这种变化趋势约在 150cm 深度处趋于相同；随着浸水试验的进行，堆积体孔隙水压力由负至正，但植物堆积体孔隙水压力低于裸坡孔隙水压力，这相当于研究区域经过 30 年一遇的降雨后，相对于裸坡，植物堆积体上的植物仍能维持较高的基质吸力，这表明双环浸水试验前后植物根系改善着堆积体土体基质吸力，有益于堆积体浅层稳定。

对比分析图 4-16、图 4-17，与裸坡相比，在植物根系分布深度以下，植物堆积体土体吸力要相对高一些，研究样地两年生植物根系对堆积体土体基质吸力分布的影响深度约在 150cm 深度处，是根系分布深度的 3.75 倍。这表明当考虑草本植物的蒸腾作用进行生态护坡时，植物不仅在根系深度范围内影响土体吸力分布，在根深范围下都能有效地增大吸力、增强土体抗剪强度、减小渗透系数。植物维持的较高吸力对于降雨过程中增强土体抵抗水力侵蚀、提高堆积体稳定性具有重要意义。

（3）根系对入渗速率的影响。

研究样地植物堆积体双环入渗试验入渗速率随时间变化特征如图 4-18、图 4-19 所示。图 4-18 为测点外环入渗速率随时间变化趋势，图 4-19 为测点内环入渗速率随时间变化趋势。

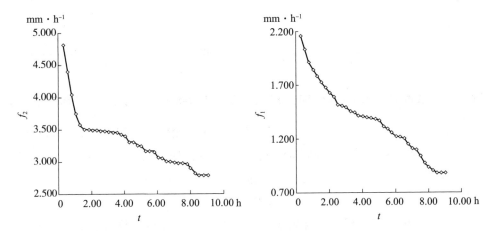

图 4-18　测点外环入渗速率随时间变化趋势　图 4-19　测点内环入渗速率随时间变化趋势

由图 4-18、图 4-19 可知，初始阶段植物堆积体内外环入渗速率较快，1.5 小时后外环入渗速率达到 3.506mm/h，之后入渗速率呈小阶梯状逐渐趋于平缓，随着时间推移趋于稳定到 2.775mm/h，稳定时的渗透速率作为外环堆积体土体饱和状态渗透系数；内环初始入渗速率 2.156mm/h，稳渗时入渗速率为 0.875mm/h。对比植物堆积体内外环入渗试验，内环入渗速率要比外环入渗速率小很多，稳渗时的内环入渗速率约是外环入渗速率的 32%。这可能是受外环水作用，内环水只能产生竖向渗透，而外环水既可向外环以外土体产生渗透，又可在外环内水平向渗透、竖向渗透，是外环内外水平向、竖向复合渗透的结果，故取内环稳渗时入渗速率作为植物堆积体土体饱和渗透系数。

研究样地裸坡双环入渗试验入渗速率随时间变化特征如图 4-20、图 4-21 所示，图 4-20 为裸坡测点外环入渗速率随时间变化趋势，图 4-21 为裸坡测点内环入渗速率随时间变化趋势。

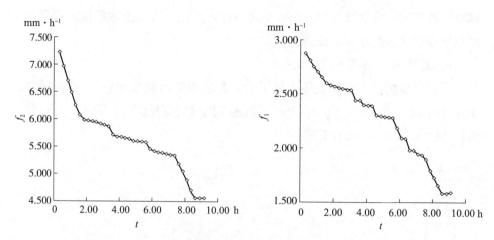

图 4-20　裸坡测点外环入渗速率随时间变化趋势　图 4-21　裸坡测点内环入渗速率随时间变化趋势

裸坡土体外环初始入渗速率为 7.256mm/h、稳渗时入渗速率为 4.568mm/h，内环初始入渗速率为 2.895mm/h、稳渗时入渗速率为 1.595mm/h；内外环初始阶段入渗速率均较快，随着时间推移趋于稳渗时内环入渗速率远小于外环入渗速率，约是外环入渗速率的 35%。

对比分析植物堆积体与裸坡测点内外环入渗速率随时间变化特性，对于植物堆积体而言，其入渗速率总是低于裸露土坡入渗速率。取植物堆积体内环渗透系数为植物堆积体土体饱和渗透系数，取裸坡内环渗透系数为裸坡土体饱和渗透系数，两类堆积体土体饱和渗透系数如表 4-8 所示。从表 4-8 中可以看出，植物堆积体与裸坡两个测点的渗透性差异较大，植物堆积体土体饱和渗透系数小于裸坡土体饱和渗透系数，约是裸坡土体饱和渗透系数的 55%，说明有生命活力的植物根系改变了堆积体土体的水力特性、降低了土体渗透性。这可能是由于有生命活力的植物根系在生长过程中与土体有物质和能量的交换(营养元素循环、水分平衡)并占据了土体孔隙。

表 4-8　堆积体土体饱和渗透系数试验值

测点	渗透系数/mm·h^{-1}	
	内环	外环
有植被堆积体	0.875	2.775
裸坡	1.595	4.568

双环浸水试验在 30cm 深度处的含水率传感器与张力监测传感器显示，不同含水率时植物堆积体土体吸力与裸坡土体吸力曲线复合指数函数拟合规律

如图 4-22 所示。从图 4-22 中容易发现：含水率相同时，植物根系提高了堆积体土体吸力；初始含水率状态时两类堆积体土体吸力差距最大，随着入渗试验的持续、含水率增大、两类堆积体土体吸力差距逐渐减小。

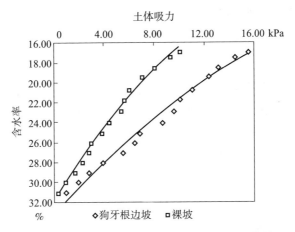

图 4-22　30cm 深度土体吸力与含水率关系曲线

以上试验结果表明，在降雨情况下植物可以有效减小土体入渗速率，使土体维持较低的孔隙水压力、较高的土体吸力，且含水率相同时含根系土体吸力高于无根土吸力，这对增强浅层堆积体稳定有着重要的意义。

4.2.2　室内土体水力学特性试验

土体水力学特性是分析非饱和土体雨水入渗的重要特性，包含两个方面：土水特征曲线（SWCC）、水力传导方程（HFC）。SWCC 是描述土体吸力与含水量之间函数关系的曲线，HFC 是描述土体吸力与渗透系数关系的方程。土体吸力由土的毛细管特征、吸附特征、孔隙水渗透性决定，包括基质吸力与溶质吸力，对于粉质黏土基质吸力占主导作用。获取土水特征曲线的方法较多，如 Tempe 压力盒、体积压力板仪、渗析技术测定、现场土水特征曲线试验等，本书采用室内体积压力板仪获取研究样地土水特征曲线。体积压力板设备获取土水特征曲线的操作过程是将土样置于设备压力室部位高进气板的板面上，压力室的大气压力值可加至事先设定的大于大气压力的值，作用于土样上的气压力使孔隙水排出；在平衡时的土样含水率就相应于某一级压力下的土体吸力，土的吸力等于压力室内压力表上显示数据。对同一土试样进行脱湿、吸湿的土水特征曲线试验，先进行脱湿试验、后做吸湿试验，脱湿过程试样吸力增加、孔隙水从土样进入平衡管，吸湿过程试样基质吸力降低、平衡管中水分被试样吸收。研究样地的非饱和土体是在自然环境下经过反复干燥蒸发与降雨的土体，即经过反复脱湿、吸湿后的土体，故本书选择逐级增压（脱湿）与逐级减压（吸湿）来模拟研究样地土体，重点分析降雨（吸湿）这种自然作用下土体的土水特征曲线。

1. 试验准备

做土水特征曲线试验的方法有多种，为了研究降雨诱发植物堆积体失稳机理，本次室内土水特征曲线试验采用体积压力板仪，研究脱湿与增湿过程中植物堆积体土体吸力随含水率的变化规律。试验采用研究样地植物堆积体非饱和状态土体，试样直径 6.18cm，试样高度 2cm，植物根土复合试样根系含量 0.86%，相当于 RAI 为 0.105。试验准备工作：首先将制备好的土试样（根土复合试样、素土试样）与仪器底座陶土板进行抽真空饱和，其次对试验仪器的管路排气饱和，最后称量饱和土试样并安装试样及容器壳体，控制容器壳内气压力（初始值 0kPa）。

试样与管路均饱和后即可准备试验，由于仪器内土样在每一级压力的初始阶段气压变动相对最快，故在每一级压力的初始阶段高频率（10 秒钟一次）采集数据、中期阶段 600 秒一次、后期阶段 1200 秒一次（侯龙，2012）。预估土样进气压力值，本书取值范围 0~50kPa，调整好相关参数。试验过程：在每级加压过程中计算土样含水率，逐级加压荷载依次为 0kPa、2kPa、5kPa、10kPa、20kPa、50kPa，当压力值为 100kPa 且测管读数相对稳定后脱湿过程结束。为了消除部分孔隙气体高压条件下溶解到孔隙水里、低压时又逸出且积聚在土样室陶瓷板基座底面和部分管线中、被排到孔隙水采集器中的孔隙水影响，在脱湿试验结束时人工排出并收集这部分孔隙水，用于数据处理阶段误差修正；脱湿结束后，将气压降至 50kPa 后开始计算每级减压下土样含水率，逐级减压荷载依次为 50kPa、20kPa、10kPa、5kPa、2kPa、0kPa，当压力值降为 0 且测管读数相对稳定后吸湿过程结束。

2. 土水特征曲线

本书采用体积压力板仪做非饱和土的土水特征曲线试验，得到的试样土水特性参数是离散数据，需要对试验数据做进一步处理。常用的土水特征曲线模型有 Gardner 模型、Van Genuchten 模型、Fredlund-Xing 模型等（王维早、许强、郑海君，2017）。Fredlund-Xing 模型中残余基质吸力通常在 1500~3000kPa，而植物堆积体含根土体部分基质吸力相对较低，且受试验仪器限制，故舍去高基质吸力段土水特征曲线；Van Genuchten 模型拟合土水特征曲线时参数较多，用试验数据做常规线性拟合难以获取特征曲线参数，如式(4-7)所示(侯龙，2012)。故本书选择 Gardner 模型，并与实测土水特征曲线做对比分析，Gardner 土水特征曲线模型如式(4-8)所示；在降雨条件下，用降雨入渗情况下传导区土体体积含水率 θ_w 替代体积含水率 θ、用压力水头取代基质吸力 s，引入减饱和系数 β，对 Gardner 土水特征曲线模型做进一步简化，如式(4-9)所示；最终选择 Gardner 非饱和土水特征曲线式(4-9)描述研究样地土水特征曲线。

$$\theta = \theta_r + \frac{\theta_s - \theta_r}{\left\{1 + \left[a\left(u_a - u_w\right)\right]^b\right\}^m} \tag{4-7}$$

$$\begin{cases} \theta = \theta_r + \dfrac{\theta_s - \theta_r}{1 + (s/a)^b} \\ \theta = n \cdot s_r \end{cases} \tag{4-8}$$

$$\theta_w = \theta_r + (\theta_s - \theta_r)e^{\beta s} \tag{4-9}$$

式中，θ 为土体体积含水率(%)，u_a 为孔隙气压力(kPa)，θ_r 为土体残余体积含水率(%)，u_w 为孔隙水压力(kPa)，θ_s 为土体饱和体积含水率(%)，n 为孔隙率(%)，s_r 为土体饱和度(%)，s 为基质吸力(kPa)，θ_w 为降雨入渗情况下传导区土体体积含水率(%)，β 为减饱和系数(m^{-1})，a、b、m 为土水特征曲线拟合参数。

试验所得素土体脱湿过程、增湿过程含水率—基质吸力数据分布情况及应用土水特征函数式(4-9)拟合的土水特征曲线见图 4-23，式(4-9)中土水特征曲线拟合参数见表 4-9。

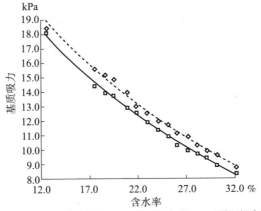

图 4-23　素土体持水能力曲线试验值与模型值

表4-9　土水特征曲线所需拟合参数值

模型	拟合参数			
	路径	$\theta_s/\%$	$\theta_r/\%$	β/m^{-1}
Gardner	脱湿	27.4	4.7	1.6
	吸湿	29.5	5.0	1.7

由图4-23可知，土样基质吸力随含水量的增大呈指数函数降低；式(4-9)这种含水率—基质吸力模型能够较好地模拟研究样地土水特征曲线；脱湿过程与吸湿过程不重合，说明体积压力板仪非饱和土土水特征曲线试验有明显的滞后性。

对植物含根土体试样做室内体积压力板仪非饱和土土水特征曲线试验，获取的含水率—基质吸力数据及由式(4-9)拟合的植物含根土体土水特征曲线如图4-24所示，植物含根土体土水特征曲线拟合参数如表4-10所示。

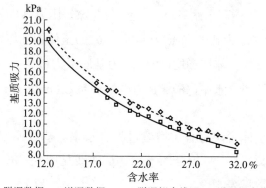

◇ 脱湿数据　　□ 增湿数据　　……脱湿拟合线　　——增湿拟合线

图4-24　植物含根土体持水能力曲线试验值与模型值

表4-10　植物含根土体土水特征曲线所需拟合参数值

模型	拟合参数			
	路径	$\theta_s/\%$	$\theta_r/\%$	β/m^{-1}
Gardner	脱湿	26.3	4.8	1.5
	吸湿	30.5	5.0	1.7

由图4-24可知，植物根土复合土样基质吸力随含水量的增大而降低，同素土体一样呈指数函数降低；式(4-9)这种含水率—基质吸力模型同样能够较好地模拟研究样地植物堆积体土水特征曲线。脱湿过程与吸湿过程不重合，

说明试验有明显的滞后性。

对比分析图 4-23、图 4-24，发现植物根土复合土样基质吸力随含水率下降的趋势要缓于素土试样，这可能是受植物根系影响。素土体土样基质吸力对含水量更敏感(特别是在含水率小于 19.4% 时)，随着含水率的持续增大，这种敏感程度逐渐降低；而就基质吸力的变化范围而言，植物根土复合土样基质吸力在 8.5~19.2kPa、素土试样基质吸力在 8.4~18.5kPa，相同含水率时植物根土复合土样基质吸力略高于素土试样基质吸力，二者差别不大，这可能是由于室内试验导致植物根系失去了生命力(没有蒸腾作用、呼吸作用)，但植物根系的存在占据了部分土体孔隙，有效提高了土体进气值所致，这也是式(4-9)中土水曲线模型与试样数据吻合较好的原因。式(4-9)表述的 SWCC 模型能够用于室内试验中分析植物堆积体稳定性土体持水能力参数，进而科学研究植物根系加固堆积体浅部稳定性的作用机理。

3. 水力传导方程

与 Van Genuchten 土水特征曲线模型、Gardner 土水特征曲线模型相应的 Van Genuchten 非饱和渗透系数模型、Gardner 非饱和渗透系数模型(水力传导方程)分别如式(4-10)、式(4-11)所示。Van Genuchten 模型拟合土体水力传导方程时参数较多，用试验数据做常规线性拟合难以获取特征曲线参数，故研究样地土样水力传导方程选用 Gardner 模型，降雨条件下引入减饱和系数 β。由于植物根土复合土样与素土试样基质吸力随含水率变化的规律相同、变化范围差别不大，室内试验模拟时根系生命活力有局限性，不再设根土试样与素土试样对比分析。室内试验的植物根土复合土样吸力水头—渗透系数吸湿数据、脱湿数据如图 4-25 所示。根据现场双环入渗试验获取的研究样地土体饱和渗透系数值与模型拟合验证的土水特征曲线，应用式(4-11)体现的 Gardner 函数模型(非饱和土体基质吸力与渗透系数)估算研究样地植物堆积体含根土体的非饱和根土体渗透系数与基质吸力间的关联曲线如图 4-25 所示。脱湿拟合参数：β 为 1.5，K_s 为 0.875mm/h；吸湿拟合参数：β 为 1.7，K_s 为 0.875mm/h。

$$K(\psi) = \frac{\{1-(a\psi)^{n-1}[1+(a\psi)^n]^{-m}\}^2}{[1+(a\psi)^n]^{m/2}} \qquad (4-10)$$

$$K = K_s \cdot e^{\beta h} \qquad (4-11)$$

式中，K 为渗透系数(m/s)，K_s 为饱和渗透系数(m/s)，β 为减饱和系数，h 为压力水头（m），$K(\psi)$ 为土体基质吸力为 ψ 时对应的渗透系数与土体达到饱和状态时具备的渗透系数的比率。

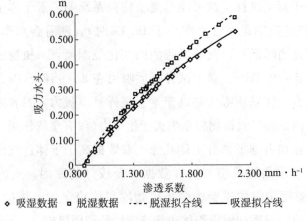

图4-25　渗透系数与土体吸力关系曲线

由图4-25可知，采用 Gardner 非饱和渗透系数函数模型式（4-11）能够较好地模拟植物根土复合土样 HFC 特征。脱湿初始阶段渗透系数大、基质吸力高，渗透系数相同时脱湿过程基质吸力大于吸湿过程基质吸力，且存在明显滞后性，当渗透系数趋于饱和、基质吸力为零时吸湿与脱湿的滞后性明显减小；室内试验测得植物根土复合土样饱和渗透系数接近植物堆积体饱和状态入渗速率。

研究样地植物堆积体双环入渗试验与室内土体水力学特性试验，主要阐述了植物堆积体土体的水力学特性，所得结论归纳如下：

（1）植物具有较大根系表面积时，产生的土体吸力也较高，土体吸力增量随 RAI 增大呈线性增大规律。植物根系对土体基质吸力影响深度约在150cm深度处，对堆积体土体吸力的影响深度约为根长的3.75倍；植物可以有效减小土体入渗速率，使土体维持较高的土体吸力，含水率相同时含根系土体吸力高于无根土吸力。研究样地植物堆积体土体饱和水力传导系数为0.875mm/h，裸坡土体饱和水力传导系数为1.595mm/h。

（2）采用 Gardner 土水特征函数式（4-9）、非饱和水力传导函数式（4-11）能够较好地模拟植物根土复合土样 SWCC、HFC 特征。植物根系的存在对于提高植物堆积体浅层稳定性有着重要意义；需要注意的是，本节试验结论是基于特定气候下、特定生长年限植物砂质壤土堆积体得到的。

综上，本书通过马氏管双环入渗试验与室内土水特征曲线试验，总结出了植物根系特征参数与边坡土体基质吸力间的表达式、根系对边坡土体基质吸力的影响深度,提出了适用于含根土体水力特性的函数模型。

4.3 根系与根土复合体强度特性

侯恒军(2017)、程鹏(2016)、刘小燕(2014)、杨亚川(1996)等认为植物根系属须根根系,其固土机制主要体现在根系的加筋理论上。戴准(2017)、姚喜军(2009,2015)、余凯(2014)、刘小燕(2013)、周云艳(2010)、张飞(2005)、张敏江(2005)等认为含草本根系土体剪切时动员了根系拉力(根系被拉断时为抗拉强度与断面面积的乘积、根系被拔出时为根系与土体间的摩擦阻力),即草本根系对土体强度的改善主要是土体剪切时根系加筋引起的剪切强度增量,剪切强度增量取决于根系与剪切平面的交角,包括斜交与垂直,平行向根系拉力参与剪切抵抗、垂向根系拉力增加剪切面围压;通过截取含根系土体纵横剖面统计获得截面面积、斜交根系数量、正交根系数量、根系伸展方向与剪切面初始交角等参数,根据草本植物须根根系加筋原理,获取植物堆积体含根土体抗剪强度值。显然,根土体这种复合材料的强度取决于根系的抗拉强度、土与根系的摩擦强度、素土的抗剪强度。本书从植物根系拉伸试验入手,分析植物根系抗拉强度,通过直剪试验获取不同根系含量、倾斜角度下的含根土体抗剪强度参数。

4.3.1 植物根系拉伸试验

从植物护坡机理研究的结论可知,根系的力学固坡效果与植物根系抗拉强度的大小紧密相关,根系的抗拉强度是研究植物护坡力学机理的一项重要力学指标。本书选取护坡典型植物狗牙根根系研究其抗拉强度。

1. 试验设备及试样制备

根据研究样地植物堆积体上狗牙根生长状况,结合植物根系特征参数之一根系横截面积比 RAR,选取根系直径在 0.22~0.85mm 的根系为试验对象。嵇晓雷(2013)在研究工作中曾采用土工试验仪器测量须根根系强度,但土工试验仪器量程过大,获取的根系强度精度一般较低,且存在试验数据离散性大、没有统一标准等问题。经过调研与资料分析,本书使用游标卡尺测量根系直径(精度 0.001mm),采用激光位移传感器测量根系应变,利用自动化数据采集软件采集数据,应用 WZL-300 纸张拉力仪测量根系强度,该仪器主要用于测量纸张拉力，而植物根系强度与纸张强度相当，仪器最大量程100N，最小分度值0.001N(精确度较高)。

由于试验所用仪器为测量纸张拉力的仪器，没有针对植物根系的夹头，故对试验用植物根系做如下处理：在纸上用胶水固定根系，试验时首先将固定有植物根系的纸张剪断，留下根系与2cm宽的保护纸条，待试样安装在试验设备上后剪断保护条。在根系拉伸过程中，位移传感器采集频率50个/秒，记录位移随时间增长变化曲线；根系拉断之后，使用游标卡尺从三个方位测量根系断裂处直径，取平均值。

2. 分析方法

根系横截面积 A 按式(4-12)确定；根系抗拉强度 t_R 按式(4-13)确定；根系弹性模量 E 用胡克定律确定，如式(4-14)所示。

$$A = \pi D^2/4 \qquad (4\text{-}12)$$

$$t_R = \frac{4F}{\pi D^2} \qquad (4\text{-}13)$$

$$\begin{cases} \varepsilon = \Delta L/L \\ t_R = F/A \\ E = t_R/\varepsilon \end{cases} \qquad (4\text{-}14)$$

式中：A 为根系横截面积(mm^2)，D 为断裂处根系直径(mm)，t_R 为根系抗拉强度(MPa)，F 为最大抗拉力(N)，ε 为纵向应变(%)，ΔL 为根系相对伸长量(mm)，L 为拉伸前根系长度(mm)，E 为根系弹性模量(MPa)。

3. 试验结果

观察植物根系拉伸断裂部位，发现断裂部位多在根系中部，断目呈参差状。根据测算数据，按照植物根系沿深度方向分布规律，统计分类计算5类不同直径的植物根系平均直径 D、拉伸前根系长度 L、根系横截面积 A、最大抗拉力 F、根系抗拉强度 t_R、根系相对伸长量 ΔL、根系弹性模量 E，如表4-11所示。

表4-11　植物根系抗拉强度数据

编号	D/mm	L/mm	A/mm^2	F/N	t_R/MPa	ΔL/mm	E/MPa	样本数量/个
R1	0.22	50	0.0380	0.45	11.844	6.920	85.578	12
R2	0.31	55	0.0754	0.96	12.726	6.995	100.058	12

编号	D/mm	L/mm	A/mm^2	F/N	t_R/MPa	ΔL/mm	E/MPa	样本数量/个
R3	0.38	70	0.1134	1.28	11.292	7.384	107.048	12
R4	0.56	100	0.2462	2.54	10.318	7.985	129.215	12
R5	0.85	100	0.5672	5.15	9.080	8.725	104.072	12

根据表 4-11，发现平均直径在 0.22~0.85mm 的植物根系能承受的最大拉力在 0.45~5.15N、抗拉强度在 9.080~12.726MPa、根系长度变化量在 6.920~8.725mm、弹性模量在 85.578~129.215MPa。由于根系横截面积比影响含根土体抗剪强度，故本书从根系横截面积 A 的角度讨论植物根系抗拉力、植物根系抗拉强度、植物根系弹性模量。绘制不同植物根系横截面积与根系最大抗拉力关系曲线如图 4-26 所示，植物根系能承受的最大拉力与根系横截面积成正比。对 D-F 做回归分析可知，用二次函数能较好地拟合最大抗拉力随植物根系横截面积的变化趋势，拟合多项式如式（4-15）所示（R^2 = 0.9998）。

$$F = 4.6047A^2 + 2.5035A - 0.3058 \qquad (4-15)$$

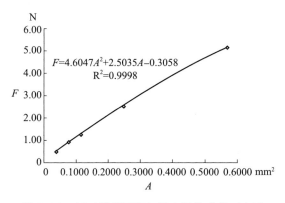

图 4-26　根系横截面积与最大抗拉力关系表达

做植物根系横截面积与根系抗拉强度关系曲线如图 4-27 所示，植物根系抗拉强度与根系横截面积成反比。对 A-t_R 做多项式回归分析可知，用二次函数多项式能较好地拟合根系抗拉强度随植物根系横截面积的变化趋势，拟合多项式如式（4-16）所示（$R^2 = 0.9815$）。

$$t_R = 11.004A^2 - 19.016A + 17.328 \qquad (4-16)$$

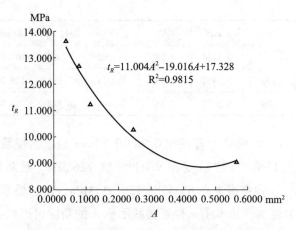

图 4-27　根系横截面积与根系抗拉强度关系表达

根据植物根系初始长度、相对伸长量及抗拉强度，植物根系横截面积与根系弹性模量关系曲线如图 4-28 所示。植物根系弹性模量与根系横截面积之间没有明显的函数关系；植物根系弹性模量相对固定，根据数据统计理论，剔除最大值与最小值，从工程安全的角度考虑，取植物根系弹性模量为 100.058MPa。

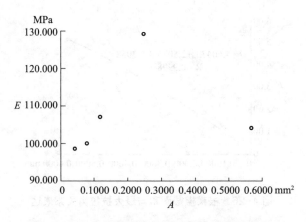

图 4-28　根系横截面积与根系弹性模量对应关系

对于狗牙根植物，不同直径根系的拉伸试验数据表明：根系抗拉强度随根系直径变化差异变化范围也较大，但根系弹性模量基本为一常量、不随根系的粗细而变化；根系受力状态呈弹性材料力学特征，根系相对伸长量随根系直径呈线性增大。植物根系抗拉强度的群根效应突出，即抗拉强度随根系直径的增加线性增大，根系抗拉强度与根系集群度呈正相关关系。

4.3.2　含根土体直剪试验

降雨条件下有坡面草本植物堆积体浅部失稳的重要特征是含根土体的剪切破坏，室内剪切试验是确定含根土体抗剪强度及强度参数的有力方法，常用的室内剪切试验方法有三轴剪切、无侧限压缩与直剪测验。

三轴剪切试验剪切面非人为固定，无侧限抗压强度试验是三轴压缩试验的一种特殊情况且主要适用于原状饱和软黏土，直剪试验试样破坏时剪切面固定，根据土体在被剪切时的排水固结情况分为不排水固结直接剪切的快剪（q）、垂向应力排水固结剪应力不排水快剪的固结快剪（c_q）、充分排水固结的慢剪（S），且仪器简单、操作方便、经济高效、应用广泛、理论及实践丰富。本书研究的植物含根土体是从植物根系与剪切破坏面夹角的角度入手，通过室内试验模拟不同根系倾斜角度下的含根土体抗剪强度特征，获取更加切合实际的含根土体抗剪强度参数，且直剪不排水固结的快剪试验与降雨时含根土体的排水、受力情况较为相像，故本书采用应变控制式直剪—快剪试验来研究含根土体抗剪强度。

1. 试验设备与试样制备

直剪试验采用 SDJ-1 型应变控制式直剪仪测量素土与植物根系土试样抗剪强度特性；试样高度 20.0mm、直径 61.8mm。根据土工试验规程制备无根土试样与含根土试样，植物根系的配备综合考虑试验设备尺寸、根系特征参数与倾斜角度。制备指定含水率土样所需加水量由式（4-17）确定，土样质量由式（4-18）确定。

$$m_w = \frac{m \cdot (w' - w_d)}{1 + w_d} \tag{4-17}$$

$$m = \rho_d (1 + w_d) V \tag{4-18}$$

式中，m_w 为土样所加水量，m 为烘干土质量，w' 为待制备试样所要求的含水率，w_d 为烘干土含水率，ρ_d 为待制备试样所要求的干密度，V 为环刀容积。

2. 分析方法与分析方案

为了研究植物根系及含水率对含根土体抗剪强度的影响，本书运用张力监测计、室内直剪试验分析根系对土体强度的提高；用 RAR 量化根系对土体抗剪强度的影响，用 RAI 量化根系对土体吸力的影响。首先分析植物根系不同深度处的根系特征参数，在此基础上开展不同深度、相应根系特征参数条件下的土体吸力测量及含根土体直剪试验，分析根系特征参数对土体吸力及含根土体破坏荷载的影响，研究根系提高土体强度的机理，量化根系特征参数与含根土体黏聚力的关系。采用 SDJ-1 型应变控制式直剪仪测量不同深度处根系横截面积比下的根土试样抗剪强度指标；取样深度在 1.0m 以内，对采集的土试样抽气饱和，静置 24 小时后，在 30kPa 压力下固结稳定，分别施加 20kPa、30kPa、40kPa、50kPa 法向应力剪切破坏，获取剪应力与位移关联曲线的速率控制为 0.8mm/min。

应用常规室内应变控制式直剪仪获取土的抗剪强度指标值，是通过直剪仪获取剪切位移与剪应力关系曲线，确定不同法向应力相应的抗剪强度值，运用最小二乘法拟合法向应力与抗剪强度关系曲线获得。由于直剪试验中剪切面面积随着剪切位移量的增大逐渐减小，剪切面上的剪应力、正应力分布也在逐渐发生变化，整个直剪试验是一动态变化的过程，故直剪试验获取的抗剪强度指标会存在一定的误差。根据余凯（2013）、杨亚川（1996）的直剪试验单点面积应力修正理论，运用式（4-19）对剪切面上剪应力进行修正，运用式（4-20）对剪切面上正应力进行修正，对修正后的剪应力与正应力再运用最小二乘法重新拟合，获取更高精度的抗剪强度指标。

$$\begin{cases} \tau'_f = \beta\tau \\ \beta = A_1/A_2 \end{cases} \tag{4-19}$$

$$\begin{cases} \sigma' = \sigma + CR\beta_0 \\ \beta_0 = l(1-\beta)/s \end{cases} \tag{4-20}$$

式（4-19）、式（4-20）中，τ'_f 为修正后的剪应力（kPa），β 为有效剪应力修正系数，A_1 为试样初始横截面面积（mm^2），A_2 为试样有效剪切面积（mm^2），σ' 为修正后的有效正应力（kPa），β_0 为有效正应力修正系数，l 为剪切盒上部试样高度（取 10mm），s 为剪切位移（mm）。

通过对直径 61.8mm、高度 20mm 类植物根系土试样进行应变控制式直剪试验，获取相应剪切位移下的有效剪应力修正系数、有效正应力修正系数如表 4-12 所示；表 4-12 中 s 代表直剪试验进行时的剪切位移量，β 代表相应剪切位移量的有效剪应力修正系数值，β_0 代表相应剪切位移量的有效正应力修正系数值。

表4-12　正应力与剪应力修正系数值

s/mm	β	β_0	s/mm	β	β_0
0	1.000	—	4.5	1.102	−0.227
0.5	1.010	−0.208	5.0	1.115	−0.229
1.0	1.021	−0.210	5.5	1.128	−0.232
1.5	1.032	−0.213	6.0	1.141	−0.235
2.0	1.043	−0.215	6.5	1.154	−0.237
2.5	1.054	−0.217	7.0	1.168	−0.240
3.0	1.066	−0.220	7.5	1.182	−0.243
3.5	1.078	−0.222	8.0	1.197	−0.246
4.0	1.090	−0.224			

植物堆积体原状与重塑含根土土样及无根土样抗剪强度对比：由于植物根系分布深度在30cm左右，根系对土体吸力影响深度在150cm左右，为探寻抗剪强度参数随RAR的变化规律，在参考植物根系特征参数分布的基础上，对不同RAR下的根土试样进行拆解、比对，选取RAR分别为1.100‰、0.920‰、0.660‰、0.450‰、0.250‰、0的原状植物根土试样与素土试样进行应变控制式直剪试验；完全模拟原状狗牙根土抗剪强度试验是困难的，为此制作与原状狗牙根土根系RAR相当的重塑试样，对重塑植物RAR分别为1.480‰、1.200‰、1.050‰、0.700‰、0.370‰、0的重塑植物根系土样做应变控制式直剪试验。为了更好地模拟含根土体及植物堆积体浅层土体的受力状况，获取更加切合实际的植物根土抗剪强度指标，根据土体自重应力沿深度分布规律，结合直剪试验对垂直荷载的要求，对制备的试样分别施加20kPa、30kPa、40kPa、50kPa法向应力进行剪切破坏，剪切速率0.5mm/min，获取剪切位移与应力关联曲线。

用室内试验还原根系倾斜角度与含水率对植物含根土体的影响是十分困难的，因为堆积体中含水率与根系有互动，根系在土体中是随机分布的且根系与土体结合的原状结构易被破坏。植物根系主要分布在0~30cm段土体内，结合RAR对含根土体抗剪强度影响的分析，为近似模拟原状含根土体情况，人工将植物根系裁剪为20mm长的试样，将这些根试样分别按与剪切面呈30°、45°、60°、75°、90°插入重塑素土，制备5类根系倾斜角度的重塑植物根土试样，尽可能地模拟原状植物根土；根据不同深度处植物堆积体土样与裸坡土样含水率特征，在研究深度范围内堆积体土体含水量变化幅度不大，而降雨条件下堆积体土体含水率变化幅度大，根据研究样地堆积体土体基本物理性质指标，选取土体最大压实度时的含水率 14.6%、天然含水率 16.9%、湿土状态含水率 22.1%、很湿状态含水率 30.2% 讨论抗剪强度参数随含水率的变化规律；根据土工试验方法标准，按照目标含水量制备 4 类含水量、5 类根系倾斜角度的含根土体试样及 4 类含水率的素土试样，研究含水率与根系倾斜角度对植物含根土体强度的影响。

4.3.3　RAR 对含根土体抗剪强度的作用

1. 原状含根土样抗剪强度指标分析

沿土层深度方向，对植物根系横截面积比（RAR）分别为 1.100‰、0.920‰、0.660‰、0.450‰、0.250‰、0 的狗牙根土样进行应变控制式直剪试验，分别施加 20kPa、30kPa、40kPa、50kPa 法向应力，得剪应力与剪切位移关系曲线如图 4-29 所示。

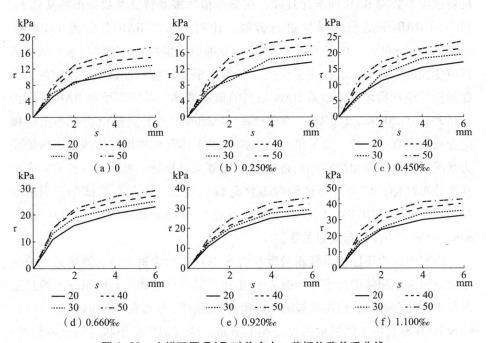

图 4-29　土样不同 RAR 时剪应力—剪切位移关系曲线

对比图 4-29(a)、图 4-29(b) 可知，当剪切位移量小于 4.0mm 时，植物 RAR 为 0.250‰ 的原状植物根系土与植物 RAR 为 0 时的原状素土剪应力相当；对比图 4-29(a)、图 4-29(c)、图 4-29(d)、图 4-29(e)、图 4-29(f) 可以看出，随着 RAR 增大，原状植物根土较原状素土明显有更高的剪应力；这种现象说明 RAR 为 0.250‰的植物根系未能稳定显示出植物根系对土体抗剪强度的提高，主要原因可能为 0.250‰的植物根系横截面积比较小，即植物根系体积相比试样体积要小得多，不能产生稳定的加筋效果。这种植物根系对土体抗剪强度的改良与橡胶粉可有效改善非饱和土体抗剪强度的研究相一致。综合分析，原状植物根系土剪应力—剪切位移关系曲线表现为应变硬化型，参考土工试验方法标准，取剪切位移为 4.0mm 对应的剪应力为相应法向应力作用下的抗剪强度，获取各植物 RAR 原状试样未经修正的正应力—抗剪强度数据，如表 4-13 所示；m 值为植物根系强度影响系数（含根土试样破坏荷载与无根土试样破坏荷载的比值）。

表 4-13　未修正的原状含根土与无根土正应力—抗剪强度数据

正应力/kPa	相应 RAR 下的抗剪强度(kPa)/m 值					
	0	0.250‰	0.450‰	0.660‰	0.920‰	1.100‰
20	10.57/1.00	12.39/1.17	15.28/1.45	20.45/1.93	24.88/2.35	30.15/2.85
30	12.05/1.00	14.39/1.19	18.06/1.50	22.58/1.87	27.45/2.28	34.55/2.87
40	13.98/1.00	16.79/1.20	19.85/1.42	24.68/1.77	29.25/2.09	37.88/2.71
50	16.05/1.00	18.36/1.14	21.36/1.33	26.78/1.67	32.55/2.03	41.26/2.57

观察表 4-13，植物根系提高了土试样抗剪强度，且随着 RAR 值的增大而增大；含根土样 m 值（植物根系强度影响系数）均大于 1，含根土样破坏荷载大于无根土样破坏荷载，前者是后者倍数（倍数范围值在 1.14~2.87），不同 RAR 对土体强度贡献是不同的，相同 RAR 下随着正应力增大 m 值呈减小趋势，这说明植物根土试样在低正应力情况下对土体强度的提高更为有效，这也证实着植物根系对于堆积体浅层加固效果更好。

取剪切位移为 4.0mm 对应的有效剪切面积修正系数 1.090、有效正应力修正系数−0.224，应用剪应力修正式(4-19)、正应力修正式(4-20)对原状植物根系土样的正应力—抗剪强度数据进行应力修正，得修正后的正应力—抗剪强度数据，如表 4-14 所示。对比表 4-13、表 4-14 可知：修正后的有效剪切面上正应力小于修正前的正应力，而修正后的有效剪切面上剪应力大于修正前的剪应力，这一结论同余凯（2014）等的研究成果相一致；植物根系提高了土体抗剪强度，土体抗剪强度随着植物根系含量的增加而增加、随着正应力的增加而增加，而修正后的正应力则随着植物根系含量的增加而逐渐减小。

表 4-14   修正后的原状含根土与无根土正应力—抗剪强度数据

RAR/‰	0		0.250		0.450		0.660		0.920		1.100	
修正后的应力	σ'	τ'	σ'	τ'	σ'	τ'	σ'	τ'	σ'	τ'	σ'	τ'
正应力 20/kPa	17.63	11.52	17.22	13.51	16.58	16.66	15.42	22.29	14.43	27.12	13.25	32.86
正应力 30/kPa	27.30	13.13	26.78	15.69	25.95	19.69	24.94	24.61	23.85	29.92	22.26	37.66
正应力 40/kPa	36.87	15.24	36.24	18.30	35.55	21.64	34.47	26.90	33.45	31.88	31.51	41.29
正应力 50/kPa	46.40	17.49	45.89	20.01	45.22	23.28	44.00	29.19	42.71	35.48	40.76	44.97

对修正前、后的正应力—抗剪强度数据分别进行最小二乘法拟合，获取应力修正前、后植物根系土抗剪强度指标，如表 4-15 所示。

表 4-15   修正前、后原状含根土与无根土抗剪强度指标

RAR/‰	修正前抗剪强度指标		修正后抗剪强度指标	
	c_u/kPa	φ_u/°	c'_u/kPa	φ'_u/°
0	8.04	7.90	10.65	9.54
0.250	9.92	8.48	13.14	10.24
0.450	12.03	10.33	15.93	12.48
0.660	15.55	12.20	20.59	14.73
0.920	19.07	14.65	25.26	17.69
1.100	22.36	19.44	29.62	23.48

对不同 RAR 下修正前、后的原状植物根系土试样黏聚力进行拟合，发现黏聚力随 RAR 呈线性变化的规律，线性函数规律表达见式(4-21)，黏聚力 c 值随 RAR 的变化趋势如图 4-30 所示；对不同 RAR 下修正前、后的原状植物根系土试样内摩擦角进行拟合，发现内摩擦角随 RAR 呈二次函数变化的规律，二次函数规律表达见式(4-22)，内摩擦角 φ 值随 RAR 的变化趋势如图 4-31 所示。

$$\begin{cases} c'_u = 17.556RAR + 9.309 \\ c_u = 13.254RAR + 7.028 \end{cases} \qquad (4-21)$$

$$\begin{cases} \varphi'_u = 10.572RAR^2 + 0.334RAR + 9.647 \\ \varphi_u = 8.574RAR^2 + 0.277RAR + 7.988 \end{cases} \qquad (4-22)$$

式(4-21)、式(4-22)中，c_u 为原状植物根系土修正前黏聚力(kPa)，c'_u 为原状植物根系土修正后黏聚力(kPa)，φ_u 为原状植物根系土修正前内摩擦

角(°)，φ'_u 为原状植物根系土修正后内摩擦角(°)，RAR 为植物根系横截面积比；发现含根土体黏聚力抗剪强度指标随根系横截面积比的增大存在线性增大拟合关系，含根土体内摩擦角抗剪强度指标与根系横截面积比的关系可以用方向朝上的二次函数表达，且抗剪强度指标经修正后的均大于修正前的。

图 4-30、图 4-31 中 c 为黏聚力(kPa)，φ 为内摩擦角(°)，R^2 为决定系数，其余符号意义同式(4-21)、式(4-22)。根据图 4-30、图 4-31，结合表 4-15可知：经单点面积应力修正后土的抗剪强度指标较修正前提高了18%~24%，表明未做修正的直剪试验抗剪强度指标数据存在较大误差，应用直剪试验单点面积应力修正改善了土体强度参数的取得精度，对完善植物根系固坡作用机理、更好地指导草本植物护坡工程实践有重大意义。

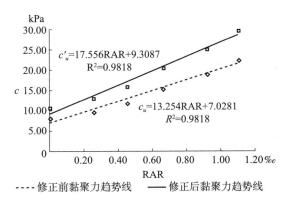

图 4-30　原状土样修正前、后黏聚力随 RAR 的变化关系

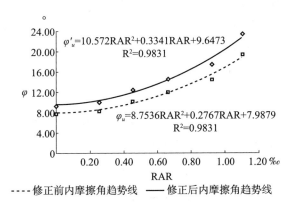

图 4-31　原状土样修正前、后内摩擦角随 RAR 的变化关系

原状植物根系土的抗剪强度指标随着 RAR 的增加而增大，黏聚力呈线性

增长的趋势、内摩擦角呈二次函数增长的趋势，并且观察到剪切方向后方的剪切面上存在明显的擦痕，拆解后发现植物根系基本完好；该现象说明掺有植物根系的土体在剪切力作用下，土体与植物根系之间有相互移动趋势，这种相互移动趋势调动了植物根系抗拉强度大的优势，且易在根系和土体之间形成摩阻抗力，既充分发挥了植物根系抗剪强度大的特点，又使得植物根系拉力通过植物根系与土的摩阻力传递到土中，所以植物根系能直接改善堆积体浅部含根土体力学性能，含根土抗剪强度指标高于无根土抗剪强度指标。这些结论揭示生长在堆积体上的植物根系增加了土体的黏聚力与内摩擦角，表明与裸坡、不含植物根系的堆积体相比，植物根系堆积体土体失稳时需要更大的外部荷载。

由图 4-30、式 (4-21)、图 4-31、式 (4-22) 可知，RAR 与土体的抗剪强度指标正相关，且主要体现在对黏聚力 c 值的提高；当 RAR<0.250‰ 时，对土体内摩擦角的提高可以忽略、对土体黏聚力的改善也相对较低；这表明利用植物提高土体强度时，RAR 应大于等于 0.250‰。

2. 重塑含根土样抗剪强度指标分析

完全模拟原状狗牙根土抗剪强度试验是困难的，为此制作与原状狗牙根土根系 RAR 相当的重塑试样；分别施加 20kPa、30kPa、40kPa、50kPa 法向应力，对重塑植物 RAR 分别为 1.480‰、1.200‰、1.050‰、0.700‰、0.370‰、0 的重塑植物根系土样做应变控制式直剪试验，得室内重塑含根土与无根土不同 RAR 下剪切位移—应力关联曲线，如图 4-32 所示。

从图 4-32 中可以看出，重塑土样剪应力随 RAR 的增加而增大；RAR 相同时，重塑土样剪应力随法向正应力增大而增大。重塑植物根系土剪应力—剪切位移关系曲线表现为应变硬化型，取剪切位移为 4.0mm 对应的剪应力为相应法向应力作用下的抗剪强度，获取各 RAR 下重塑试样未经修正的正应力—抗剪强度数据；取有效剪切面积修正系数 1.090、有效正应力修正系数 -0.224，对重塑植物根系土正应力—抗剪强度数据进行应力修正，得经直剪试验单点面积应力修正后的抗剪强度—正应力数据。对修正前、后的重塑植物根系土正应力—抗剪强度数据分别进行最小二乘法拟合，获取应力修正前、后的重塑植物根系土抗剪强度指标，如表 4-16 所示。对不同 RAR 下修正前、后的重塑植物根系土黏聚力进行拟合，表现为线性增长规律，见式 (4-23)，拟合结果如图 4-33 所示；对不同 RAR 下修正前、后的重塑植物根系土内摩

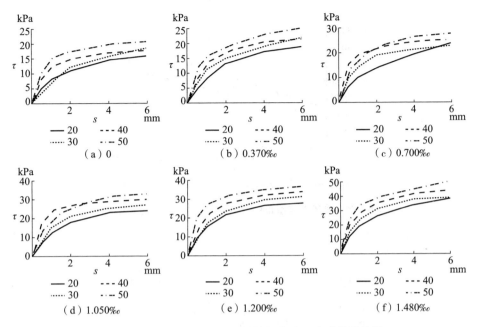

图 4-32　重塑土样不同 RAR 剪切位移—应力关联曲线

擦角进行拟合，表现为二次函数增长规律，见式(4-24)，拟合结果如图 4-34
所示。

表 4-16　单点面积应力修正前、后重塑植物根系土抗剪强度指标

RAR/‰	修正前抗剪强度指标		修正后抗剪强度指标	
	c_r/kPa	φ_r/°	c'_r/kPa	φ'_r/°
0	10.98	8.22	14.45	10.02
0.370	12.58	9.86	16.55	12.03
0.700	14.09	11.75	18.54	14.33
1.050	17.38	13.60	22.87	16.58
1.200	20.32	14.63	26.74	17.84
1.480	26.05	20.39	34.27	24.87

$$\begin{cases} c'_r = 12.624RAR + 12.137\,(R^2 = 0.900) \\ c_r = 9.595RAR + 9.224\,(R^2 = 0.900) \end{cases} \tag{4-23}$$

$$\begin{cases} \varphi'_u = 6.188RAR^2 - 0.163RAR + 10.548\,(R^2 = 0.964) \\ \varphi_u = 5.074RAR^2 - 0.134RAR + 8.649\,(R^2 = 0.964) \end{cases} \tag{4-24}$$

式(4-23)、式(4-24)中，c_r 为重塑植物根系土修正前黏聚力(kPa)，c'_r

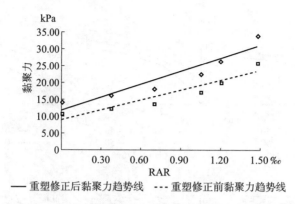

— 重塑修正后黏聚力趋势线　--- 重塑修正前黏聚力趋势线

图 4-33　重塑土样修正前、后黏聚力随 RAR 的变化关系

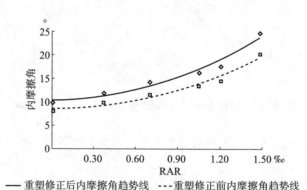

— 重塑修正后内摩擦角趋势线　---重塑修正前内摩擦角趋势线

图 4-34　重塑土样修正前、后内摩擦角随 RAR 的变化关系

为重塑植物根系土修正后黏聚力(kPa)，φ_r 为重塑植物根系土修正前内摩擦角($°$)，φ'_r 为重塑植物根系土修正后内摩擦角($°$)。从表 4-16、式(4-23)、式(4-24)及图 4-33、图 4-34 可知，经剪应力正应力修正后重塑植物根系土的抗剪强度指标较修正前提高了 18%~24%。

3. 原状与重塑含根土抗剪强度指标对比

联立式(4-21)、式(4-22)、式(4-23)、式(4-24)，对修正前、后室内重塑与原状含根土黏聚力及内摩擦角分别进行叠加并可视化，如图 4-35、图 4-36、图 4-37、图 4-38 所示。图 4-35、图 4-36 为修正前含根土室内重塑与原状抗剪强度指标随 RAR 对比；图 4-37、图 4-38 为修正后含根土室内重塑与原状抗剪强度指标随 RAR 对比。

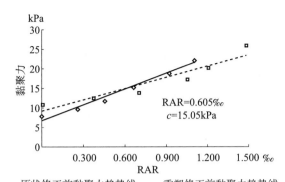

图 4-35　未做修正的重塑与原状含根土黏聚力对比

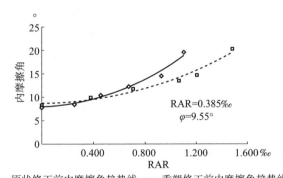

图 4-36　未做修正的重塑与原状含根土内摩擦角对比

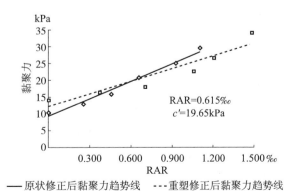

图 4-37　修正后的重塑与原状含根土黏聚力对比

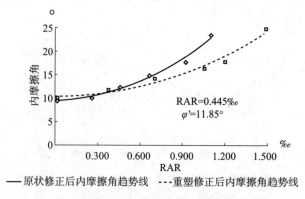

图4-38 修正后的重塑与原状含根土内摩擦角对比

由图4-35、图4-36可知，未做修正的重塑与原状含根土在RAR为0.605‰时有相同的黏聚力15.05kPa，在RAR为0.385‰时具有相同的内摩擦角9.55°；由图4-37、图4-38发现，经应力修正后的重塑与原状含根土在RAR为0.615‰时有相同的黏聚力19.65kPa，在RAR为0.445‰时有相同的内摩擦角11.85°。对比图4-35、图4-36、图4-37、图4-38，发现经应力修正后的含根土抗剪强度指标随植物根系含量的交叉点较修正前向右移，且交叉点之后原状含根土的黏聚力与内摩擦角增速均大于室内重塑含根土黏聚力与内摩擦角增速，相应的植物根系含量与植物根系土抗剪强度指标都有提高。单位体积内根系形态特征指标高的含根土体强度增长最大。

4.3.4　含水率对含根土体抗剪强度的作用

植物根系主要分布在0~30cm段土体内，结合不同RAR下原状与重塑植物根土体直剪试验抗剪强度参数的讨论，选择植物根长2cm、根系横截面积比RAR为0.615‰，相当于根系含量为0.86%的含根土体开展直剪试验，研究含水率与根系倾斜角度对植物含根土体强度的影响。

为近似模拟原状含根土体情况，人工将植物根系裁剪为20mm长的试样，将这些根试样分别按与剪切面呈30°、45°、60°、75°、90°插入重塑素土，制备5类根系在土中质量百分比为0.86%的重塑植物根土试样，尽可能地模拟原状植物根土。含根土样与无根土样试验配置方案如表4-17所示。试样编号规则：W+含水率+PS(素土)或R(根系)+根系与剪切面夹角；如植物根系含量0.86%、含水率14.6%、孔隙比0.95、根系与剪切面夹角30°的试样编号为W14.6R30，素土试样、含水率14.6%、孔隙比0.95的试样编号为

W14.6PS；"—"表示根系含量为零。

表 4-17　试验配置方案

试样编号	含水率/%	孔隙比	根系含量/%	根系与剪切面角度/°	竖向荷载	组数
W14.6PS	14.6	0.95	—	—	20、30、40、50	3
W14.6R30			0.86	30		3
W14.6R45				45		3
W14.6R60				60		3
W14.6R75				75		3
W14.6R90				90		3
W16.9PS	16.9	0.95	—	—	20、30、40、50	3
W16.9R30			0.86	30		3
W16.9R45				45		3
W16.9R60				60		3
W16.9R75				75		3
W16.9R90				90		3
W22.1PS	22.1	0.95	—	—	20、30、40、50	3
W22.1R30			0.86	30		3
W22.1R45				45		3
W22.1R60				60		3
W22.1R75				75		3
W22.1R90				90		3
W30.2PS	30.2	0.95	—	—	20、30、40、50	3
W30.2R30			0.86	30		3
W30.2R45				45		3
W30.2R60				60		3
W30.2R75				75		3
W30.2R90				90		3

通过室内重塑含根土样与无根土样直剪试验，获取不同含水率、不同植物根系倾斜角度条件下，并经单点面积正应力剪应力修正后的无根土样与含根土样黏聚力与内摩擦角抗剪强度指标数据见表4-18。表4-18中试样编号含义同表4-17，"—"表示无根土体只分析含水率对土体抗剪强度指标的影响，并与含根土体做对比分析，每一试样的试验结果数据为3次平行试验的均值。无根土体黏聚力随含水率变化规律如图4-39所示、无根土体内摩擦角

随含水率变化规律如图 4-40 所示，两类抗剪强度指标均随含水率的增长而下降，并呈幂函数下降规律，无根土抗剪强度指标与含水率函数表达如表 4-19 所示，表 4-19 中 c_p 为无根土黏聚力、φ_p 为无根土内摩擦角、ω 为含水率、R^2 为决定系数。结合表 4-18，无根土含水量从 14.6%增大到 30.2%时，各土样抗剪强度指标均降低，黏聚力相对变化量 7.60kPa、变化率 49%，内摩擦角相对变化量为 5.55°、变化率为 29%，可见含水量的变化对土体抗剪强度的影响很大，含水量对土体黏聚力的影响表现得更明显一些。

表 4-18 不同含水率不同根系倾斜角度下土试样抗剪强度参数

试样编号	含水率/%	根系与剪切面角度/°	黏聚力/kPa	内摩擦角/°	组数
W14.6PS	14.6	—	15.48	28.45	3
W14.6R40		30	13.85	27.64	3
W14.6R50		45	15.39	29.55	3
W14.6R60	14.6	60	15.98	29.89	3
W14.6R75		75	16.48	29.95	3
W14.6R90		90	17.33	30.18	3
W16.9PS	16.9	—	13.09	28.06	3
W16.9R40		30	11.55	26.68	3
W16.9R50		45	13.17	27.92	3
W16.9R60	16.9	60	14.61	28.56	3
W16.9R75		75	15.36	29.28	3
W16.9R90		90	16.65	29.45	3
W22.1PS	22.1	—	9.96	25.63	3
W22.1R40		30	7.15	23.35	3
W22.1R50		45	9.78	24.66	3
W22.1R60	22.1	60	10.95	25.37	3
W22.1R75		75	12.45	25.93	3
W22.1R90		90	14.75	25.95	3
W30.2PS	30.2	—	7.88	23.01	3
W30.2R40		30	6.20	21.68	3
W30.2R50		45	8.66	23.25	3
W30.2R60	30.2	60	10.24	24.29	3
W30.2R75		75	11.45	24.95	3
W30.2R90		90	13.38	25.05	3

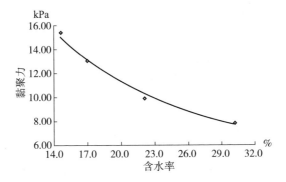

图 4-39　c_p 随 ω 的变化规律

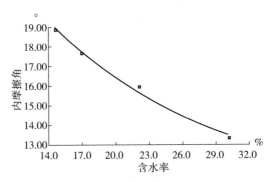

图 4-40　φ_p 随 ω 的变化规律

表 4-19　无根土抗剪强度指标与含水率函数表达

项目	幂函数表达	R^2
无根土黏聚力	$c_p = 182.06\omega^{-0.928}$	0.992
无根土内摩擦角	$\varphi_p = 67.12\omega^{-0.470}$	0.992

　　含根土不同根系倾斜角度下土体黏聚力与含水率分布如图 4-41 所示，对含根土黏聚力与含水率相关性进行数值拟合，得狗牙根土黏聚力与含水率呈幂函数关系，如表 4-20 所示；图 4-41、表 4-20 中 c_r 为含根土黏聚力、ω 为含水率。

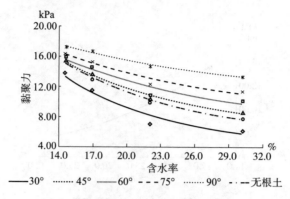

图 4-41　c_r 随 ω 变化规律

表 4-20　含根土黏聚力与含水率函数表达

根系倾斜角度	幂函数表达	R²
30°	$c_r = 295.02\omega^{-1.156}$	0.935
45°	$c_r = 139.69\omega^{-0.823}$	0.987
60°	$c_r = 89.51\omega^{-0.650}$	0.921
75°	$c_r = 66.61\omega^{-0.525}$	0.956
90°	$c_r = 46.49\omega^{-0.367}$	0.993
无根土	$c_r = 182.06\omega^{-0.928}$	0.992

　　含根土不同根系倾斜角度下土体内摩擦角与含水率分布如图 4-42 所示。对含根土内摩擦角与含水率相关性进行数值拟合，得狗牙根土内摩擦角与含水率呈幂函数关系，如表 4-21 所示。图 4-42、表 4-21 中，φ_r 为含根土内摩擦角、ω 为含水率。

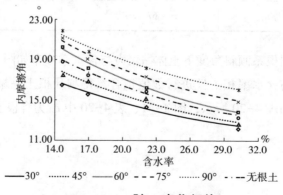

图 4-42　φ_r 随 ω 变化规律

表 4-21 含根土内摩擦角与含水率函数表达

根系倾斜角度	幂函数表达	R^2
30°	$\varphi_r = 48.49\omega^{-0.398}$	0.991
45°	$\varphi_r = 59.70\omega^{-0.451}$	0.977
60°	$\varphi_r = 78.67\omega^{-0.509}$	0.991
75°	$\varphi_r = 72.11\omega^{-0.462}$	0.991
90°	$\varphi_r = 61.29\omega^{-0.391}$	0.979
无根土	$\varphi_r = 67.12\omega^{-0.470}$	0.992

观察剪切试验后狗牙根土样，部分植物根系被直接剪断，部分根系只是被拉拔出，并未拉断。综上所述，根系倾斜角度相同时含水率对无根土与含根土抗剪强度的降低都有较大作用，无根土与含根土的抗剪强度指标与含水率均呈现幂函数表达规律，与内摩擦角抗剪强度指标相比含水率对无根土与含根土的黏聚力抗剪强度指标下降作用更显著些；高的含水率对根土体强度的作用是负面的。

4.3.5 根系角度对含根土体抗剪强度的作用

根据表 4-18，可得狗牙根土样黏聚力随根系倾斜角度的变化趋势如图 4-43 所示，对狗牙根土黏聚力与根系倾斜角度相关性进行数值拟合，得狗牙根土黏聚力与根系倾斜角度呈线性函数关系，如表 4-22 所示。表中各参数意义同前文。

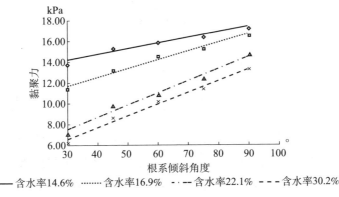

图 4-43 含根土体黏聚力随根系倾斜角度变化规律

表 4-22　含根土黏聚力与根系倾斜角度函数表达

含水率/%	线性函数表达	R²
14.6	$c_r = 0.063\theta + 11.854$	0.913
16.9	$c_r = 0.097\theta + 8.160$	0.953
22.1	$c_r = 0.141\theta + 2.116$	0.971
30.2	$c_r = 0.135\theta + 1.503$	0.961

根据表 4-18，得内摩擦角随根系角度的变化趋势如图 4-44 所示，对内摩擦角与根系角度进行拟合，发现两者呈线性函数关系，如表 4-23 所示。表中各参数意义同前文。

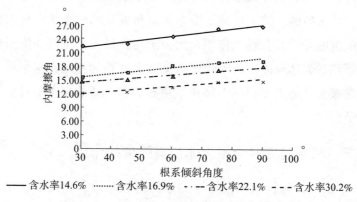

图 4-44　含根土体内摩擦角随根系倾斜角度变化规律

表 4-23　含根土体内摩擦角与根系倾斜角度函数表达

含水率/%	线性函数表达	R²
14.6	$\varphi_r = 0.093\theta + 18.901$	0.957
16.9	$\varphi_r = 0.075\theta + 13.150$	0.899
22.1	$\varphi_r = 0.073\theta + 11.738$	0.984
30.2	$\varphi_r = 0.061\theta + 9.937$	0.917

对比分析图 4-43、图 4-44、表 4-22、表 4-23，发现相同根系含量、相同围压时，不同根系倾斜角度对应不同的含根土体破坏强度参数，具体表现为 90°>75°>60°>45°>30°，说明不同根系形态对土体强度增长差异的机理是有区别的。与素土抗剪强度参数对比，倾斜状根系分布形态不能稳定体现根

系对土体强度的提高(特别是根系倾斜角度为30°),这主要是受根系倾斜角度的影响,依据莫尔库伦定律,土体发生破坏的理想破坏面与大主应力作用面夹角为45°±φ/2,本试样中含根土体内摩擦角在25.6°左右,而竖直状根系分布呈铅垂状,在土体中起到了浅根加筋的作用,倾斜状根系分布形态的倾斜角度为30°(恰与土体发生理想破坏时的角度相近),这可能是导致植物根系呈竖直状分布时含根土体强度增长相对较高、倾斜状分布时含根土体强度增长相对较小的主要原因。含水率、根系含量、围压相同时,含根土抗剪强度指标与根系倾斜角度呈线性函数规律表达,含根土抗剪强度指标随着根系倾斜角度的增大而增大,与黏聚力抗剪强度指标相比根系倾斜角度对含根土的内摩擦角抗剪强度指标改善作用更显著些,含根土与无根土的含水率严重影响着土体抗剪强度指标,大的根系倾斜角度积极影响着土体强度。综合分析,根系倾斜角度影响着含根土体强度增长的差异。

本书通过原状与重塑含根土样直剪试验,建立了植物根系横截面积比与土体抗剪强度指标间的表达式,总结出了含水率、根系倾斜角度对含根土抗剪强度指标的作用规律。

4.4　根系固土计算模型分析

降雨诱发植物堆积体失稳的破裂面常平行于坡面的滑面,滑面上下土体的含水率差距往往较大,致使上部非饱和土体重度增加和滑面处土体抗剪强度的降低;很多植物堆积体破坏现象显示:雨水入渗湿润锋达到一定深度才会诱发堆积体破坏。本书通过对研究样地堆积体土体特征的调研,不同深度处植物根系生长形态、根系特征参数的测量,土试样吸力测量及应变控制式直剪试验,讨论含根土体力学模型及植物堆积体吸力分布模型;基于 Mein-Larson 降雨入渗模型,求解降雨湿润锋深度解析解、孔隙水压力解析解;考虑植物根系分布深度、湿润锋深度、根系对土体吸力影响深度、滑面深度的相对位置,研究不同雨强下滑面在不同位置处的堆积体稳定性计算模型。

4.4.1　含根土体力学模型

对于狗牙根这种须根根系加筋堆积体,由于根系重量相对土体重量要小得多,忽略根系自重分析植物堆积体应力场时,竖向应力与水平向应力可近似按式(4-25)表述；但这种有坡面草本植物的堆积体浅部水平向剪切应力分布规律十分复杂，卜宗举(2016)运用弹塑性模型与有限元软件分析浅根加筋作用对粉黏土质堆积体稳定性影响时得出结论，认为堆积体水平剪应力 τ_{xy} 符合双高斯峰函数的规律，τ_{xy} 如式(4-26)所示。

$$\begin{cases} \sigma_x = \gamma h \\ \sigma_y = k\sigma_x \end{cases} \tag{4-25}$$

$$\begin{cases} \tau_{xy} = \tau_o + Ae^{(x-x_c)^2/(-2v_1^2)} & (x \leqslant x_c) \\ \tau_{xy} = \tau_o + Ae^{(x-x_c)^2/(-2v_2^2)} & (x > x_c) \end{cases} \tag{4-26}$$

式(4-25)中，σ_x 为竖直向主应力(kPa)，σ_y 为水平向主应力(kPa)，γ 为土体重度(kN/m³)，h 为竖直方向土体厚度(m)，k 为侧向土压力系数(设为常数)；式(4-26)中，τ_o、A、x_c、v_1、v_2 均为需通过数值应力场结合堆积体边界条件拟合得到的待定参数。

假定植物堆积体失稳的破裂面是平行于坡面的滑面，滑动方向与横坐标之间的夹角为 α，结合式(4-25)、式(4-26)，对某一堆积体滑面上正应力进行计算，如式(4-27)所示。

$$\sigma_n = \sigma_x \cos^2\alpha + \sigma_y \sin^2\alpha + 2\tau_{xy}\sin\alpha\cos\alpha \tag{4-27}$$

式(4-27)中，σ_n 为滑面上正应力(kPa)，其他符号意义同前文。对于滑面平行于坡面的浅层滑动，做无限堆积体分析，按照植物根系分布深度、植物根系对土体吸力影响深度界定堆积体边界条件，应用极限平衡法，简化分析，任一滑动面上任一点的应力状态可以用一个正应力(σ_n)和剪应力(τ_n)表示，阻止堆积体失稳的抗力 τ_n 可以用式(4-28)表示。

$$\tau_n = c + \sigma_n \tan\varphi \tag{4-28}$$

式(4-28)即为莫尔库伦破坏准则，对于掺有植物根系的土体，由于根系与土体有不同的弹性模量，根系与土体对含根土体的强度贡献是不同的，因此需要对土与根系的参数进行统一。式(4-28)中的黏聚力(c)与内摩擦角(φ)值是相应应变下的峰值强度或残余强度所对应的值，但含根系土比素土有更高的峰值强度，这是具有高变形模量的根系对土体抗剪强度提高的不争的事实，并为含根土体提供了塑性，使得含根土体达到峰值强度需要更高的变形量。

对于植物堆积体，根系体量与土体重量相比一般较小，根系自身重量可忽略。用直剪试验、从根系与剪切破坏面夹角的角度讨论根系角度对土体抗剪强度的影响，用这种根系倾斜角度与抗剪强度参数的关系来分析含根土体的各向异性；对于无根土抗剪强度指标可被视为已知的恒定指标，在草本植物须根根系加筋作用下，根土体强度指标会随着根系的倾斜方向而呈线性规律变化，变化规律趋势可用线性函数表达。根据前文试验结果、结合相关文献，根系倾斜角度与抗剪强度参数关系可表示为式（4-29），式中各字母含义同前文。

$$\begin{cases} c_r = a_1\theta + a_0 \\ \varphi_r = b_1\theta + b_0 \end{cases} \qquad (4-29)$$

试验结果显示，相对素土，含根系土体黏聚力增长率范围 25.28% ~ 101.69%、内摩擦角增长率范围 -2.57% ~ 2.90%。这表明高的位移量可以改善峰值强度，植物根系的加强作用可以用黏聚力增量来表达，附加在式（4-28）中。为了使土体和根系的力学特性兼容，土体达到峰值强度的位移可以链接到相应根系伸长量。

对于已知根系特征参数、剪切位移量、拉伸应力等参数的情况下，根据 Wu T. H. (1979) 等建立的含根土体抗剪强度力学模型，根系抗拉强度求解理论如式（4-30），由根系作用而引起的黏聚力增量可用式（4-31）表达，这里假定根系抗拉强度用弹性理论计算、有根土样与无根土样所用土体抗剪强度参数保持一致、土体达到残余抗剪强度时根系发挥抗拉强度、含根土体协调变形、被剪切区域厚度在试验过程中保持不变。

$$\begin{cases} b = 0.2262 - 0.0715\text{RAR} - 0.0016D \\ \varepsilon = (1 + B^2 b2e^{-2bx})^{1/2} - 1 \\ t_R = \varepsilon \times E \times \text{RAR} = \sigma \times \text{RAR} \end{cases} \qquad (4-30)$$

$$\Delta c = t_R(\sin\theta + \cos\theta\tan\varphi) \qquad (4-31)$$

式（4-30）、式（4-31）中，ε 为根系应变量，x 为拉伸位移量，B 为拉伸位移量的一半，b 为根系直径与根系面积比的黏聚力，RAR 为根系面积率，D 为根系直径，E 为拉伸模量，σ 为根系应变量所对应的应力，Δc 为根系作用附加在土体上的黏聚力，t_R 为根系抗拉强度，θ 为剪切试验中根系倾斜角度，φ 为土体内摩擦角。由式（4-30）、式（4-31）可知，与无根土体抗剪强度相比，含根土体抗剪强度增量是剪切过程中根系拉伸与土体摩擦转化而来的黏聚力增量，这很大程度上取决于根系抗拉强度。

根据对植物根系形态特征测量，根系倾斜角度范围多在 30° ~ 90°，土体内摩擦角角度范围多在 18° ~ 25°，故 $\sin\theta + \cos\theta\tan\varphi$ 的取值范围在 0.78 ~ 1.10，为简化计算模型，将 $\sin\theta+\cos\theta\tan\varphi$ 简化为一常量，取值为 1.00；这恰与 Wu T. H. (1979)等建立含根土体抗剪强度力学模型中所做的模型假设相一致。则根系作用引起的黏聚力增量可简化为式(4-32)。

$$\Delta c = t_R \tag{4-32}$$

联立式(4-28)至式(4-32)，非饱和含根土体力学模型(植物含根土体抗剪强度)可改写为式(4-33)。

$$\tau = c + t_R + \sigma\tan\varphi \tag{4-33}$$

4.4.2 生态工程堆积体孔隙水压力解析解

植物根系吸水可降低土体中孔隙水压力、提高土体基质吸力，降低渗透系数、改善土体孔隙水运移，提高土体抗剪强度；从堆积体防护角度来看，这有助于减小雨水入渗、提高堆积体浅层稳定性，是一个环境友好的方法。降雨作用下植物无限堆积体降雨强度 i、垂直坡面的根系分布厚度 e_1、无根区域受根系影响厚度 e_2 及植物堆积体的浅部分区情况如图 4-45 所示；图中 RA 表示根系分布区域、RAA 表示受根系影响区域、SS 表示受根系影响范围以外的坡体区域。吴宏伟(2017)及其团队推导不同根系形状对土体吸力分布及堆积体稳定影响的解析解，根系吸水 $S(h, z)$ 表述见式(4-34)：

$$S(h, z) = F(h)G(z)T_p \tag{4-34}$$

式中，h 为水头、z 为垂直坡面方向坐标轴(向上为正)、$F(h)$ 为根系吸水函数、$G(z)$ 为根系形状函数、T_p 为蒸腾速率。

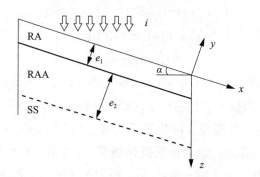

图 4-45　植物无限堆积体示意

$F(h)$ 如式(4-35)所示：

$$F(h) = \begin{cases} h/h_{os} & (h \leqslant h_{os}) \\ 1 & (h_{os} < h \leqslant h_{ws}) \\ (h_{wilt}-h)/(h_{wilt}-h_{ws}) & (h_{ws} < h \leqslant h_{wilt}) \end{cases} \tag{4-35}$$

式中，h_{os}、h_{wilt}、h_{ws} 依次为植物呼吸作用时厌氧点土体吸力水头、萎蔫点土体吸力水头、根系吸水降低点土体吸力水头；由于研究样地选择时段在夏季，正是植物生长的旺季，根系吸水蒸腾作用最强烈的时候，$F(h)$ 取 1。

常见的根系形状有均布形、椭圆形、三角形、指数形，根据前文对植物根系生长形态的讨论，植物根系生长形态可理想化为三角形根系形状。根据 NG C. W. W. (2015)、吴宏伟(2017)的研究结论，根系形状函数 $G(z)$ 表述如式(4-36)所示：

$$G(z) = 2(z-e_2)/e_1^2 \tag{4-36}$$

式中，e_1 为根系在垂直坡面方向长度，e_2 为根系分布厚度以下受根系影响的无根区域垂直坡面厚度，这里假定植物根系垂直于坡面生长，且 $e = e_1 + e_2$。

4.4.3 生态工程堆积体孔隙水运移

根据前文室内土体水力学特性试验讨论结果，植物堆积体非饱和土体水力传导方程采用式(4-37)、土水特征曲线关系采用式(4-38)表述，式中各符号意义同前文。

$$K = K_s \cdot e^{\beta h} \tag{4-37}$$

$$\theta_w = \theta_r + (\theta_s - \theta_r) e^{\beta h} \tag{4-38}$$

简化植物无限堆积体渗流为垂直于坡面的一维渗流，假设植物根系垂直于坡面分布、生长；基于水的质量守恒定律，运用非饱和土渗流的达西定律，采用吴宏伟(2017)提出的考虑根系影响的非饱和含根土体渗流控制方程如式(4-39)所示：

$$\frac{\partial \theta_w}{\partial t} = \frac{\partial}{\partial z}\left(K\frac{\partial h}{\partial z}\right) + \frac{\partial K}{\partial z}\cos\alpha - S(h, z)H(z-e_1) \tag{4-39}$$

$$H(z-e_1) = \begin{cases} 1 & (0 \leqslant z \leqslant e_1) \\ 0 & [e_1 < z \leqslant (e_1+e_2)] \end{cases} \tag{4-40}$$

式中，t 为时间、α 为坡角，等式左边表示非饱和含根土体渗透速率，等式右边第一项表示土体相对渗透系数对非饱和含根土体渗透速率的影响，等式右边第二项表示土体固有渗透系数对非饱和含根土体渗透速率的影响，等式右边第三项表示考虑根系形态的根系吸水对非饱和含根土体渗透速率的影响。

$H(z-e_1)$ 为 Heaviside 函数，如式（4-40）所示：当深度 z 从坡面至根系分布深度时 $H(z-e_1)$ 取 1，当深度 z 从根系分布深度至根系对土体吸力的最大影响深度时 $H(z-e_1)$ 取 0。因此，在植物根系分布深度范围内非饱和含根土体渗流控制方程如式（4-41）（$0 \leqslant z \leqslant e_1$）所示；在植物根系分布深度以下的非饱和土体渗流控制方程如式（4-41）（$e_1 < z \leqslant e$）所示。

$$\begin{cases} \dfrac{\partial \theta_w}{\partial t} = \dfrac{\partial}{\partial z}\left(K\dfrac{\partial h}{\partial z}\right) + \dfrac{\partial K}{\partial z}\cos\alpha - S(h, z) & (0 \leqslant z \leqslant e_1) \\[3mm] \dfrac{\partial \theta_w}{\partial t} = \dfrac{\partial}{\partial z}\left(K\dfrac{\partial h}{\partial z}\right) + \dfrac{\partial K}{\partial z}\cos\alpha & (e_1 < z \leqslant e) \end{cases} \quad (4\text{-}41)$$

定义根土体相对水力传导系数 K_o 为非饱和根土体水力传导系数 K 与饱和根土体水力传导系数 K_s 的比；z 方向及根系在铅垂方向的深度 $z_p = z\cos\alpha$、$e_{1p} = e_1\cos\alpha$、$e_{2p} = e_2\cos\alpha$、$e_p = e_{1p} + e_{2p}$；在式（4-41）中分别代入式（4-37）、式（4-38），式（4-41）转化为式（4-42）。

$$\begin{cases} \dfrac{\beta(\theta_s - \theta_r)}{K_s \cos^2\alpha}\dfrac{\partial K_0}{\partial t} = \dfrac{\partial^2 K_0}{\partial z_p^2} + \beta\dfrac{\partial K_0}{\partial z_p} - \dfrac{\beta S(z_p/\cos\alpha)}{K_s \cos^2\alpha} & (0 \leqslant z_p \leqslant e_{1p}) \\[3mm] \dfrac{\beta(\theta_s - \theta_r)}{K_s \cos^2\alpha}\dfrac{\partial K_0}{\partial t} = \dfrac{\partial^2 K_0}{\partial z_p^2} + \beta\dfrac{\partial K_0}{\partial z_p} & (e_{1p} < z_p \leqslant e_p) \end{cases} \quad (4\text{-}42)$$

（1）雨强大于等于饱和根土体水力传导系数。

随着降雨的持续，降雨强度 i 大于等于堆积体土体渗透系数 K 时，坡面为流量边界，定义此时坡面流量为 q_1；坡面边界条件见式（4-43）。

$$\frac{-\beta q_1}{K_s} = \left(\frac{\partial K_0}{\partial z_p} + \beta K_0\right)_{z_p = e_p} \quad (K \leqslant i) \quad (4\text{-}43)$$

坡底处为常水头边界，即 $(K_0)_{z_p=0} = e^{\beta h_0}$，$h_0$ 为坡底边界水头。

对于上述边界条件，$K \leqslant i$ 时堆积体土体含水率为饱和体积含水率，不再随降雨入渗时间的延长而增大，式（4-42）可写为式（4-44）。

$$\begin{cases} 0 = \dfrac{\partial^2 K_0}{\partial z_p^2} + \beta\dfrac{\partial K_0}{\partial z_p} - \dfrac{\beta S(z_p/\cos\alpha)}{K_s \cos^2\alpha} & (0 \leqslant z_p \leqslant e_{1p}) \\[3mm] 0 = \dfrac{\partial^2 K_0}{\partial z_p^2} + \beta\dfrac{\partial K_0}{\partial z_p} & (e_{1p} < z_p \leqslant e_p) \end{cases} \quad (4\text{-}44)$$

考虑 $K \le i$ 时坡面与坡底边界条件，运用 NG C. W. W. (2015) 求解非饱和无限含根系堆积体孔隙水压力的方法，假定植物根系形态呈三角形分布，植物堆积体根系范围内与根系范围以外初始孔隙水压力 u_0 如式 (4-45) 所示。

$$
\begin{cases}
u_{01} = e^{\beta(h_0 - z_p)} + \dfrac{q_1(e^{-\beta z_p} - 1)}{K_s} + \dfrac{\beta}{K_s \cos^2 \alpha} \int_0^{e_p} G(z_p, x_p) S\left(\dfrac{x_p}{\cos \alpha}\right) \mathrm{d}_{x_p} & (0 \le x_p \le e_{1p}) \\[3mm]
u_{02} = e^{\beta(h_0 - z_p)} + \dfrac{q_1(e^{-\beta z_p} - 1)}{K_s} & (e_{1p} < x_p \le e_p)
\end{cases}
$$

$$(4-45)$$

联立式 (4-34)、式 (4-35)、式 (4-36)、式 (4-45)，$K \le i$ 时植物堆积体非饱和无限含根系土体孔隙水压力解析解如式 (4-46) 所示。

$$
\begin{cases}
u_{w1} = 10\beta^{-1} \ln \Big[e^{\beta(h_0 - z_p)} + \dfrac{q_1(e^{-\beta z_p} - 1)}{K_s} + \dfrac{\beta}{K_s \cos^2 \alpha} \\[3mm]
\qquad \int_0^{e_p} G(z_p, x_p) S\left(\dfrac{x_p}{\cos \alpha}\right) \mathrm{d}_{x_p} \Big] & (0 \le x_p \le e_{1p}) \\[3mm]
u_{w2} = 10\beta^{-1} \ln \Big[e^{\beta(h_0 - z_p)} + \dfrac{q_1(e^{-\beta z_p} - 1)}{K_s} \Big] & (e_{1p} < x_p \le e_p)
\end{cases}
\quad (4-46)
$$

式 (4-46) 中右边第一项表示静水状态植物堆积体孔隙水压力分布，右边第二项表示坡面流量变化对土体孔隙水压力的影响，右边第三项表示植物根系吸水对堆积体土体孔隙水压力的影响。由于 $K \le i$，湿润锋深度以上堆积体土体含水率为饱和体积含水率，土体处于饱和状态，根据李宁 (2012) 提出的土质生态工程堆积体非饱和土可能水压力分布可知：当该饱和状况属浅部滞水时，$u_w = u_{w1} + u_{w2}$ 应大于 0，否则 u_w 等于 0。土层滞水是由于上下两层土体渗透系数差量过大，或渗入土体雨水被隔水层阻滞造成。由本书案例中植物堆积体工程地质特征可知：植物堆积体为单一土体，有一定坡度，含根系土体渗透系数小于下部土体渗透系数，且属于浅层滑坡，在坡面处不易形成积水，湿润锋位置并未达到相对隔水层，在不考虑土层滞水的情况下，$u_w = 0$。

(2) 雨强小于饱和根土体水力传导系数。

降雨强度 i 小于堆积体土体渗透系数 K 时，坡面为降雨边界，定义坡面流量为 q_0。坡面边界条件如式 (4-47) 所示。坡底处为常水头边界，即 $(K_0)_{z_p=0} = e^{\beta h_0}$，$h_0$ 为坡底边界水头。

$$
\frac{-\beta q_0}{K_s} = \left(\frac{\partial K_0}{\partial z_p} + \beta K_0 \right)_{z_p = e_p} \quad (i < K) \tag{4-47}
$$

对于 $i<K$ 的边界条件，应用植物堆积体根系范围内与根系范围以外初始孔隙水压力式（4-45）作为式（4-42）的初始条件，通过拉普拉斯变换，则式（4-42）的常微分方程可写为式（4-48）。式（4-48）中 s' 为拉普拉斯变换的复频率、$\overline{K_0}=L(K_0)$。

$$\begin{cases} 0=\dfrac{\partial^2 \overline{K_0}}{\partial z_p^2}+\beta\dfrac{\partial \overline{K_0}}{\partial z_p}-\dfrac{s'\beta(\theta_s-\theta_r)\overline{K_0}}{K_s\cos^2\alpha}+\dfrac{\beta(\theta_s-\theta_r)K_0(z_p,\ 0)}{K_s\cos^2\alpha}-\dfrac{\beta S(z_p/\cos\alpha)}{s'K_s\cos^2\alpha}\ (0\leqslant z_p\leqslant e_{1p}) \\[4mm] 0=\dfrac{\partial^2 \overline{K_0}}{\partial z_p^2}+\beta\dfrac{\partial \overline{K_0}}{\partial z_p}-\dfrac{s'\beta(\theta_s-\theta_r)\overline{K_0}}{K_s\cos^2\alpha}+\dfrac{\beta(\theta_s-\theta_r)K_0(z_p,\ 0)}{K_s\cos^2\alpha}\qquad\qquad (e_{1p}<z_p\leqslant e_p) \end{cases}$$

$$(4\text{-}48)$$

考虑 $i<K$ 时坡面边界条件，$-\beta\left(\dfrac{\overline{q_0}}{K_s}\right)=\left(\dfrac{\partial \overline{K_0}}{\partial z_p}+\beta\,\overline{K_0}\right)_{z_p=e_p}$ 及坡底边界条件，$(\overline{K_0})_{z_p=0}=e^{\beta h_0}/s'$，运用 NG C. W. W.（2015）求解非饱和无限含根系堆积体孔隙水压力的方法，假定植物根系形态呈三角形分布，植物堆积体根系范围内与根系范围以外在降雨强度小于土体渗透系数情况下的初始孔隙水压力 u_b 如式（4-49）所示。

$$\begin{cases} u_{b1}=u_{01}+\dfrac{8\cos^2\alpha}{\theta_s-\theta_r}e^{\frac{\beta(e_p-z_p)}{2}}\sum_{n=1}^{\infty}\dfrac{(\lambda_n^2+\beta^2/4)\sin(\lambda_n e_p)\sin(\lambda_n z_p)}{2\beta+\beta^2 e_p+4e_p\lambda_n^2}G(t)\ (0\leqslant x_p\leqslant e_{1p}) \\[4mm] u_{b2}=u_{02}+\dfrac{8\cos^2\alpha}{\theta_s-\theta_r}e^{\frac{\beta(e_p-z_p)}{2}}\sum_{n=1}^{\infty}\dfrac{(\lambda_n^2+\beta^2/4)\sin(\lambda_n e_p)\sin(\lambda_n z_p)}{2\beta+\beta^2 e_p+4e_p\lambda_n^2}G(t)\ (e_{1p}<x_p\leqslant e_p) \end{cases}$$

$$(4\text{-}49)$$

式（4-49）中 $G(t)$ 同式（4-50），式中 τ 为积分变量，t 为时间，λ_n 为方程 $\sin(\lambda e_p)+(2\lambda/\beta)\cos(\lambda e_p)=0$ 的第 n 个正根；由于式（4-49）中没有表述根系吸水的汇入项 $S(h,\ z)$，所以在 $i<K$ 边界条件下的初始孔隙水压力 u_b 忽略根系吸水的影响。

$$G(t)=\int_0^t [q_1-q_0(\tau)]\cdot e^{\frac{-(\lambda_n^2+\beta^2/4)(t-\tau)\cos^2\alpha}{\theta_s-\theta_r}}d_\tau \qquad (4\text{-}50)$$

联立式（4-49）、式（4-50）、式（4-36）及 $i<K$ 时坡面坡底边界条件，植物堆积体非饱和无限含根系土体孔隙水压力解析解如式（4-51）所示。其中等式右边第一项是植物堆积体 $K\leqslant i$ 时考虑根系吸水的孔隙水压力初始值，等式右边第二项描述了降雨对孔隙水压力的影响。

$$\begin{cases} u_{w1} = 10\beta^{-1}\ln\Big[u_{b1} + \dfrac{8\cos^2\alpha}{\theta_s - \theta_r}e^{\frac{\beta(e_p-z_p)}{2}}\sum_{n=1}^{\infty}\dfrac{(\lambda_n^2 + \beta^2/4)\sin(\lambda_n e_p)\sin(\lambda_n z_p)}{2\beta + \beta^2 e_p + 4e_p\lambda_n^2}G(t) \Big] \\ \qquad\qquad\qquad\qquad\qquad\qquad\qquad\qquad\qquad\qquad (0 \leqslant x_p \leqslant e_{1p}) \\[4pt] u_{w2} = 10\beta^{-1}\ln\Big[u_{b2} + \dfrac{8\cos^2\alpha}{\theta_s - \theta_r}e^{\frac{\beta(e_p-z_p)}{2}}\sum_{n=1}^{\infty}\dfrac{(\lambda_n^2 + \beta^2/4)\sin(\lambda_n e_p)\sin(\lambda_n z_p)}{2\beta + \beta^2 e_p + 4e_p\lambda_n^2}G(t) \Big] \\ \qquad\qquad\qquad\qquad\qquad\qquad\qquad\qquad\qquad\qquad (e_{1p} < x_p \leqslant e_p) \end{cases}$$

$$(4-51)$$

由式(4-46)、式(4-51)可知,降雨对堆积体土体孔隙水压力的影响取决于降雨强度与土体渗透系数的相对变化,是复杂且显著的,不便于实践应用。对于降雨强度小于土体饱和渗透系数的情况,假定坡面无积水、降雨入渗过程中湿润锋深度平行于坡面向下推进、湿润锋深度以上堆积体土体体积含水率均匀分布。由于雨水入渗湿润锋面深度以上根土体或土体含水率状况呈均布,即无水压梯度,那么式(4-39)中等式右边第一项表示土体相对渗透系数对非饱和含根土体渗透速率的影响可近似为零,考虑根系对入渗速率的影响,取 $H(z-e_1) = 1$,则坐标转换后的式(4-39)可表述为式(4-52);计算模型简图如图4-46所示。θ_w 为降雨入渗情况下传导区土体体积含水率(%),θ_i 为堆积体土体初始体积含水率(%)。

$$\frac{\partial\theta_w}{\partial t} = \frac{\partial K}{\partial z}\cos\alpha - S(h, z) \qquad (4-52)$$

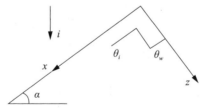

图 4-46　计算模型简图

又因为降雨强度小于土体饱和渗透系数时,假定坡面无积水,则 z 方向的入渗率 f 可表述为式(4-53)。

$$f = i \cdot \cos\alpha \qquad (4-53)$$

联立式(4-34)、式(4-35)、式(4-36)、式(4-37)、式(4-52)、式(4-53),求得湿润锋深度以上土体压力水头 h_w,如式(4-54)所示。

$$h_w = \frac{1}{\beta}\ln\left[\frac{i}{\beta K_s} + \frac{2T_p(z-e_2)}{e_1^2 \beta K_s \cos\alpha}\right] \tag{4-54}$$

根据式(4-54)，可获取降雨强度小于土体饱和渗透系数情况下植物堆积体孔隙水压力，如式(4-55)所示。

$$u_w = \gamma_w h_w = \frac{\gamma_w}{\beta}\ln\left[\frac{i}{\beta K_s} + \frac{2T_p(z-e_2)}{e_1^2 \beta K_s \cos\alpha}\right] \tag{4-55}$$

分析式(4-55)，当蒸腾速率一定，u_w 随着降雨强度 i 的变化而变化，随着 z 的增大而增大。

4.4.4 含根土堆积体湿润锋深度解析解

降雨强度小于土体饱和渗透系数时，根据 ML 降雨入渗模型，假设传导区土体含水率均匀分布，计算模型简图如图4-46所示。根据达西定律，由于假定湿润锋深度以上土体的含水率均匀分布，故忽略水压梯度部分对入渗率的贡献量，保留重力梯度对入渗率的贡献量，h_w 是与 θ_w 相对应的压力水头，根据式(4-52)、式(4-53)，坡面上竖直向下的入渗率可表示为式(4-56)。

$$f = \frac{\partial K}{\partial z}\cos\alpha - S(h, z) \tag{4-56}$$

由于降雨强度小于土体饱和渗透系数，植物堆积体无积水，联立式(4-37)、式(4-53)、式(4-56)，得降雨强度 i，如式(4-57)所示。

$$i = \beta K_s e^{\beta h} - \frac{2T_p(z-e_2)}{e_1^2 \cos\alpha} \tag{4-57}$$

联立式(4-38)、式(4-54)，得相应降雨强度下植物堆积体传导区体积含水率 θ_w，如式(4-58)所示。

$$\theta_w = \theta_r + (\theta_s - \theta_r)\left[\frac{i}{\beta K_s} + \frac{2T_p(z-e_2)}{e_1^2 \beta K_s \cos\alpha}\right] \tag{4-58}$$

根据式(4-58)与水量平衡原理，可得降雨强度小于土体饱和渗透系数时某一降雨强度、降雨持续时间条件下的湿润锋深度 Z_w 解析解，如式(4-59)所示，式(4-59)中 $I = i \cdot t$ 为降雨累计入渗量。

$$Z_w = \frac{i \cdot t}{\theta_w - \theta_i} = \frac{I}{(\theta_r - \theta_i) + (\theta_s - \theta_r) \cdot e^{\beta h}} \tag{4-59}$$

降雨强度大于根土体饱和水力传导系数，湿润锋面深度以上土体体积含水率为饱和状体积含水率；根据 Green-Ampt 初始干燥土体有薄层积水时的入渗模型，马世国(2014)、侯龙(2012)、李宁(2012)认为会有较显著的湿润锋面 Z_w 将植物堆积体土体分为雨水已入渗的湿润区和未入渗到的未湿润区，雨水入渗的湿润锋面以下为初始含水率，湿润区为饱和含水率，Z_w 随时间下移，Z_w 处的基质吸力水头 h_w 为一定值。饱和水力传导系数 K_s 为一定值，根据达西定律，在任一时刻 t 处土体的入渗率 $f(t)$ 见式(4-60)。式(4-60)中累计入渗量 I、降雨强度达到土体饱和渗透系数的时间 t_w 及湿润锋面处基质吸力水头 h_w 见式(4-61)。h_i 为植物堆积体根土体或土体的初始毛细基质吸力水头。

$$f(t) = K_s \left[1 + \frac{Z_w + h_w}{Z_w} \right] = \frac{d_I}{d_t} \tag{4-60}$$

$$\begin{cases} I = Z_w(\theta_s - \theta_r) = Z_w \Delta\theta_i = K_s t + h_w \Delta\theta_i \ln\left[1 + \dfrac{I_i}{h_w \Delta\theta_i} \right] \\[3mm] t_w = \dfrac{\Delta\theta_i}{K_s} \left[Z_w - h_w \ln\left(\dfrac{h_w + Z_w}{h_w} \right) \right] \\[3mm] h_w = \displaystyle\int_0^{h_i} K_r(h)\, d_h \end{cases} \tag{4-61}$$

考虑降雨入渗情况下土体吸力的变化，设降雨强度 i 为一稳定值，并假定 i 大于土体入渗率 f 时地表才有积水。当 $f = i$ 时，得地表开始积水时的湿润锋深度 Z_p、开始积水时的累计入渗量 I_p 及开始积水时的时间 t_p 见式(4-62)。

$$\begin{cases} Z_p = \dfrac{K_s h_w}{i - K_s} \\[3mm] I_p = Z_p \Delta\theta_i = \dfrac{K_s \Delta\theta_i h_w}{i - K_s} \\[3mm] t_p = \dfrac{I_p}{i} \end{cases} \tag{4-62}$$

当 $i > f$ 时，累计入渗量 I 的隐式表达见式(4-63)。根据韩金明(2011)对 Mein-Larson 降雨入渗模型的分析，累计入渗量的显式表达见式(4-64)，此时入渗率 f、降雨强度达到土体饱和渗透系数时间 t_w 见式(4-64)。

$$I = I_p + K_s(t - t_p) + h_w \Delta\theta_i \ln\left(\frac{I + h_w \Delta\theta_i}{I_p + h_w \Delta\theta_i} \right) \tag{4-63}$$

$$
\begin{cases}
I = I_p + K_s(t - t_p) + h_w \Delta\theta_i \ln m_1 \times \left[1 + \dfrac{m_2}{(1 - m_1)(1 + m_2 \times \ln m_1)}\right] \\[3mm]
m_1 = \dfrac{I_p + K_s(t - t_p) + h_w \Delta\theta_i}{I_p + h_w \Delta\theta_i} \\[3mm]
m_2 = \dfrac{h_w \Delta\theta_i}{I_p + K_s(t - t_p) + h_w \Delta\theta_i} \\[3mm]
f = K_s\left(1 + \dfrac{Z_w + h_w}{Z_w}\right) \\[3mm]
t_w = t_p + \dfrac{\Delta\theta_i}{K_s}\left[Z_w - Z_p + h_w \ln\dfrac{h_w + Z_p}{h_w + Z_w}\right]
\end{cases} \tag{4-64}
$$

联立式(4-60)至式(4-64)，得降雨强度大于等于土体饱和渗透系数时、一定降雨持续时间条件下的湿润锋深度 Z_w 解析解见式(4-65)。

$$
Z_w = \frac{I}{(\theta_s - \theta_i)\cos\alpha} \tag{4-65}
$$

综上所述，求解植物堆积体湿润锋深度需视降雨强度与堆积体土体饱和渗透系数相对大小做分类讨论，其湿润锋深度解析解见式(4-66)。

$$
Z_w = \begin{cases}
\dfrac{I}{(\theta_r - \theta_i) + (\theta_s - \theta_r) \cdot e^{\beta h}} & (i < K_s) \\[4mm]
\dfrac{I}{(\theta_s - \theta_i)\cos\alpha} & (K_s \leqslant i)
\end{cases} \tag{4-66}
$$

分析式(4-66)，一定降雨量情况下，Z_w 随土体初始含水率 θ_i 的变化而变化。

4.4.5 不同雨强时根系固坡计算模型

降雨引起滑坡的原因是雨水入渗及非饱和渗流导致的非饱和土重度增加、基质吸力减弱、抗剪强度降低，起关键作用的应是土体强度的大幅降低(韩金明，2011)。马世国(2014)、韩同春(2012，2013)认为降雨条件下，堆积体浅层土体含水率变化很大，多数植物堆积体浅层失稳现象是由于湿润锋达到一定深度时发生的滑动路径平行于坡面的顺坡滑动，可以作为无限堆积体来分析：假定湿润锋面、潜在滑移面平行于坡面，且潜在滑移面几乎与湿润锋面重合。

考虑负孔隙水压力，在湿润锋深度处考虑植物根系抗拉强度、平行于坡

面的力的平衡，植物堆积体浅部平行坡面无限滑体受力平衡分析如图 4-47
所示。

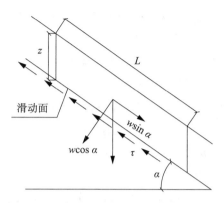

图 4-47　植物堆积体浅层滑体受力分析

抗滑力由滑移面抗剪强度 τ、根系抗剪力 τ_R、土体基质吸力 τ_s 三部分组
成。τ 由式（4-33）确定；τ_R 用黏聚力增量 $\triangle c$ 表达，由式（4-30）、式（4-31）
确定；τ_s 由非饱和根土体或土体孔隙水压力与气压力的相对变化确定。抗滑
力的公式表达见式（4-67）。

$$\begin{cases} \tau = c + \sigma \tan\varphi \\ \tau_R = \Delta c \\ \tau_s = (u_a - u_w)\tan\varphi^b \end{cases} \tag{4-67}$$

下滑力 T_s 为滑体重力，见式（4-68）。

$$T_s = \gamma Z_w \sin\alpha\cos\alpha \tag{4-68}$$

结合 Fredlund 总结的非饱和土体抗剪强度学说，用单点面积应力修正后
的有效的抗剪强度指标表达含根土体的抗剪强度指标，联立式（4-67）、
式（4-68），植物堆积体安全系数 F 可表述为式（4-69）。

$$F = \frac{c' + t_R + (\gamma Z_w \cos^2\alpha - u_a)\tan\varphi' + (u_a - u_w)\tan\varphi^b}{\gamma Z_w \sin\alpha\cos\alpha} \tag{4-69}$$

式中，c' 为土体有效黏聚力，φ' 为土体有效内摩擦角，u_a 为非饱和土孔
隙气压力，u_w 为植物堆积体非饱和土孔隙水压力，φ^b 为非饱和土抗剪强度随
土体基质吸力变化的角度，Z_w 为植物堆积体竖向湿润锋深度，γ 为土的重度。

考虑到植物堆积体浅层稳定性分析中，非饱和土体吸力值一般小于等于
100kPa，且非饱和土抗剪强度是负孔隙水压力水头的非线性函数，出于简化
的目的，在推导过程中非饱和土抗剪强度随土体基质吸力变化的角度 φ^b 采用

常量；计算中若再假设非饱和土孔隙气压力为 0kPa，则式（4-69）可简写为式（4-70）。

$$F = \frac{c' + t_R + \gamma Z_w \cos^2\alpha\tan\varphi' - u_w\tan\varphi^b}{\gamma Z_w \sin\alpha\cos\alpha} \qquad (4-70)$$

降雨强度小于土体饱和渗透系数，联立式（4-55）、式（4-59）、式（4-70），降雨诱发浅层滑坡计算模型见式（4-71）。

$$
\begin{aligned}
F &= \frac{\tan\varphi'}{\tan\alpha} + \frac{[\beta(c' + t_R) - \gamma_w\tan\varphi^b\ln(i/\beta K_s + 2T_p(z - e_2)/e_1^2\beta K_s\cos\alpha)] \cdot (\theta_w - \theta_i)}{\beta\gamma I\sin\alpha\cos\alpha} \\
&= \frac{\tan\varphi'}{\tan\alpha} + \frac{(c' + t_R - \gamma_w h_w\tan\varphi^b) \cdot (\theta_w - \theta_i)}{\gamma I\sin\alpha\cos\alpha}
\end{aligned} \qquad (4-71)
$$

降雨强度大于等于土体饱和渗透系数，联立式（4-65）、式（4-70）及 $u_w = 0$，降雨诱发浅层滑坡计算模型见式（4-72）。

$$F = \frac{\tan\varphi'}{\tan\alpha} + \frac{(c' + t_R) \cdot (\theta_s - \theta_i)}{\gamma I\sin\alpha} \qquad (4-72)$$

即不同雨强时根系固坡计算模型见式（4-73），式中各符号意义同上。

$$
F = \begin{cases}
\dfrac{\tan\varphi'}{\tan\alpha} + \dfrac{(c' + t_R - \gamma_w h_w\tan\varphi^b) \cdot (\theta_w - \theta_i)}{\gamma I\sin\alpha\cos\alpha} & (i < K_s) \\[3mm]
\dfrac{\tan\varphi'}{\tan\alpha} + \dfrac{(c' + t_R) \cdot (\theta_s - \theta_i)}{\gamma I\sin\alpha} & (K_s \leqslant i)
\end{cases} \qquad (4-73)
$$

针对研究区域降雨诱发植物堆积体失稳且堆积体地下水埋藏很深，忽略地下水对堆积体稳定性的影响，伴随着某一降雨强度的降雨事件，植物堆积体浅层土体孔隙水压力随着时间推移呈现三种分布形式，即负压力水头向正压力水头的逐渐转变。降雨初期湿润锋深度范围内孔隙水压力为负值，土体基质吸力还存在，如图4-48所示；通过对入渗过程的观察，在降雨条件下表土的含水率很快增至最大值，开始积水的时间 T_p 与整场降雨持续的时间相比要小，不考虑此时间段雨强对植物堆积体稳定性的负面影响；即受植物影响，坡面处土体短时间达到饱和，向下土体含水率逐渐降低，此时湿润锋面以上土体含水率还未形成孔隙水压力，湿润锋面土体基质吸力还存在，堆积体土体抗剪强度未受到影响，此阶段堆积体稳定性受降雨影响不大。

降雨过程中，湿润锋深度范围内土体基质吸力逐渐消失为零，如图4-49所示。由于强降雨或降雨的持续，湿润锋面以上土体基质吸力近乎为零，含水率近乎达到饱和，降雨转化成的地下水在重力梯度作用下湿润锋面不断下

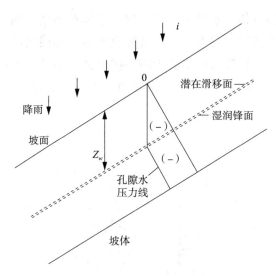

图 4-48 湿润锋面以上土体基质吸力大于零

移，此时湿润锋面以上土体重度显著增加，抗剪强度参数大幅降低，湿润锋面为坡体失稳潜在滑移面，此阶段植物堆积体浅部稳定性受雨强负面影响相对较大。

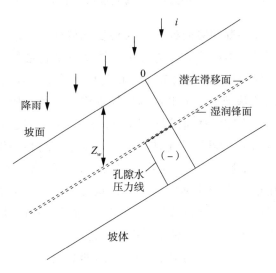

图 4-49 湿润锋面以上土体基质吸力等于零

随着降雨的持续，湿润锋深度范围内土体达到饱和含水率，湿润锋深度不断下移，负的压力水头已转化为对湿润锋面以上土体产生静水压力的正压力水头，如图 4-50 所示。由于降雨持续进行，湿润锋面以上土体已经饱和，湿润锋面以下土体气体、水分来不及排出，土体被不断压缩，于是在湿润锋面处形成对上部土体较大的顶托力，这种顶托力使得湿润锋面处静水压力最大、有效应力最小，黏聚力近乎降为零，抗剪强度最低，此阶段堆积体稳定性受降雨影响最大，需重点分析湿润锋面处潜在滑移危险。

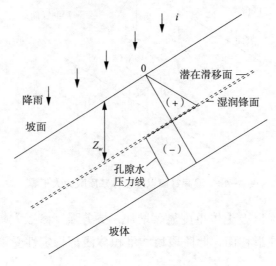

图 4-50　湿润锋面以上土体孔隙水产生静水压力

堆积体浅层失稳的湿润锋面处压力水头变化特征（见图 4-48、图 4-49、图 4-50）表明，可以将湿润锋面作为降雨入渗诱发植物堆积体失稳的潜在滑移面。在获取研究样地堆积体土体特征、植物根系特征、含根土体水力特性、含根土体强度特征的基础上，本书根据植物堆积体孔隙水压力解析解、湿润锋深度解析解，结合潜在滑移面（湿润锋面）、根系生长深度界面（根系分布深度 $0 \sim 40\text{cm}$）、受根系影响堆积体土体界面，植物根系对根系生长深度界面以下土体基质吸力分布的影响深度（根系吸水的影响深度取为根长的 3 倍）的不同相对位置，利用前文含根土体力学模型，联合 Fredlund 总结的非饱和土体抗剪强度学说，考虑根系影响的无限堆积体滑动路径平行于坡面的顺坡滑动的堆积体安全系数解析解，分三种工况进行讨论。

工况一：潜在滑移面在植物根系分布区域（坡面与根系生长界面之间）（见图 4-51）。RA 表示坡面与根系生长界面之间的植物根系分布区域，RAA 表示根系生长界面与受根系影响土体界面之间区域。由于潜在滑移面在坡面与根系生长界面之间，所以需考虑植物根系对抗滑力的贡献量，此工况下降雨强度小于土体饱和渗透系数时的安全系数表达见式（4-71），此工况下降雨强度大于等于土体饱和渗透系数时的安全系数表达见式（4-72）。

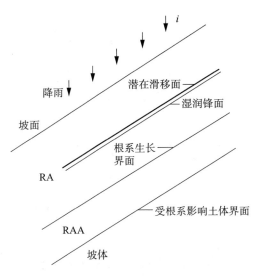

图 4-51 潜在滑移面在坡面与根系生长界面之间

工况二：潜在滑移面在 RAA 区域（见图 4-52）。由于潜在滑移面在根系生长深度界面与受根系影响土体界面之间，不考虑根系抗拉强度对抗滑力的贡献量，但需考虑植物根系对该区域土体吸力的改善，根据前文植物根系对堆积体土体吸力深度影响范围的讨论、前文根系倾斜角度对含根土体抗剪强度的分析、前文含根土体力学模型讨论，植物根系对 RAA 区域土体强度的改善量相当于根系倾斜角度为 30°时对根土复合试样抗剪强度的改善量，研究样地原状与重塑植物根土试样修正后内摩擦角范围在 10.24°~24.87°、无根土修正后内摩擦角为 9.54°~10.02°；为简化植物堆积体稳定性计算模型，取土体内摩擦角为 10°，则 RAA 区域土体 $\triangle c$ 为 $0.65t_R$；联立式（4-71），此工况下降雨强度小于土体饱和渗透系数时的安全系数表达见式（4-74）。

$$F = \frac{\tan\varphi'}{\tan\alpha} + \frac{(c' + 0.65t_R - \gamma_w h_w \tan\varphi^b) \cdot (\theta_w - \theta_i)}{\gamma I \sin\alpha \cos\alpha} \tag{4-74}$$

联立式（4-72），此工况下降雨强度大于等于土体饱和渗透系数时的安全系数表达见式（4-75）。

$$F = \frac{\tan\varphi'}{\tan\alpha} + \frac{(c' + 0.65t_R) \cdot (\theta_s - \theta_i)}{\gamma I \sin\alpha} \tag{4-75}$$

工况三：潜在滑移面在 *RAA* 以下坡体区域（见图 4-53）。由于潜在滑移面在 RAA 区域以下，已不受植物根系影响，且不受堆积体地下水影响，相当于 Fredlund 非饱和土抗剪强度理论；联立式（4-71），此工况下降雨强度小于土

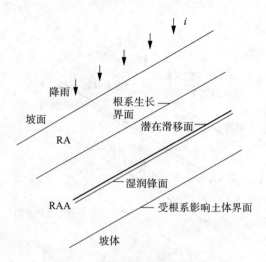

图 4-52　潜在滑移面在 RAA 区域

体饱和渗透系数时的安全系数表达见式（4-76）。

$$F = \frac{\tan\varphi'}{\tan\alpha} + \frac{(c' - \gamma_w h_w \tan\varphi^b)(\theta_w - \theta_i)}{\gamma I \sin\alpha\cos\alpha} \qquad (4-76)$$

联立式（4-72），此工况下降雨强度大于等于土体饱和渗透系数时的安全系数表达见式（4-77）。

$$F = \frac{\tan\varphi'}{\tan\alpha} + \frac{c'(\theta_s - \theta_i)}{\gamma I \sin\alpha} \qquad (4-77)$$

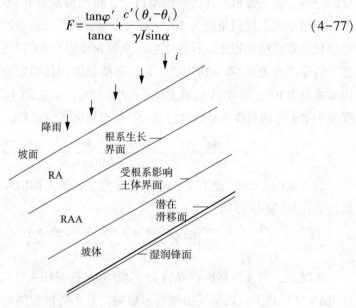

图 4-53　潜在滑移面在 RAA 以下坡体区域

综上所述，若从潜在滑移面与草本植物根系分布深度及根系吸水影响深度相对位置的角度考虑，可将降雨诱发草本植被覆被堆积体浅层滑坡计算模型分为三种工况：潜在滑移面在植物根系分布区域（RA）、潜在滑移面在 RAA 区域、潜在滑移面在受根系影响土体界面以下（SS），则降雨诱发草本植被覆被堆积体浅层滑坡计算模型可进一步表述为式（4-78），式（4-78）中各符号意义同前文；RA 表示根系分布区域、RAA 表示受根系影响区域、SS 表示受根系影响范围以外的坡体区域。

$$
\begin{cases}
\text{RA}\begin{cases}
F=\dfrac{\tan\varphi'}{\tan\alpha}+\dfrac{(c'+t_R-\gamma_w h_w\tan\varphi^b)(\theta_w-\theta_i)}{\gamma I\sin\alpha\cos\alpha} & (i<K_s) \\[2mm]
F=\dfrac{\tan\varphi'}{\tan\alpha}+\dfrac{(c'+t_R)(\theta_s-\theta_i)}{\gamma I\sin\alpha} & (K_s\leq i)
\end{cases} \\[8mm]
\text{RAA}\begin{cases}
F=\dfrac{\tan\varphi'}{\tan\alpha}+\dfrac{(c'+0.65t_R-\gamma_w h_w\tan\varphi^b)(\theta_w-\theta_i)}{\gamma I\sin\alpha\cos\alpha} & (i<K_s) \\[2mm]
F=\dfrac{\tan\varphi'}{\tan\alpha}+\dfrac{(c'+0.65t_R)(\theta_s-\theta_i)}{\gamma I\sin\alpha} & (K_s\leq i)
\end{cases} \\[8mm]
\text{SS}\begin{cases}
F=\dfrac{\tan\varphi'}{\tan\alpha}+\dfrac{(c'-\gamma_w h_w\tan\varphi^b)(\theta_w-\theta_i)}{\gamma I\sin\alpha\cos\alpha} & (i<K_s) \\[2mm]
F=\dfrac{\tan\varphi'}{\tan\alpha}+\dfrac{c'(\theta_s-\theta_i)}{\gamma I\sin\alpha} & (K_s\leq i)
\end{cases}
\end{cases} \tag{4-78}
$$

4.4.6　根系固坡计算模型算例分析

本书利用不同雨强植物堆积体孔隙水压力解析解、湿润锋深度解析解做渗流分析；在渗流分析基础上，利用根系固坡稳定性评价模型计算不同雨强时植物堆积体浅部安全系数，做植物堆积体稳定性分析；分析所提模型的适用性，分析降雨对植物堆积体稳定性的影响；设置裸坡稳定性计算做对比分析。

1. 算例分析参数

植物堆积体中土体、根系、土与根系之间接触面属三种不同材料，材料性质各异，植物根系直径小、数量多，模型计算时设定根系与土体自动实现受力变形协同。无限植物堆积体坡度45°、高18m、长15m；其中堆积体后缘竖直深度18m、前缘陡坎高度4m，植物根系垂直坡面方向分布长度0.4m。堆积体土体类型为砂质壤土，土体分三层，表层为 RA 区域含根土体，堆积体土体含有植物根系，厚度 0.4m；第二层为 RAA 区域土体，无根系分布但受根系影响着土体基质吸力，厚度 1.1m；第三层为 SS 区域土体，受根系影响区域以下土体。算例几何模型与边界条件如图 4-54 所示。

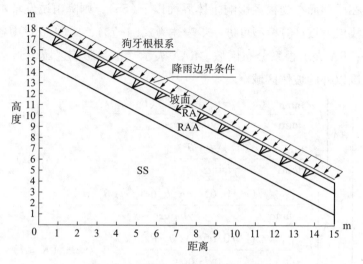

图 4-54 算例几何模型与边界条件

植物堆积体计算参数分为两部分：堆积体土体参数与植物根系参数。堆积体土体为砂质壤土，计算参数包括 RA 区域土体参数、RAA 区域土体参数、SS 区域土体参数。

算例中砂质壤土水土特征参数如下：RA 区域土体饱和渗透系数 K_s 为 $0.875\mathrm{mm \cdot h^{-1}}$，减饱和渗透系数取 $1.5\mathrm{m^{-1}}$；RAA 区域土体饱和渗透系数取 $1.235\mathrm{mm \cdot h^{-1}}$，减饱和渗透系数取 $1.6\mathrm{m^{-1}}$；SS 区域土体饱和渗透系数取裸坡土体室外双环入渗试验内环饱和入渗速率 $1.595\mathrm{mm \cdot h^{-1}}$，减饱和渗透系数取 $1.7\mathrm{m^{-1}}$。土体重度在 RA、RAA、SS 区域三个不同深度段依次取 $16.6\mathrm{kN/m^3}$、$16.9\mathrm{kN/m^3}$、$17.2\mathrm{kN/m^3}$；无根土有效抗剪强度参数取原状土直剪试验经单点面积应力修正后的结果，$c' = 10.65\mathrm{kPa}$、$\varphi' = 9.54°$；含植物根系土体有效抗剪强度参数取 RAR = 0.058‰ 时原状土直剪试验经单点面积应力修正后的结果，$c'_r = 20.59\mathrm{kPa}$、$\varphi'_r = 14.73°$。植物堆积体各区域土体其他参数如表 4-24 所示。表 4-24 中各符号意义同上文。裸坡几何模型尺寸与边界条件同植物堆积体，裸坡土体参数采用植物堆积体 SS 区域土体参数。

表 4-24　各区域土体参数

区域	$\theta_i/\%$	$\theta_s/\%$	$\theta_r/\%$	$\varphi^b/°$	h_w/cm
RA	16.9	23.6	4.9	20	3
RAA	17.3	24.3	4.9	15	3
SS	17.8	25.1	5.0	10	3

植物根系参数：模型计算中植物根系分布密度采用 10 株/m。植物根系属须根系，数值计算中对植物根系做简化：不考虑根系自重，根系按等径处理，根系直径 0.56mm、长度 200mm。根据第 4.1.3 节、4.3.1 节试验结果，取植物根系弹性模量 100.058MPa。由于研究样地植物根系直径不足 1mm，与根系长度相比小，不易在土工实验室获取，通过查阅研究植物根系加筋作用的相关文献，植物根系泊松比取 0.25；根系形态采用倒三角形，其他植物根系计算参数见表 4-25。表中各符号含义同前文。

表 4-25　植物根系参数

根系类型	$T_p/mm \cdot h^{-1}$	e_1/m	e_2/m	RAR/‰	E/MPa
植物	0.275	0.4	0.8	0.058	100.058

降雨类型分两种组合情况：第一种是降雨强度小于土体饱和渗透系数、降雨持续时间 10 小时，降雨强度取 0.800mm · h^{-1}；第二种是降雨强度大于等于土体饱和渗透系数、降雨持续时间 10 小时，降雨强度取 1.870mm · h^{-1}。

2. 算例模型解

对 i（降雨强度）小于 K_s（土体饱和渗透系数）的降雨事件，三种工况下植物堆积体湿润锋深度、安全系数随降雨持续的模型解如表 4-26 所示。对 i（降雨强度）大于等于 K_s（土体饱和渗透系数）的降雨事件，三种工况下植物堆积体湿润锋深度、安全系数随降雨持续的模型解如表 4-27 所示。

表 4-26　$i<K_s$ 时植物堆积体模型解

工况	含水率/%	34				
工况一	降雨时间/h	0.5	1.0	1.5	2.0	2.5
	湿润锋深度/m	0.05	0.10	0.19	0.28	0.34
	安全系数	1.493	1.480	1.457	1.441	1.199

工况	含水率/%	34				
工况二	降雨时间/h	3.0	3.5	4.0	4.5	5.0
	湿润锋深度/m	0.48	0.67	0.88	1.02	1.14
	安全系数	1.147	1.108	1.089	1.034	1.014
工况三	降雨时间/h	6.0	7.0	8.0	9.0	10.0
	湿润锋深度/m	1.25	1.36	1.44	1.58	1.66
	安全系数	0.965	0.936	0.928	0.923	0.918

表 4-27　$K_s \leq i$ 时植物堆积体模型解

工况	含水率/%	35				
工况一	降雨时间/h	0.5	1.0	1.5	2.0	2.5
	湿润锋深度/m	0.08	0.14	0.22	0.32	0.39
	安全系数	1.312	1.279	1.250	1.186	1.163
工况二	降雨时间/h	3.0	3.5	4.0	4.5	5.0
	湿润锋深度/m	0.52	0.75	0.97	1.09	1.17
	安全系数	1.125	1.067	1.031	1.000	0.893
工况三	降雨时间/h	6.0	7.0	8.0	9.0	10.0
	湿润锋深度/m	1.27	1.41	1.49	1.60	1.70
	安全系数	0.803	0.761	0.719	0.673	0.634

　　对 i（降雨强度）小于 K_s（土体饱和渗透系数）的降雨事件，三种工况下裸坡湿润锋深度、安全系数随降雨持续的模型解如表 4-28 所示。对 i（降雨强度）大于等于 K_s（土体饱和渗透系数）的降雨事件，三种工况下裸坡湿润锋深度、安全系数随降雨持续的模型解如表 4-29 所示。

表 4-28　$i<K_s$ 时裸坡模型解

工况	含水率/%	34				
工况一	降雨时间/h	0.5	1.0	1.5	2.0	2.5
	湿润锋深度/m	0.06	0.12	0.18	0.26	0.33
	安全系数	1.395	1.386	1.377	1.354	1.276
工况二	降雨时间/h	3.0	3.5	4.0	4.5	5.0
	湿润锋深度/m	0.45	0.65	0.87	1.00	1.10
	安全系数	1.220	1.166	1.146	1.088	1.056

工况	含水率/%	34				
工况三	降雨时间/h	6.0	7.0	8.0	9.0	10.0
	湿润锋深度/m	1.26	1.38	1.45	1.58	1.68
	安全系数	1.005	0.975	0.957	0.942	0.927

表4-29　$K_s \leqslant i$ 时裸坡模型解

工况	含水率/%	35				
工况一	降雨时间/h	0.5	1.0	1.5	2.0	2.5
	湿润锋深度/m	0.10	0.15	0.25	0.34	0.40
	安全系数	1.226	1.195	1.168	1.140	1.114
工况二	降雨时间/h	3.0	3.5	4.0	4.5	5.0
	湿润锋深度/m	0.59	0.84	1.03	1.12	1.19
	安全系数	1.089	1.036	1.001	0.971	0.867
工况三	降雨时间/h	6.0	7.0	8.0	9.0	10.0
	湿润锋深度/m	1.33	1.48	1.52	1.66	1.78
	安全系数	0.787	0.746	0.705	0.666	0.628

3. 算例模型解分析

对 $i < K_s$ 时植物堆积体与裸坡安全系数模型解的对比见图4-55，对 $K_s \leqslant i$ 时植物堆积体与裸坡安全系数模型解的对比见图4-56。图4-55、图4-56中 F 为安全系数、T 为降雨事件持续时间、h 为时间单位（小时），图中其他符号与字符含义同前文。

如图4-55显示，随着降雨持续，两类堆积体安全系数均呈下降趋势，整个下降趋势较缓，两类堆积体失稳过程初始阶段的安全系数大小反映了根系提高堆积体稳定性的情况。图4-56显示，降雨强度大于等于堆积体土体饱和渗透系数时堆积体安全系数随着降雨持续呈下降趋势，整个下降趋势较陡，两类堆积体失稳整个过程的安全系数大小反映了根系改善土体强度，进而提高堆积体稳定性的情况。

对比分析图4-55、图4-56，降雨强度小于堆积体土体饱和渗透系数时，植物堆积体浅层失稳所需的降雨持续时间相对较长、滑移面相对较深、滑动破坏发生在受根系影响区域以下土体，且根系对堆积体稳定性的改善随降雨的持续逐渐减弱。相反，降雨强度大于等于堆积体土体饱和渗透系数时植物堆积体浅层失稳滑移面上移、发生在受根系影响区域土体，根系对堆积体稳定性改善的效果明显，但安全系数随时间增加而降低的趋势明显加快。总的来看，第4.4.5节提出的计算模型反映了根系对土体强度的改善、对堆积体稳定性的提高，在两类雨强条件下是适用于研究区域植物堆积体浅层稳定性分析的。这和先前学者得出的高强度降雨诱发堆积体冲刷破坏、低强度降雨诱发堆积体滑动破坏结论不谋而合。

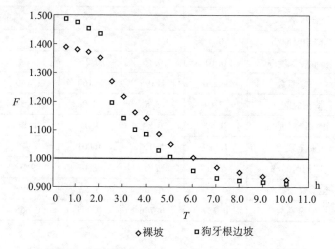

图 4-55　$i<K_s$ 植物堆积体与裸坡安全系数模型解对比

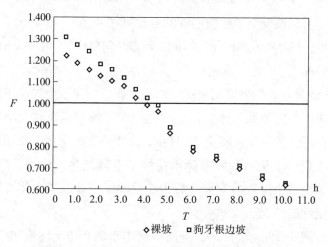

图 4-56　$K_s \leqslant i$ 植物堆积体与裸坡安全系数模型解对比

根系固坡计算模型解是将降雨事件在坡面的降雨强度设为一定值，将堆积体土体水压传导率、单位体积含水率设为一定值，在坡面无积水情况下来分析降雨对植物堆积体稳定性影响。自然环境下降雨过程是一个规律性很弱的过程，且降雨量多少不能完全代表入渗到土体中会有多少，因此降雨模拟存在较大的不确定性，这里主要是进行定性分析，获取近似的分析结果，定量分析还需做深入研究。

结合第 2.3.3 节研究区降雨特征下植物堆积体失稳事件规律总结，相同的是除了降雨强度影响植物堆积体稳定性外，堆积体稳定性均随着累计降雨量的增加、降雨持续时间的延长而降低，不同的是在相同的降雨时间里降雨强度大的降雨事件对植物堆积体的破坏更大。这说明降雨对植物堆积体稳定性的影响不能单一考虑堆积体失稳时的单一降雨事件，要综合考虑降雨强度、降雨持续时间及累计降雨量情况；当然在考虑降雨对植物堆积体稳定性影响时，植物生长情况、堆积体表层土体团聚体特征、堆积体土体水力特性、基质吸力、坡体特征等地质环境条件也应被重视。

综上，利用试验成果、含根土体水力特性函数模型、根系吸水理论方程，通过推导含根土体力学模型、不同雨强时植物边坡孔隙水压力解析解与湿润锋深度解析解，结合边坡潜在滑移面深度与根系分布深度、根系对土体基质吸力影响深度、湿润锋面深度的相对位置，分三种工况建立了植物根系固坡计算模型。

4.5　根系固土有效性讨论

(1)本书通过植物根系拉伸试验、不同 RAR 下室内重塑与原状植物根土试样直剪试验、特定 RAR 下不同含水率与根系倾斜角度的含根土体直剪试验，从强度的角度对研究样地植物根系及其含根土体强度进行了深入分析，所得结论归纳如下：①直径 0.22~0.85mm 的植物根系抗拉强度在 9.080~12.726MPa、弹性模量在 85.578~129.215MPa；植物根系能承受的拉力与根系横截面积成正比、而抗拉强度与根系横截面积成反比；植物根系抗拉强度随根系直径变化差异变化范围较大，但根系弹性模量基本为一常量，不随根系粗细而变化；植物这类须根根系抗拉强度与根系集群密度正相关。②RAR 与土体抗剪强度指标正相关，且主要体现在对黏聚力的提高上；利用植物提高土体强度时，RAR 应大于等于 0.250‰；应用直剪试验单点面积正应力剪应力修正理论，含根土体抗剪强度指标提高了 18%~24%；经单点面积正应力剪应力修正后的室内重塑与原状含根土在 RAR 为 0.615‰时有一样的黏聚力 19.65kPa、在 RAR 为 0.445‰时有一样的内摩擦角 11.85°。③根系倾斜角度相同时含水率对无根土与含根土抗剪强度的降低都有较大作用，无根土与含根土的抗剪强度指标与含水率均呈现幂函数表达规律，与内摩擦角抗剪强度指标相比含水率对无根土与含根土的黏聚力抗剪强度指标下降作用更显著些。含水率相同时，含根土抗剪强度指标随根系倾斜角度的增大而增大，且与根系倾斜角度呈线性函数规律，与黏聚力相比根系倾斜角度对含根土的内摩擦角改善作用更显著些。高含水率对根土体强度的作用是负面的，大的根系倾斜角度积极影响着土体强度。

(2)本书在试验数据与分析的基础上，做植物堆积体根系固坡的力学分析与简化、推导不同雨强植物堆积体的孔隙水压力解析解与湿润锋深度解析解，推导草本植物根系固坡的计算模型。而后，从计算模型分析的角度出发，利用所得结论、结合土体与植物根系试验数据，分析计算不同雨强时植物堆积体安全系数、雨水入渗情况，分析所提模型的适用性。所得主要结论如下：①植物根系为土体提供了抗剪强度增量与吸力增量，主要是黏聚力增量，能有效提高植物堆积体稳定性；可以用植物根系抗拉强度表征含根土体相对无根土体的黏聚力抗剪强度指标增量，对含根土体抗剪强度表达进行简化。②根据根系吸水理论与植物堆积体的孔隙水运移规律，推导了雨强大于等于根土体或土体饱和水力传导系数与雨强小于根土体或土体饱和水力传导系数情况下的植物堆积体孔隙水压力解析解、湿润锋面进深解析解；根据 Fredlund 非饱和土体抗剪强度学说与植物堆积体浅部滑体受力平衡分析，结合根系分布深度、根系对土体吸力影响深度、湿润锋深度，分三种工况推导了不同雨强植物堆积体浅部稳定性计算模型。③雨强小于堆积体土体饱和水力传导系数时植物堆积体浅部失稳滑移面发生在受根系影响区域以下土体；雨强大于等于植物堆积体土体饱和水力传导系数时植物堆积体失稳滑移面上移发生在受根系影响区域部分土体；计算模型较好地反映了植物根系对堆积体稳定性的改善，根系分布区域及受根系影响区域堆积体安全系数明显高于下部坡体安全系数。④对于植物堆积体，低强度长持续时间降水易诱发相对深层滑移，高强度降水易诱发相对浅层滑移；降水对植物堆积体稳定性的影响要综合考虑降水强度、降水持续时长及累计降水量情况。

(3)根系固土有效性讨论。狗牙根根系属须根系，本书通过对研究样地堆积体土体特征的调研、不同深度处植物根系生长形态、根系特征参数的测量，发现两年生植物根系直径以小于 1mm 为主，且主要分布在地表下 40cm 深度以内堆积体浅部地层，与堆积体土体交织结实成整体，形成含根土体。土试样吸力测量及应变控制式直剪试验显示，RAI 与土体吸力呈正相关且存在阈值，RAR 与土体抗剪强度指标呈正相关且主要体现在土体黏聚力的改善上；说明不同根系特征参数对土体强度增长差异的机理是有区别的。相比 RAR，RAI 与土体有较大的接触面积，增大了根系与土体协同变形的接触面积，充分发挥了植物根系对土体水分的吸收，这可能是植物根系 RAI 提高土体吸力的重要原因；相比 RAI，RAR 对土体抗剪强度参数有明显提高，黏聚力与 RAR 符合线性拟合规律，内摩擦角与 RAR 符合二次函数拟合规律，说明根系横截面积增大或根系集群效应提高了土体强度的有效性。植物根系倾斜角度对含根土体抗剪强度的讨论显示，根系的存在致使堆积体土体强度各向异性明显，剪切面与根系呈垂直方向强度相对较高，不同根系倾斜角度呈现不同的土体抗剪强度。在植物根系作用下，土体黏聚力、内摩擦角随根系倾斜角度的变化而改变，这种变化规律可近似用线性函数拟合。

综合分析，有生命力根系为土体提供了抗剪强度增量，且主要是黏聚力增量，大幅度增加了土的抗剪强度，可将这种须根系视作加筋材料，含根土体视作加筋土，即土体的力学性能因根系的存在而改善，进而阻碍堆积体变形，提高坡体稳定性，有效防止堆积体失稳。

4.6 小结

本章通过现场与室内试验，从根系特征参数角度分析植物根系对堆积体土体基质吸力、抗剪强度指标的影响，总结出了根系特征参数与含根土体基质吸力的规律表达、根系特征参数与含根土体抗剪强度指标的规律表达、根系对堆积体土体基质吸力的影响深度、根系倾斜角度与含水率对含根土体抗剪强度指标的规律表达。

本章结合研究样地植物根系分布深度、对堆积体土体基质吸力影响深度等试验结果对含根土体力学模型进行简化，推导出了不同雨强时的孔隙水压力解析解、湿润锋深度解析解，建立了植物根系固土的计算模型。

土壤侵蚀防治技术与设计

本章以研究区矿山堆积体的土壤侵蚀或渐变型地质环境问题为指引，以体现生态宜居理念的绿化措施为讨论对象，从矿山岩质堆积体绿化特征、绿化理论基础、常用绿化技术、绿化设计四个方面论述土壤侵蚀防治技术与设计。

5.1 堆积体绿化特征与开发利用思路

5.1.1 堆积体绿化特征

矿山岩质堆积体多是露天采矿导致岩石裸露、山体破损而形成的岩质堆积体；坡面绿化以堆积体所处地质环境为基础，通过人工覆绿措施，借助土壤天然种子库特性，实现坡面植被、生态恢复重建。宋法龙（2009）提出了矿山岩质堆积体绿化概念模型；模型中采取工程措施加固坡体、稳定植被生长基质，基质则提供植被生长所需的营养物质，基质作为水分、养分转化利用的平台和载体，同工程措施、植被形成有机统一的绿化坡面。

相较于土质堆积体，矿山岩质堆积体具有如下特征：①矿山岩质堆积体坡面多为新暴露的临空面，坡高且陡，坡面风化程度低，缺乏植被生长所需的含有一定营养物质的土壤；②坡面岩体持水能力差，不易涵养水分，植被生长发育受阻，植被根系生长长度和方向受限于岩层裂隙开展方向；③降雨形成的坡面径流对植被的冲刷侵蚀作用较大，土壤不易驻留。

矿山岩质堆积体的特征影响着矿山岩质堆积体绿化：①堆积体稳定性防护措施以工程措施为主、植被护坡为辅；②绿化植被的选择需以草本植物为主、灌木丛类植物为辅；③需构筑植被生长所需的基质；④结合实际工况，制订绿化养护方案。

5.1.2 堆积体开发利用思路

矿山岩质堆积体及附属堆积体具有废弃地、资源、资产等多重属性,具备负载、养育、仓储、提供景观、储蓄和增值等土地的功能,矿山开发需要树立全过程生态环保理念,边开矿、边治理、边造景,营造生态型、园林式、现代化的绿色矿山。堆积体开发利用的途径或目的一直在不断丰富和发展:如为生产过程提供场地,开发整理成可利用的土地资源(如新的建设用地),建设成生态墓葬场地,与历史文化资源相结合开发成文化遗迹,根据采矿揭露的地质景观、典型地层、岩性、化石剖面或古生物活动遗迹等建成科普及园或矿山公园(如人工瀑布),将城郊废弃矿山建成城乡主题公园(如人工湖泊、人工巨雕、巨型石刻)。矿山岩质堆积体及其附属堆积体的绿化是生态复绿工程,应秉持顺应自然、开发再利用的理念。

5.2 矿山堆积体绿化技术

岩石堆积体生态防护技术方法比较多,根据基质中黏合剂材料的使用情况大致可分成三类:第一类是在基质中不加任何黏合剂;第二类是在基质中加入水泥作为黏合剂;第三类是在基质中加入高分子胶作为黏合剂。根据白涛(2020)、黄敬军(2006)的研究成果,绿化技术的选择受矿山堆积体所在地的气候、地质、经济等因素影响,目前工程实践中应用较为广泛的岩质堆积体绿化技术有:飘台法、鱼鳞穴法、燕巢法、阶梯台阶法、钢筋砼框格悬梁技术、客土喷播法、液压喷播法、三维网喷混植生法、喷混植生法等。

5.2.1 传统矿山岩质堆积体绿化技术

飘台法、鱼鳞穴法、燕巢法、阶梯台阶法、钢筋砼框格悬梁技术等可归纳为传统矿山岩质堆积体绿化技术,它们的主要作用及应用条件各不相同。

飘台法:在采石场陡峭的岩壁上钻洞灌浆,用钢架支撑起一行行长短各异的飘台,之后在飘台中填土绿化。在坡面上用电钻呈45°打孔,形成深为20~40cm的φ18孔,将长度为85~110cm的φ16螺纹钢筋作为主锚杆(根据实际情况适度增加锚杆长度)插入孔内,用M20水泥砂浆灌注固定主筋,锚入岩体的主筋间距 25cm，用三根 φ8 螺纹钢筋作为附筋相互连接。采用厚度大于 2cm 的木板或 1cm 厚的胶合板制成上目 6cm、下目（山体接触面）8cm 的内空板槽，用铁丝绑接固定，上、下模板间距 5cm。浇筑槽板宽 70~90cm，内配受力钢筋为 φ6 的热轧低碳钢盘条，间距 20cm，钢筋保护层厚度 1.5cm，在槽板下方距坡面 3cm 处，每间距 1m 设一直径 1~1.5cm 的透气排水孔。用 C20 砼水泥连续浇筑，所用水泥和骨料应符合《混凝土结构设计规范》和《混凝土结构工程施工质量验收规范》的规定，如果因故中止且超过允许时间，则做施工缝处理。待浇筑的水泥干后在板槽内加入土壤、植生基质等混合物，并种植速生类适应性强的植物。

鱼鳞穴法或燕巢法：在陡直的壁面上利用较大的石缝、凸出部位所形成的石台，经小面积定向爆破形成鱼鳞状洞穴或状似燕巢，用砖砌筑围栏，放置播种有种子的填土竹筐或穴中填土并种植植物。洞穴直径通常大于 1m，洞穴低边弧形水泥石块围栏的弧目向周边延伸 50~100cm，离坑底 5cm 处设置 φ8 排水孔；在小平台或微凹处筑巢或者嵌入 100cm×60cm×60cm 的木箱，筑巢直接砌筑高大于 40cm 的弧形围栏与石壁连接并加固 5~10cm，无须设置排水孔；巢穴中加入厚度大于 50cm 的土壤、植生基质等混合物，并种植速生类适应性强的植物。

阶梯台阶法：将采石场陡峭的岩壁设计为阶梯形，逐级开挖（或爆破）植树台阶与植树沟槽，并在台面外侧修筑支挡墙及支挡桩，后复土、植树种草。

生态袋绿化或植生袋绿化：袋子呈"品"字形平整码放，用连接扣连接；采用液压喷播的方式对构筑好的生态袋墙面进行喷播；坡面顶层的生态袋长边方向垂直于坡面码放，确保压顶稳固。

垂直绿化：利用坡脚和坡顶原有的浅层土壤，或将种植土和底肥混合均匀后填入建好的坑穴或种植池，栽植攀附力强、耐瘠薄、干旱、高温的藤本植物；在堆积体表面挂网，并用锚钉锚固，攀缘植物栽植后牵引固定。

传统岩质堆积体绿化技术方法简单易行，但工作量与工期通常比较大，岩面达到完全绿化覆盖需要 2~3 年精心养护，适用于生态环境轻微破坏或绿化任务不急迫的岩质堆积体。

5.2.2　客土喷播法

客土喷播法是一项适合在岩质坡面或土壤贫瘠坡面开展绿化的技术。做法是在坡面上挂网、机械喷填或人工铺设一定厚度适宜植物生长的基质和种子；基质是指因地制宜地将客土、纤维、防侵蚀剂、缓效性肥料、泥炭土、保水剂与种子等按一定比例配比，加入专用设备并充分混合后，通过泵送或压缩空气喷射到坡面，形成堆积体绿化所需的人工土壤，进而达到绿化的目的。喷播前可在堆积体的裂缝处设置植树宝（每 $5\sim10m^2$ 放置一个）。该技术需根据堆积体所在地的地质与气候条件调配基质和种子，多用于传统绿化技术无法实现、造价大或绿化效果差的堆积体。由于堆积体绿化中的客土是科学调配、挂网作业可通过现代化机械实现，因此堆积体绿化的效果好、速度快。客土喷播是一项适用于坡度较缓且是强风化岩石坡面、土夹石或劣质土坡面的堆积体绿化技术；基质中不添加黏合剂，优点是有利于种子发芽和植被生长，缺点是抗冲刷能力弱、与坡面岩体黏结力弱。

技术要求：坡面处锚杆上倾、与坡面的夹角为 $95°\sim100°$，1m×1m 间距、梅花形布置，可以设置辅助锚杆；坡顶锚杆可做加密、加长处理，锚杆间距 80cm×80cm，外露长度 10cm，外露部分需做沥青防锈处理；坚硬岩面土锚杆嵌岩深度可适当减少、深度为 $20\sim30cm$，松散但稳固坡面土嵌岩深度为 $150\sim200cm$，采用水泥注浆固定锚杆，每平方米坡面锚杆不少于 5 根；在坡顶、搭接处采用主铆钉固定，坡面部位可采用辅铆钉固定；锚杆用量、长度等可根据坡面情况做相应调整。注浆 12 小时后由上而下铺设铁丝网，铁丝网在坡顶伸出 $60\sim100cm$ 埋入平台，并用铁丝绑扎在锚钉上，网片之间搭接长度需大于等于 10cm，搭接处用铁丝绑扎固定，网片与坡面的距离在 $2\sim6cm$。喷播前用含浸种剂常温水浸种湿润，浸种时间：灌木类 1 天，草本类 $1\sim2$ 小时。

喷播施工流程：再次清理坡面浮石、残存干枯枝叶等杂物，浇水湿润坡面，做试喷实验，调节水灰比，正式喷播施工；喷播操作先送风、后开机、再给料，喷播结束，关风；把握从上到下、从左至右、先凹后凸的顺序从正面分层垂直坡面喷射，最大倾斜角度要小于等于 $10°$，喷射头输出压要大于等于 0.1MPa，每次喷护单宽控制在 $4\sim6m$、高度 $3\sim5m$，喷射采用"S"形或螺旋形移动前进，保证喷播一次成型。喷播中单层喷播厚度小于 2cm，底层喷播完成后 3 天内完成种子层喷播；坡度在 $45°\sim70°$ 时喷播的厚度为 $5\sim8cm$，坡度大于等于 $70°$ 时喷播的厚度为 $10\sim15cm$。

5.2.3　液压喷播法

液压喷播法又称为水力播种法，该方法是将草籽、肥料、种子黏着剂、土壤改良剂等按一定比例配水搅匀，通过机械加压喷射到坡面实现堆积体绿化的一种技术。由于不需挂网，施工简单、速度快（一台喷播机可植草坪5000~10000m²/d），防护效果好（60天内基本覆盖、1年生态成型），工程造价相对较低。液压喷播法适用于堆积体坡度低于45°，坡面较粗糙或凹凸不平的岩面。液压喷播施工技术要点包括：喷播前的坡面清理及浸种处理，方法基本同客土喷播法。

5.2.4　三维网喷混植生法

三维网喷混植生法是集坡面加固与堆积体绿化于一体的复合型堆积体植物防护措施。应用可降解的土工材料制成的三维网，将裸岩固定后，喷射种子、肥料、保水剂、黏土等混合材料，在播种初期起到防止冲刷、保持土壤以利草籽发芽、生长的作用。三维网能承受流速大于4m/s的水流冲刷，在一定条件下可替代浆砌片石或干砌片石的护坡作用。该方法适合坡度小于40°的泥质堆积体。

5.2.5　喷混植生法

矿山堆积体绿化技术的核心是在岩质坡面上营造一个既便于植物生长发育又有较强抗冲刷能力的多孔稳定基质结构。基于此，喷混植生法讲究在岩质坡面上挂网（铁丝或塑料），用铆钉将网固定在坡面上，改良客土喷播中基质的缺陷，调配基质（土壤、腐殖质、有机质、保水剂、种子、水泥、水、植被混凝土添加剂等），利用喷混设备将其喷射到岩面，形成近10cm厚的植被混凝土，另有厚层基材喷射堆积体绿化技术；发挥水泥的黏结作用，使喷射到岩面的植被混凝土具有一定强度，基质强度与水泥掺量成正比，但水泥含量的提高会使基质pH值增大，导致基质土壤板结化，影响种子萌发与植被及根系生长，因此需要合理添加水泥的用量，调配好基质pH值；植被混凝土可在岩面形成具有多孔结构的硬化体，空隙即是种植基质的填充空间，也是植物根系的生长空间，使基质免遭冲蚀。该法适用于45°~65°的岩质坡面，45°以下的岩质坡面可不挂网喷植，可解决岩坡防护与绿化问题，但工程造价高、施工难度大。

厚层基材堆积体绿化技术兼顾护坡效应，是指在先岩层上喷射一定厚度的黏合剂、泥土、有机肥、保水剂、消毒剂和植物种子的混合材料，再采用锚杆、护网等传统工程措施将基质固定在岩质坡面上，通过绿化养护形成的植物根系和锚杆护网的协同防护作用，达到护坡效果。

对于小范围的岩质堆积体还可以采用钢筋混凝土框格悬梁技术。采用高度 60cm 左右的悬梁及 1.5m×1.5m 的框格，同时将锚杆和悬梁钢筋焊接成整体，使悬梁的力从锚杆传导到石壁。之后在悬梁框格内添加客土、种子、肥料及土工纤维等混合材料。该方法难度及成本均不小，尤其是针对高、陡的堆积体，难度更大。

5.3　矿山堆积体绿化设计

5.3.1　设计原则与准备工作

1. 设计原则

矿山岩质堆积体绿化是一项复杂的生态工程，应在采取工程措施保证坡体稳定、清理坡面的前提下，根据堆积体立地条件类型、植被恢复与重建机理、植被护坡理论及废弃地再开发利用的理念，借助人工堆积体绿化技术，顺应自然、就地取材、生态优先、因地制宜帮助堆积体尽快恢复生态系统功能。既要考虑堆积体绿化效果，又要结合地理环境、气候、土壤、地质水文条件、景观协调性、植物生长适应性，还要考虑坡度、坡高、蓄排水条件便于绿化养护，并做到技术可行、经济合理，实现可持续发展的目标。

根据乔领新(2010)对高速公路岩质堆积体植被恢复初期的研究成果，岩质堆积体绿化针对性、可实施性强，需要把握的设计原则丰富多样，普遍遵循的设计原则有：生态性、地域性、可行性、多样性、完整性。生态性原则：矿山岩质堆积体绿化是一个人工复绿与自然复绿相结合的过程，是生态系统恢复与重建的重要组成部分之一。基于生物链及生物之间的相互依存效应，不同门类生长差异大的植被存在生态交互与协存依赖，矿山岩质堆积体绿化应以项目所在地域植被构建堆积体绿植群落，以便达到功能结构完备合理、不同植被相得益彰的绿化效果。地域性原则：岩质堆积体绿化的立地条件类型比较复杂，存在微地形、微地貌、小气候等地域性比较强的局地特征。堆积体绿化时需根据微立地类型，挑选适合生境的绿植，合理搭配与布局绿植，因地制宜地达到矿山岩质堆积体绿化的目的。可行性原则：矿山岩质堆积体绿化通常环境条件都比较苛刻，要在技术上可行、造价上可接受，注重堆积体绿化的可行性。多样性原则：虽然矿山岩质堆积体坡面贫瘠、生境差，但还是要尽量保证物种群落的多样性，多样的绿植就是一个重要方面，便于被绿化堆积体形成较强的抗干扰能力和群落间稳定的动态平衡，使其经得起风吹雨打。完整性原则：被绿化的矿山岩质堆积体要具备自我调节、自我维持功能，特别是在营养的供给与循环、绿植的演替和能量的流动等方面，使得被绿化堆积体长久可持续。此外，在进行岩质堆积体植被恢复时，遵循的原则还有：生物措施与工程措施相结合原则、最小风险与最大效益原则、美学原则等。

2. 设计准备工作

堆积体绿化的方案与实施：设计安全防护区域与标识，包括安全防护区的界定、施工现场附近区域的界定、禁行标识、施工标志等；根据施工安全操作规范要求，选择安全防护措施；根据项目需要，搭设脚手架、下铺毛竹脚手片、上挂防护网、从山顶下悬绳索等，系安全带施工；脚手架搭设按脚手架搭设施工规范进行施工，现场施工人员佩戴安全帽及必要的劳保用具。设计准备工作可从以下4个方面着手：①收集矿山开发建设中与拟被绿化堆积体相关的图纸、文件等资料；调查并收集拟被绿化矿山岩质堆积体周边类似工程的做法及资料；征求建设单位相关意见。②调查项目周边植物群落类型、优势物种的分布、生长状况等；调查种苗供应状况。③收集项目周边的地形、地质及水文等数据信息，包括坡度、类型、坡高、坡向、地层、地质构造、岩石风化程度、有无涌水等；必要时采集土壤和岩石样品进行实验室测定、分析。④充分考虑项目所在地气候条件：年平均降水量、主要降水月份、月平均气温、年最高气温、年最低气温、无霜期、极端风速、常年风向等。

5.3.2 绿化设计要点

客土喷播法设计要点：堆积体主锚杆钢筋的选用应根据坡体岩性软硬程度区别对待，辅助锚杆可选用木质材料，宜用镀锌铁丝网，现浇钢筋混凝土框架梁的设计应符合《混凝土结构设计规范》和《混凝土结构工程施工质量验收规范》的有关规定。液压喷播设计要点同客土喷播法设计要点，此外，宜增大木纤维的使用量，控制喷播厚度在1~2cm。

生态袋绿化设计需保证无纺土工布质量与拉伸强度。当拟绿化堆积体对稳定性要求不高且坡度较缓时，可采用植生袋绿化；当坡面有较大石缝、不规则平台或为凹凸不平的硬质岩堆积体时可选用燕巢或鱼鳞坑绿化工艺；对于高度大、坡面光滑的硬质岩堆积体可设计板槽绿化或飘台绿化；对于坡体高度较低、坡面较光滑、坡度陡峭、坡脚残留有利于植被生长土壤的硬质岩堆积体，可采用垂直绿化。

种子喷播：根据坡面岩性、气候条件、施工季节等特性选择喷播用的种子；用于喷播的种子应是适应性强、根系发达、长势强、成坪快、抗旱抗冻耐贫瘠的多年生品种，利用植被的互补性配置植被种子，如草种3~6种、灌木种2~4种搭配绿化护坡；选好的种子需要提前浸水湿润，通常含浸种剂的乔灌类种子需浸种1天、草本类种子需浸种1~2小时；浸水湿润后的种子需与纤维、黏合剂、保水剂、复合肥、缓释肥等拌和物搅拌均匀，且均匀喷播在坡面上。覆盖：为了防止雨水冲刷、预防冻害，需对堆积体绿化基材做覆盖处理，以保证种子生根发芽和基材强度；根据工况，可以采用无纺布、秸秆、草帘、遮阳网等。喷播基材中宜选择利于植被生长的农业废弃料成分，用量可占到基材体积的30%左右、喷播厚度一般控制在15cm左右，视具体工况而定。用保水剂调节基材涵水特性、用黏合剂处理陡坡基材与坡面的黏结问题、用熟石灰或过磷酸钙调节基材酸碱度。对坡度大于45°的堆积体做挂网处理。

5.3.3 植被与基材

1. 植物筛选

根据矿区自身特点和研究区气候条件，在发挥林草防护、观赏等综合功能的前提下，遵循既防污、防害、美观好看，又能取得一定经济效益的原则，选择种植方法简单、费用低廉、早期生长快、改良土壤和防止土壤侵蚀效果好及适应性、抗逆性强的优良品种进行植被恢复。研究区选择的适生乔木植物类：松树、刺槐、柏树；适生草本植物类：黑麦草、结缕草、蒿草、苜蓿、羊草；适生灌木植物类：小叶女贞、黄杨球、紫穗槐、荆条、酸枣。植被恢复采用的方法包含：种植技术、直播技术、移栽技术。

矿山岩质堆积体绿化以低矮草灌藤类植被为主，草本类种子质量应符合《禾本科草种子质量分级》的规定。根据白涛（2020）的研究成果，种子的播种量可参考式（5-1）估算。

$$\omega = \frac{d \times q}{1000 \times c \times p \times r} \tag{5-1}$$

式（5-1）中，ω 为种子的播种量（g/m^2），d 为期望的植株密度（株/m^2），

q 为 1000 粒风干状态种子的重量(g)，c 为校正率，p 为种子纯度(%)，r 为种子发芽率(%)。

关于种子配比：坡度在 45°~70° 的堆积体采用灌草型(草本种子占比宜为 30%~40%)或草型种子配比进行绿化；坡度小于等于 45° 的堆积体采用乔灌草型(乔木种子占比宜为 25%~30%、草本种子占比宜低于 40%)或灌草型(草本种子占比宜为 30%~40%)种子配比进行绿化。

2. 监测方法

研究区监测方法以调查巡视监测为主，辅以定位观测。调查巡视监测每年 4~5 次。调查内容：丈量采矿工业场地、废石场占地面积，严防随意扩大扰动地表面积；用复垦方案报告书对照检查设计的各项防治措施的实施数量、质量；采用抽样(30m×30m)调查林草措施的成活率、保存率、生长情况和覆盖率。

定位观测：在项目区重点地段，设点进行动态监测。保证监测方法的可操作性和监测结果的真实性。采取定点定期观测与调查相结合的方法，对土地损毁较严重的废石场内设置观测点。

3. 监测内容

监测内容包含：郁闭度调查、覆盖度调查、成活率(保存率)调查、植被配置类型调查。郁闭度采用样点、样线等方法调查。采用样点调查的，均匀设置 30~50 个样点抬头观察，统计在林冠遮盖下的样点数计算郁闭度；采用样线调查的，设置 50~100m 长、5m 宽的测线，测量树冠投影计算郁闭度。覆盖度调查采用样方、样带方法调查；采用样方调查的，均匀设置 30~50 个 2m×2m 的样方，测量灌木树冠投影计算覆盖率；采用样带调查的，设置 50~100m 长、5m 宽的测线，测量灌木树冠投影计算覆盖度。未满 3 年的人工造林调查成活率，满 3 年的人工造林调查保存率，成活率和保存率均采用样行、样地等方法进行调查。植被配置类型调查乔木林、灌木林、乔灌混交林三个类型。

4. 植生基材

植生基材应具有较好的团粒结构，总空隙度要大于 40%，有效持水量大于 40%，具有良好的渗透性、保水性和保肥性，其中基质的占比要大于等于 30%，有机物含量 40%~50%，氮磷钾含量大于 5%(pH 值在 7.0 左右)；坡度小于等于 70° 时固化剂用量 0.8~1kg/m²，坡度大于 70° 时固化剂用量 1~1.3kg/m²；不出现明显的收缩、龟裂、板结、分层现象。浇水湿润坡面后将基材喷播在坡面铁丝网上，厚度为 4~12cm；为防止坡面基材厚度不够，实际喷播厚度取设计厚度的 1.25 倍。

5.3.4 坡面整理

施工准备：施工单位根据设计方案、现场勘察情况（周围环境、施工条件、电源、水源、土源、道路交通、堆料场地和生活设施位置等），与业主、设计等单位进行充分对接，编制施工方案，准备施工设备、材料，开展岗前安全和技术培训。

搭建脚手架、防护堤，人工清理坡面浮石、碎裂岩、楔形岩、杂物及松动岩块（采用微爆破方式时应符合《爆破安全规程》中的规定），用风镐、砂浆修整坡面转角处及坡顶棱角处，平整坡面，对于不稳定的坡面应采用预应力锚杆、锚索等做加固处理，以利于基材喷播施工和绿化效果。生态袋绿化或植生袋绿化时，坡面的凹凸度保证在±10cm，在适当位置可以夯实回填或隔一定高度开凿横向槽。

5.3.5 灌溉与排水

灌溉：坡度小于等于70°的堆积体宜采用立柱式喷灌系统，沿坡向布置主管，垂直主管方向布置支管；坡度大于70°的堆积体宜采用在支管上打孔的滴灌系统。

排水：根据坡面情况决定是否设计截排水系统，截排水系统包括排水设施和截水设施，截水设施依据堆积体走向布设，排水可设置在坡顶、坡脚、坡面平台处，通常排水与截水构筑物需设置伸缩缝；截水设施与排水设施的尺寸设计需考虑项目所在地的水文气象特征且都要关联蓄水池，注重水资源的循环利用。

5.3.6 绿化养护

堆积体绿化养护主要是结合项目所在地的水文气象特征浇水湿润、施肥、病虫害防治、补播、防汛和防火。浇水时间宜设在早晚时间段，浇水量随着时间的推移而调整；施肥宜把握"多次少量"的原则，以氮磷钾肥为主并与浇水养护相结合；病虫害防治应遵循"预防为主，综合防治"的原则，采取化学防治、物理防治、生物防治等方法防治病虫害，严禁使用对环境有破坏力的有公害药物；补播或补栽应以人工为主，时间宜选在春季，当人工补栽时应对补栽植被做断根或剪枝处理；汛期前应做好防汛设施的排查和维护工作、确保堆积体截排水设施正常运行，汛期中应及时巡查堆积体截排水设施、及时修缮并处理故障；防火主要在秋冬春三季，应做好防火巡查并设置防火带，及时清理项目范围内的各种易燃物，消除火灾隐患。鉴于堆积体绿化养护的特征，堆积体绿化养护宜采用全封禁管护，竖立标志牌，严禁人为破坏。

5.3.7　验收要求

堆积体绿化验收分为项目期间验收和竣工验收。项目期间的验收主要是做好质量控制和施工记录，验收的内容包括：项目场地整洁的程度、含植被种子的基材配置方案及基材强度、砂浆石块抗压强度、坡面整治情况、排水设施施工方案及进展、锚杆施工、镀锌铁丝网铺设、喷播等，在进入下一道工序前均要进行分项验收，填写验收记录并签字；监理单位会同建设单位对施工全过程进行监督管理。

竣工验收需准备的材料：施工记录、隐蔽工程检查验收记录和竣工图、堆积体工程与周围建筑物及构筑物位置关系图、原材料出厂合格证、场地材料复检报告或委托试验报告、混凝土强度实验报告、砂浆试块抗压强度等级试验报告、锚杆抗拔试验等现场实体检测报告、堆积体和周围建筑物及构筑物监测报告、勘察报告、设计施工图和设计变更通知、重大问题处理文件及技术洽商记录、各分项分部工程验收记录；主管部门应在受理竣工验收申请后一周内组织验收；竣工验收结论为需整改的项目，施工单位应采取整改措施并进行自检，自检合格后再提出验收申请，再行验收。

工程案例

石灰岩属建材类矿产资源，石灰岩矿在基础设施建设中发挥着重要作用，与此同时，石灰岩矿山大规模高强度开发利用也产生了一系列的地质环境问题。这些地质环境问题既包括崩塌、滑坡、泥石流等突发型土壤侵蚀，也包括破坏地形地貌及植被后引发的水土流失、压占土地等渐变型矿山地质环境问题。突发型土壤侵蚀失稳突然、强度剧烈、过程短暂，常直接造成人员伤亡及财产损失，已成为国内外研讨的热点，理论研究及防治技术日趋成熟；而植被破坏引起的渐变型地质环境问题演化过程缓慢，未引起人们足够重视。近年来，由于露天采矿所引起的植被破坏、水土流失、大气中粉尘污染恶化及地形地貌的严重破坏，已引起学者们的重视；特别是在经济社会发展较好的地方或旅游景区，植被与地形地貌的破坏是严重的视觉污染。尽管现有的矿山地质环境保护政策及措施也涉及石灰岩矿山堆积体绿化、渐变型地质环境问题，但对石灰岩矿山堆积体绿化、渐变型地质环境问题的成因分析及修复方案仍有待进一步研究。基于此，本书以豫西地区某乡镇周边分布的石灰岩矿山为例，根据现场调查，在系统分析研究区地质环境背景和主要地质环境问题的基础上，结合土地利用现状等相关资料，探讨石灰岩矿山堆积体绿化、渐变型地质环境问题的成因，最后针对该区域的具体情况提出相应的修复方案。

6.1 矿区概况

矿区石灰岩矿山紧邻镇上集市，周边交通线路四通八达、基础设施完善，平莲线横贯东西，豁平线、半平线及东平线纵贯南北，分布有1所中学、1所小学、2 所幼儿园、2 个自然风景区、1 个新江南生态园。村镇散落在矿区周边，是居民聚居区。研究区有石灰岩矿山 11 处，采矿权独立，密集分布；对各矿山进行编号后的矿山及周边地物分布相对位置见图 6-1。图 6-1 中：1——某钙制品石灰岩矿、2——某氧化钙厂、3——某石灰岩矿、4——某蜂糖岭石灰岩矿、5——某氧化钙厂、6——某活性氧化钙厂、7——某石灰岩矿、8——某石灰岩矿、9——某氧化钙厂、10——某石灰岩矿、11——某石灰岩矿。

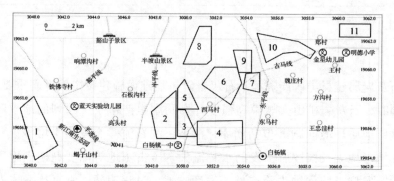

图 6-1　石灰岩矿山平面分布

矿区各石灰岩矿山自 2007 年 12 月以来，先后开始采矿作业，目前部分矿山已关闭、部分矿山开采量已接近可采储量，各石灰岩矿山开采概况见表 6-1。

表 6-1　石灰岩矿山开采概况

编号	矿山名称	占地面积/km²	可采储量/m³	开采规模/t·年	矿山历史开采年限/年	矿山服务总年限/年
1	某钙制品石灰岩矿	0.1455	38000	14000	7.0	7.3
2	某氧化钙厂	0.1465	35850	14000	6.5	6.9
3	某石灰岩矿	0.0800	30950	13500	6.1	6.1
4	某蜂糖岭石灰岩矿	0.1569	45100	15000	8.0	8.0
5	某氧化钙厂	0.0855	31090	13500	6.0	6.2
6	某活性氧化钙厂	0.1465	42000	14000	8.0	8.0
7	某石灰岩矿	0.0755	28800	12000	6.0	6.4
8	某石灰岩矿	0.1475	41500	14000	7.5	7.9
9	某氧化钙厂	0.0855	31000	11000	7.0	7.5
10	某石灰岩矿	0.1459	35200	12500	7.0	7.5
11	某石灰岩矿	0.0955	31200	11000	7.5	7.6

　　经实地调查，受石灰岩矿山生产影响的土地面积共计 9.4877km² ，以水浇地为主，既包括旱地、设施农用地、坑塘水面、其他草地、采矿用地，也包括建制镇、村庄和裸地。研究区域土地利用现状见图 6-2。

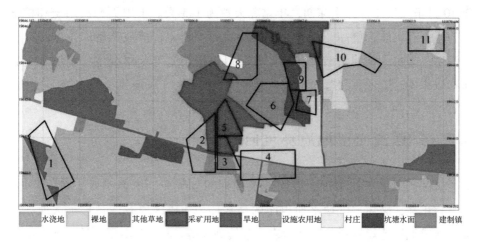

水浇地　裸地　其他草地　采矿用地　旱地　设施农用地　村庄　坑塘水面　建制镇

图 6-2　研究区域土地利用现状

　　该区域石灰岩矿区地处华北地层渑池—确山小区，大地构造分区属熊耳山垄断区，受三门峡断裂控制，具明显的推覆构造性质，地质构造形态以单斜为主，地层总体走向为北西西—南东东，倾向 205°、倾角 21°，受龙勃—花山背斜和三门峡断裂的控制形成小起伏低山，地势整体上北西高、南东低。谷地标高 280～310m，山峰标高 650～690m，地形高差 380～410m。出露地层主要有寒武系、泥盆系和石炭系地层，其中寒武系至泥盆系下统为碳酸盐岩，具各向异性及流变性，遇水软化的特征比较明显；中泥盆统至石炭系以非可溶碎屑岩为主，岩体完整，岩石致密、坚硬、垂向抗压强度高，力学强度高。此外，在矿区外围地带还有少量中生界侵入岩脉出露；在沟谷及山间盆地有第四系分布，岩性为残坡积及黄色亚沙土夹薄层红褐色黏土。

　　矿区以碳酸盐类裂隙岩溶水为主，局部分布有碳酸盐岩和碎屑岩间夹的裂隙岩溶水和松散土孔隙水。该区岩溶中等发育，线状溶隙率 5%～15%，有石英岩状砂岩形成的陡峭石崖，有崩塌现象。地表坡度较大，地形切割较为强烈，冲沟发育，纵横交错，有利于大气降水的径流与排泄。矿山开采中的充水因素主要是大气降水。降雨是土壤侵蚀现象频发的主导因素，以采矿引起的崩塌、落石、泥石流土壤侵蚀为主，对交通线路破坏力大。

　　矿区属暖温带大陆性季风气候，四季分明，以西风和西北风为主，春冬季风力较大，最大风速 20m/s。统计 1972 年至 2015 年水文气象资料，年平均气温 14.8℃，年降水量范围为 288.6~1022.6mm，平均年降水量 694.9mm，多集中于 7—9 月 3 个月，占年降水量的 60% 左右，最大冻土深度为 16cm，每年 10 月至翌年 4 月为霜冻期，年霜冻天数为 145 天。土壤类型以褐土和棕壤土为主，有机质含量高，具有很好的保水保肥能力，植被类型以落叶阔叶林及灌木丛为主，刺槐、酸枣多分布在谷底，荆条多与杂草混生在斜坡上，农作物以小麦、玉米、红薯为主；常见野生生物有兔子、麻雀、昆虫等。

6.2 矿区渐变型地质环境问题

矿区矿山生产在压占工矿用地及裸地的基础上，挖损耕地、其他草地、城镇村用地，破坏了坑塘水面封闭的蓄水环境，矿区原有的植被被大面积破坏，造成地形地貌景观破坏及地表水系统破坏等。1 号矿山压占的土地全部为耕地及村庄用地，影响着新江南生态园的发展；2 号、3 号、10 号、11 号矿山紧邻学校，不仅压占了耕地，还对学校造成环境污染；4 号矿山压占耕地的同时直接挖损建制镇用地；6 号、7 号、8 号、9 号矿山紧邻水域，造成地表水系统破坏。在雨水冲刷下，矿区废弃矿渣易形成矿渣坡面流，被雨水冲刷至低洼地带，破坏周边水浇地、旱地、农用设施地。露天开采的石灰岩矿山以爆破作业剥离岩体，爆破破碎体不规则分布，开采面岩体裸露，严重破坏了原本青山绿水的自然景观。豁山子景区及半坡山景区已成为拉动当地经济的重要增长点，但半平线、平莲线沿途满目疮痍的石灰岩矿山已经严重影响了白杨镇整体的景观，造成强烈的视觉污染，大大制约了白杨镇旅游产业的发展。矿山掌子面岩壁裸露，岩石破碎，水土流失，地形地貌景观逐渐遭到破坏。

现场调查时，周边聚居区居民、学校师生、景区工作人员反响强烈，矿山生产带动当地经济发展的同时，正在悄悄恶化当地的居住环境、破坏着土地资源，开采掌子面裸露破碎的岩石、废石堆及废弃的矿业建筑既破坏了周边优美的自然景观，又毁坏了植被等生态因素，导致渐变型土壤侵蚀不断恶化，水土流失严重，影响着当地自然生态功能的可持续性。经过统计，矿区石灰岩矿开采破坏的土地资源共计 1.1431km²，运用归纳总结的方法，矿区存在的渐变型地质环境问题可总结为土地资源破坏、地形地貌景观破坏、生态资源破坏。研究区石灰岩矿区渐变型地质环境问题汇总见表6-2。

表6-2　石灰岩矿区地质环境问题汇总

编号	矿山名称	渐变型矿山地质环境问题		
		土地资源破坏/km²	地形地貌景观破坏	生态资源破坏
1	某钙制品石灰岩矿	0.1455	矿山掌子面岩壁裸露，岩石破碎，水土流失，地形地貌逐渐遭到破坏；矿区紧邻景区，岩壁裸露的矿山掌子面造成视觉污染	破坏了当地的自然生态功能及它的可持续性，导致渐变型地质环境灾害
2	某氧化钙厂	0.1109		
3	某石灰岩矿	0.0534		
4	某蜂糖岭石灰岩矿	0.1569		
5	某氧化钙厂	0.0002		
6	某活性氧化钙厂	0.1457		
7	某石灰岩矿	0.0755		
8	某石灰岩矿	0.1378		
9	某氧化钙厂	0.0855		
10	某石灰岩矿	0.1362		
11	某石灰岩矿	0.0955		

6.3　渐变型地质环境问题成因分析

运用爆破、机械等作业技术露天开采石灰岩矿山，导致岩体结构破碎、结构面张开、形成人工开挖裸露的堆积体、坡面植被破坏、植物生长的营养层破坏是渐变型地质环境问题的直接原因；露天采场、矿渣及建设厂房挖损压占土地是导致可耕种土地资源及地形地貌景观遭到破坏的原始形态；矿山开采过程中未考虑对土地资源的保护，使得废弃矿石、矿渣无序堆放形成废石堆，在降雨作用下水土流失、诱发渐变型土壤侵蚀是导致周边耕地、道路和建设用地逐渐被破坏的间接原因。研究区内仍存在私采及盗采现象是渐变型地质环境问题规模不断扩大的重要成因之一。

原生石灰岩矿山是经过地质历史沉积、构造作用，形成的相对稳定的地质环境系统。根据前述地质环境条件的论述，研究区属暖温带大陆性季风气候，区域植被以其他草类和灌木丛为主，矿山开采之前，斜坡之上植被覆盖较好，地表降水丰富，植被生存依赖于降雨的入渗，植物生长于岩石的缝隙内及薄层残积土中。由于矿石露天开采，开采作业面内荆棘和植被完全遭受破坏，岩体开挖裸露，形成了荒坡和多处不稳定陡坡，局部岩土体在雨水作用下，冲刷地表泥土，造成水土流失，存在进一步破坏矿区生态环境的趋势；同时，裸露的岩面缺少植物生长的土壤，绿化作用的植物难以生存，大大增加了对生态资源的破坏。正是这种石灰岩矿山采矿活动对原生地质环境系统的输入，使得原有的地质环境系统结构被改造，同时形成新的地质体。这些系统结构的变化过程在研究区采石场中普遍存在。

根据堆积体生态系统退化绿化复原恢复与重建内涵图及堆积体绿化、生态恢复阶段论图，矿山开采过程中，采矿是一种环境输入作用，原生矿山地质环境系统随之对这种源源不断的输入产生响应，渐变型地质环境问题在此时已经形成，包括土地资源破坏、地形地貌景观破坏及生态资源破坏，此时的矿区地质环境系统已处于极度退化生态系统阶段，此时若再叠加其他外部环境输入，如降雨、地震等，渐变型地质环境问题会更加突出，恢复矿区地质环境系统可能性越来越小。

从研究区石灰岩矿山从开采到闭坑对地质环境的影响过程来看，堆积体绿化及渐变型地质环境问题本身就是一个渐变的过程，可以认为其对环境的影响分布于整个灾害效应中。在采矿活动与矿山地质环境相互作用过程中，既有对原生地质环境系统的改造，也存在因这种改造而生成新的地质体的可能。可以认为，堆积体绿化及渐变型地质环境问题的成因机制是在外部采矿活动的作用下，矿山原生地质环境系统结构变化过程的一种外在表现。

6.4　修复计划

研究区 11 处石灰岩矿山存在的渐变型地质环境问题包括土地资源破坏、地形地貌景观破坏、生态资源破坏，均存在植被破坏。石灰岩矿山渐变型地质环境问题是一个渐变的过程，对环境的影响分布于整个灾害效应中，石灰岩矿山开采是一种环境输入，原生矿山地质环境随着这种源源不断的输入，渐变型地质环境问题已经形成，此时若再叠加降雨、地震等因素，渐变型地质环境问题进一步恶化。渐变型地质环境问题的成因机制是在外部采矿活动作用下，矿山原生地质环境系统结构变化过程的一种外在表现。地貌重塑、土壤重构、具备生物多样性的植被系统、生物多样性保护、监测是渐变型地质环境问题修复的一条有效路径；矿山生产期堆覆的表土作为土壤重构的重要组成部分，具有天然种子库作用，其土地资源修复效果显著，有利于渐变型地质环境问题的改善。对于石灰岩矿山渐变型地质环境问题的修复效果更多的是从定性的角度去判断确定，对于复杂的矿山地质环境，渐变型地质环境问题的修复是否能够达到生态可持续发展的要求，仍有待进一步研究，因此，加强承灾体的易损性研究很有必要。根据研究区渐变型地质环境问题归类及成因分析，其修复需因地制宜，不仅要符合原有的土地利用规划，还要保证修复后的矿区土地可持续利用，既要有最佳的综合效益，又要遵循经济可行、技术合理的原则。矿山开采破坏的土地以水浇地、其他草地和坑塘水面为主，因此矿区渐变型地质环境问题具有很好的生态修复潜力，比如废弃的工业建筑用地可修复为耕地，露天采坑可修复为坑塘水面用地，增大水域面积，裸露的岩壁可通过攀爬植物修复为其他草地等。此修复计划中有四大修复目标：一是地貌重塑；二是土壤重构，无污染有肥力可耕种的土地资源修复；三是具备生物多样性的植被系统美化环境；四是生物多样性的保护、监测。

1. 地形地貌景观修复

在露天采场上部设置截排水沟，对采场进行危岩清理、坡面修整，运用植被型混凝土修复石灰岩堆积体；在排渣场上部设置截排水沟，下部分级设置挡石坝，对排渣场进行覆土植草。

2. 土地资源修复

根据渐变型地质环境问题的成因分析及土地破坏情况，矿区的土地修复需要土壤重构。根据地块大小，采用以施工机械为主、人工为辅的表土覆土及土地平整模式，以地块为单元进行平整，在覆表土时，在排水方向设一定的堆积体比，使雨水顺利流畅，减少对表土的冲刷，覆土层厚 30~50cm，机械压实与人工疏松结合。研究结果显示，利用矿山生产期堆覆的表土作为土壤重构的重要组成部分，具有天然种子库作用，土地资源修复效果显著。

3. 生态资源修复

根据矿区自身特点和气候条件，在发挥林草防护、观赏等综合功能的前提下，遵循既防污、防害、美观好看，又能取得一定经济效益的原则，选择种植方法简单、费用低廉、早期生长快，改良土壤和防止土壤侵蚀效果好及适应性、抗逆性强的优良品种进行植被恢复。研究区选择的适生乔木植物类有松树、刺槐、柏树；适生草本植物类有黑麦草、结缕草、蒿草、苜蓿、羊草；适生灌木植物类有小叶女贞、黄杨球、紫穗槐、荆条、酸枣。植被恢复采用的方法包含：种植技术、直播技术、移栽技术。

4. 生物多样性监测

研究区监测方法以调查巡视监测为主，辅以定位观测。调查巡视监测每年4~5次；严防随意扩大扰动地表面积，采用抽样调查林草措施的成活率、郁闭度、覆盖率及生长情况等。在项目区重点地段，设点进行动态监测，采取定点定期观测与调查相结合的方法，对土地损毁较严重的废石场及采场设置观测点。项目完工半年后，矿区植被覆盖率达到96%，已初步呈现自然环境修复的良好态势。

6.5 植物防治土壤侵蚀方案与建议

6.5.1 研究区地质环境保护技术方案

研究区可根据矿山地质环境保护与恢复治理原则，结合研究区地质环境现状、存在的主要矿山地质环境问题和评估结果，为了最大限度地避免或减轻因矿山工程建设和采矿活动对矿山地质环境的影响和破坏，闭坑后实现矿山地质环境的有效恢复，保证矿区经济社会发展和周围居民生命财产安全，按照轻重缓急、矿山生产进度实施阶段性保护恢复治理措施。具体目标是：通过开展保护与治理工作，解决采场、采场堆积体及排土场土壤侵蚀隐患；结合采场开拓进度，逐步进行植被恢复；建立矿山地质环境监测系统。

露天采场保护措施：在露天采场周边布置警示工程。露天采场治理措施：在露天采场上部设置截排水沟，对采场进行危岩清理和坡面修整，采矿活动完毕后对区内采场进行清理工作，整平、覆土、植树，做好植被恢复工作，崩塌落石采取挂网喷锚措施消除隐患。

排渣场保护措施：在排渣场周边布置警示工程。排渣场治理措施：在排土场上部设置截排水沟，下部分级设置挡石坝，采矿活动完毕后对区内排土场上部进行整平、覆土、植树。

工业场地保护措施：在工业场地设置警示牌。工业场地治理措施：采矿活动完毕后对工业场地内设施进行拆除，原地整平、覆土、恢复植被。

开展植被恢复工作：近期恢复对象主要为最终堆积体平台，在采场平台上覆土、植树、撒播草籽；中后期对采坑、排土场进行植被恢复。

开展矿山地质环境监测工作。建立一定数量的监测点，监测矿区土地、植被资源的破坏状况，监测矿区水土流失状况，监测采场堆积体的稳定状况，监测采场、排土场、排渣场地下水的水位、水质情况，监测排土场、排渣场稳定状况。

6.5.2 研究区土地复垦技术方案

本着"适地适树、适地适草、因害设防"的原则，研究区采用边损毁、边复垦的措施，将采矿、造地、复垦一体进行，使矿区剥离工艺、开采工艺、排弃工艺、造地与复垦工艺紧密联系在一起，实现采矿损毁与造地复垦工程同时进行，尽量减少矿区土地处于损毁状态的时间，加快土地复垦进度，为矿区生态重建和土地再利用创造良好的条件。

1. 工业场地复垦措施

工业场地使用结束后，拆迁不利用的建筑物，翻耕压占土地，采用乔灌混交方式进行植被恢复，种植灌木、撒播草籽，恢复原有生态环境和土地资源。新建工业场地工程包括场区周围排水沟。

2. 取土场复垦措施

研究区取土场均为临时破坏土地，区域地表土层以及土壤未受到损毁，复垦措施为：通过适当整地，恢复植被。

3. 排渣场及排土场复垦措施

排渣场及排土场是由开采出的废石、剥离表土堆积而成，主要为块石、碎石、沙土、黏土等混合而成，为松散堆积物，土壤含水量低，其机械组成参差不一，堆土坡度大，因此成为矿区土地复垦的重要部分。针对废石场岩土松散、固结能力弱、有坡面等一系列问题，得出解决此问题的最好办法是对弃土方式及废石场地貌堆积体及形状做合理的规划设计，并尽早恢复地表植被。

研究区对排渣场及排土场进行平整后，表面堆积体撒播草籽，恢复地表植被，并且在覆表土时，向排水方向设一定的堆积体比，使雨水顺利流畅，减少对表土的冲刷。排渣场及排土场平台采用大型机械先对地面初步平整，然后利用取土场的表土覆盖土层30cm，进行机械压实与人工疏松。根据适宜性分析结果及研究区实践经验，本部分植被恢复以种植灌草类植物。

6.5.3 露天采场区复垦设计

1. 土地平整

本项目根据地块大小的不同,采用不同的平整方式,施工以机械为主,人工为辅。以地块为单位进行平整,根据地块具体情况,选用施工机械和施工方法。缓坡区施工以机械为主,选用推土机、铲运机等机械,辅以人工。陡坡区进行削坡,使原来陡坡变为缓坡,施工以机械为主。

2. 植被恢复

露天采场整平削坡、覆土、选择适宜的品种进行区域补种或重新栽植。在覆表土时,向排水方向设一定的堆积体比,使雨水顺利流畅,减少对表土的冲刷。覆土层厚30cm,进行机械压实与人工疏松。根据适宜性分析结果,本部分植被恢复以种植灌草类植物。研究区选择蒿草,为减少土场扬尘,在洒水的同时适当加入覆盖剂,减少风蚀量,降低水土流失。

6.5.4 土壤侵蚀防治建议

本书从技术角度和管理角度提出针对研究区土壤侵蚀的防治原则和具体防治对策。研究土壤侵蚀的目的不仅在于查明其类型、成因、分布及对当地社会经济的影响程度,重要的是提出防灾减灾的措施,降低灾害造成的损失,消除灾害对社会经济发展的威胁。结合研究区实际情况,当前土壤侵蚀的防治原则应当是"预防为主,避让与治理相结合";从研究区社会经济健康可持续发展的角度出发,应建立土壤侵蚀预防治理制度、山地生态系统修复制度,完善社会经济活动管理制度。土壤侵蚀防灾减灾对策可以从技术和管理两方面进行。

技术方面的对策主要有:

(1)做好黄土丘陵、砂质泥岩等堆积体土壤侵蚀方面的基础研究,特别是对典型黄土斜坡稳定性分析研究以及老滑坡的观察与监测,是防灾、减灾的基础。

(2)绘制大比例尺土壤侵蚀分布图、预测图,为灾害治理和工程建设规划提供科学依据。

(3)建立土壤侵蚀数据库并动态更新,做好统计、分析、预测。

(4)对新建工程,做好工程范围内土壤侵蚀的评价、地质环境保护与恢复治理、土地复垦，预测可能引起的土壤侵蚀，加强地面保护。

管理方面的对策主要有：

（1）加强土壤侵蚀防治知识的宣传教育，提高全民防灾意识。使广大群众初步掌握土壤侵蚀发生的前兆特征、防治措施和避让方法。

（2）加强领导，依法管理。土壤侵蚀防治是一项涉及面较广的工作，只有在政府的领导下，各职能部门形成合力，才能做好土壤侵蚀防治工作。

（3）做好土壤侵蚀生态修复的监测、监管，促使土壤侵蚀预防治理技术方案落到实处。

（4）坚持"预防为主，避让与治理相结合"的方针。从研究区目前的社会经济发展状况来看，目前还拿不出大量资金来治理所有的土壤侵蚀，因此必须贯彻"预防为主，避让与治理相结合"的方针，做好事先的避让工作显得尤为实际和重要。

结论与展望

工程堆积体土壤侵蚀对生态宜居环境影响是显著的，不仅会造成经济损失、构成安全威胁，还会形成渐变型地质环境问题。运用有生命力植物固土是生态宜居视角下堆积体土壤侵蚀防治的关键环节。在研究区域利用植物根系加固堆积体方面，研究区岩土工作者积累了大量的工程实践经验；本书在借鉴先前学者所得成果的基础上，对研究区工程堆积体土壤侵蚀进行风险评价，选定植物堆积体研究样地，通过一系列的试验研究、理论推导和工程案例探索，对植物根系加固堆积体有了一些新认识，总结得出了一些植物根系固坡机理和工程案例经验；与此同时也遇到了一些新问题。

7.1 结论

7.1.1 研究区堆积体土壤侵蚀风险评价

研究区内土壤侵蚀分布规律严格受自然地质条件和人为因素制约，土壤侵蚀在空间上有相对集中和条带状展布的分布规律，即沿居民点呈片状分布、重要交通干线两侧呈条带状分布、土壤侵蚀受地形地貌控制明显、在易滑或易崩地层岩性组合部位相对集中、地面塌陷沿煤层成矿带呈线性分布的规律。土壤侵蚀在时间域上也呈现出集中分布的规律，主要表现为：人类活动强烈时期相对集中，在雨季相对集中。有一定植物覆盖度的堆积体土壤侵蚀风险相对较低，运用植物防治堆积体土壤侵蚀有助于生态宜居环境的构建。

7.1.2 根系固土理论

通过一系列的调查、取样、试验、理论分析等工作，本书得到如下四条主要结论：①植物能显著改善堆积体浅层稳定性。调查范围内堆积体土体具有土壤种子库功能，自然环境下能育出狗牙根植物，狗牙根植物能显著改善堆积体土体水稳性能与结构稳定性、提高堆积体表层土体抗侵蚀能力、增大堆积体土体团聚度，保育坡面植物有助于改善堆积体土体团聚体结构状况，降低雨水入渗侵蚀，防治水土流失，促进堆积体浅层稳定。②总结出了根系对堆积体土体基质吸力的影响规律。根系特征参数沿土层深度呈指数函数递减，根系横截面积比与根表面积指数间存在线性拟合关系，根表面积指数随着根系横截面积比的增大而增大；土体基质吸力增量随根表面积指数增大呈线性增大；植物根系对堆积体土体吸力的影响深度约为根长的 3.75 倍；植物可有效减小土体入渗速率，使土体维持较高的土体吸力，含水率相同时含根系土体吸力高于无根土吸力；指数函数模型能够用于描述含根土体的水力特性。③总结出了根系对含根土体抗剪强度指标的影响规律。根系横截面积比与土体抗剪强度指标正相关，利用植物提高土体强度时根系横截面积比存在阈值；根系倾斜角度相同时，含水率对含根土抗剪强度的降低有较大作用，含根土抗剪强度指标与含水率呈现幂函数表达规律，与内摩擦角抗剪强度指标相比含水率对含根土的黏聚力抗剪强度指标下降作用更显著些。含水率相同时，含根土抗剪强度指标随着根系倾斜角度的增大而增大且与根系倾斜角度呈线性函数规律表达，与黏聚力抗剪强度指标相比，根系倾斜角度对含根土的内摩擦角抗剪强度指标改善作用更显著些。④建立了含根土体抗剪强度的简化模型与植物根系加固堆积体作用的稳定性计算模型。植物根系为土体提供了抗剪强度增量与吸力增量，主要是黏聚力增量，可以用植物根系抗拉强度表征含根土体相对无根土体的黏聚力指标增量，对含根土体抗剪强度表达进行简化；根据非饱和土体抗剪强度学说、根系吸水理论、根系加筋学说、植物堆积体的孔隙水运移规律及滑体受力平衡分析，推导出了不同雨强时的植物堆积体孔隙水压力解析解、湿润锋深度解析解，结合根系分布深度、根系对土体吸力影响深度、湿润锋深度，分三种工况推导了不同雨强时植物堆积体稳定性计算模型。

7.1.3　工程案例经验总结

研究区石灰岩矿区地质环境问题、土地复垦问题及其诱发的土壤侵蚀、次生灾害严重制约着当地社会经济的持续发展。现阶段的地质环境保护措施、土地复垦方案一定程度上改良着当地生态系统的恶性循环，但在设计方案实施、生态恢复管护措施、客观地质环境制约方面仍存在诸多问题。与土壤侵蚀治理设计相比，石灰岩类矿山地质环境治理缺少可指导的技术规范，治理设计应以矿区生态系统健康与环境安全为目标，多技术综合恢复治理，加强生态修复，做好土壤修复。石灰岩类矿区原始生态系统脆弱，极度退化状态时，生态系统恢复的不可逆性表现显著。为此，现有的地质环境保护及土地复垦对策应强调植物管护措施的重要性，在生态系统建设的同时应关注生物多样保护重组。石灰岩类矿山治理工程需要围绕生态宜居主题，最大限度地发挥治理工程的效果。矿山地质环境治理工程在解决各类矿山地质环境问题的同时，还应使矿区的土地发挥最大的效益，例如治理为工业用地、农业用地、市政用地或公园用地等。

7.2　展望

运用植物协调堆积体土壤侵蚀与生态宜居之间的矛盾是"绿水青山就是金山银山"理念的生动体现，一方面植物是生态宜居环境的核心要素，另一方面水—植物—土体相互作用固土理念在环境岩土工程领域引起了高度关注。研究水—土—根系相互作用机理与植物根系护坡符合党的十九大报告提出的"开展国土绿化行动，推进荒漠化、石漠化、水土流失综合治理，强化湿地保护和恢复，加强土壤侵蚀防治，建设美丽中国"思想内涵，这一思想必将大力促进本领域研究取得更多进展，为未来实现国家绿色、可持续、生态宜居发展目标提供科技支撑。

本书选定宜阳县域堆积体土壤侵蚀为调查研究对象，从生态宜居视角评价其风险、做植物根系固土试验、推导植物根系固土计算模型、总结防治技术、提出设计思路，并结合研究区工程案例提出植物防治土壤侵蚀方案与建议，取得了一些有益于工程实践的结论。需要注意的是，本书所得植物根系对堆积体土体水力学特性与强度影响的结论及数据是由研究区生长年限为两年的狗牙根砂质壤土堆积体试验所得；对于植物护坡，堆积体土体肥力、良好的植物长势是形成植物护坡的重要因素，这势必潜移默化地影响着根系特征参数大小，进而改善着土体基质吸力及强度。基于以上探讨，如果把植物比作天然工程师，以下四个方面命题可能仍有做进一步研究的必要：①如何考虑根系环流对雨水入渗的影响；②如何考虑非饱和根土体孔隙气压力；③如何考虑植物生长密度对堆积体土体吸力的影响；④生态宜居视角下运用植物防治堆积体土壤侵蚀的景观规划。限于个人能力，文中欠妥之处，敬请同行不吝赐教。

参 考 文 献

［1］A. Stokes, C. Atger, A. Bengough, et al. Desirable plant root traits for protecting natural and engineered slopes against landslides［J］. Plant Soil, 2009, 324(1): 1-30.

［2］Alejandro Gonzalez-Ollauri, Slobodan B Mickovski. Plant-soil reinforcement response under different soil hydrological regimes［J］. Geoderma, 2017, 285 (3): 141-150.

［3］Andriola P, Chirico G B, De Falco M, et al. A comparison between physically-based models and a semiquantitative methodology for assessing suceptibility to flowslides triggering in pyroclastic deposits of southern Italy［J］. Geografia Fisica e Dinamica Quaternaria, 2009, 32(2): 213-226.

［4］Aravena J E, Berli M, Ghezzehei T A, et al. Effects of root-induced compaction on rhizosphere hydraulic properties-X-ray microtomography imaging and numerical simulations［J］. Environmental Science & Technology, 2011, 45(2): 425-431.

［5］Australian Geomechanies Society. Landslide Riskmanagement［J］. Australian Geomeehanics, 2007, 42(1): 13-36.

［6］Baum R L, Godt J W, Harp E L, et al. Early waring of landslides for rail traffic between Seattle and Everett, Washington. In: Hungr O, Fell R, Couture R, Eberhardt E, eds. Landslide Risk Management［M］. New York: A. A. Balkema, 2005: 12-23.

［7］Brodersen C R, Mcelrone A J, Choat B, et al. The dynamics of embolism repair in xylem: In vivo visualizations using high-resolution computed tomography［J］. Plant Physiology, 2010, 154(3): 1088-1095.

［8］Buczko U, Bens O, Huttl R F. Changes in soil water repellency in a pine-beech forest transformation chronosequence: Influence of antecedent rainfall and air temperatures［J］. Ecological Engineering, 2007, 31(3): 154-164.

［9］Butler A J, Barbier N, Cermak J, et al. Estimates and relationships between aboveground and belowground resource exchange surface areas in a Sitka spruce managed forest[J]. Tree Physiology, 2010, 30(6): 705-714.

[10] Caine N. The rainfall intensity: Duration control of shallow landslides and debris flows[J]. Geografiska Annaler. Series A. Physical Geography, 1980, 12(34): 23-27.

[11] Fan C C. A displacement-based model for estimating the shear resistance of root-permeated soils[J]. Plant Soil, 2012, 355 (1): 103-119.

[12] Van Westen C J, VanAseh T W J, Soeters R. Landslide hazard and risk zonation why is it still so difficulty [J]. Bulletion of Engineering Geology and the Environment, 2005, 65(2): 167-184.

[13] Liu C. Progressive failure mechanism in one-dimensional stability analysis of shallow slope failures[J]. Landslides, 2009, 6(2): 129-137.

[14] Chen X W, Wong J T F, NG C W W, et al. Feasibility of biochar application on a landfill final cover-a review on balancing ecology and shallow slope stability[J]. Environmental Science and Pollution Research, 2015, 23(8): 1-15.

[15] Coelho J, Pinto P, A, Silva L M. A system approach for the estimation of the effect of land consolidation projects, LCPs: A model and its application [J]. Agricultural Systems, 2001, 2(68): 179-195.

[16] Crosta G B, Frattini P. Rainfall thresholds for triggering soil slips and debris flow. In: Mugnai A, Guzzetti F, eds. Mediterranean Storms [M]. Siena: Proc. 2nd EGS Plinius Conference, 2001: 23-35

[17] Cullen W R, Wheater, et al. Establishment of species-rich vegetation on reclaimed limestone quarry faces in Derbyshire[J]. UK. Biological Conservation, 1998, 84(2): 25-33.

[18] Lin D G, Huang B S, Lin S H. 3-D numerical investigations into the shear strength of the soil-root system of makino bamboo and its effect on slope stability[J]. Ecol. Eng, 2010, 36(8): 992-1006.

[19] Danjon F, Barker D H, Drexhage M, et al. Using three-dimensional plant root architecture in models of shallow-slope stability[J]. Annals of Botany, 2008, 101 (8): 1281-1293.

[20] Eeckhaut M, Poesen J, Dusar M, et al. Sinkhole formation above underground limestone quarries: A case study in South Limburg, Belgium[J]. Geomorphology, 2007, 91(1): 19-37.

[21]Fang Hui-min, Zhang Qing-yi, Ji Chang-ying, et al. Soil shear properties as influenced by straw content: An evaluation of field-collected and laboratory-remolded soils[J]. Journal of Intergrative Agriculture, 2016, 15(12): 2848-2854.

[22]Flora, Leung T Y, Yan W M, Billy, Hau C H, et al. Root systems of native shrubs and trees in Hong Kong and their effects on enhancing slope stability[J]. Catena, 2015, 125(10): 102-110.

[23]Fourie A, Brent A C. A project-based Mine Closure Model for sustainable asset life cycle management [J]. Journal of Cleaner Production, 2006, 14(1): 1085-1095.

[24]Gallipoli D, Wheeler S J, Karstunen M. Modelling the variation of degree of saturation in a deformable unsaturated soil [J]. Geotechnique, 2003, 53(1): 105-112.

[25]Galloway J N, Townsend A R, Erisman J W, et al. Transformation of the nitrogen cycle: Recent trends questions and potential solutions[J]. Science, 2008, 320(5878): 889-892.

[26]Gardner W R. Some steady-state solutions of the unsaturated moisture flow equation with application to evaporation from a water table[J]. Soil Science, 1958, 85(4): 228-232.

[27]Garg A, Leung A K, NG C W W. Comparisons of soil suction induced by evapotranspiration and transpiration of S. heptaphylla[J]. Canadian Geotechnical Journal, 2015, 52(12): 2149-2155.

[28]Ghestem M, Sidle R C, Stokes A. The influence of plant root systems on subsurface flow: Implications for slope stability [J]. Bioscience, 2011, 61(12): 869-879.

[29]Giovanni B. Chirico, Marco Borga, Paolo Tarolli, et al. Role of vegetation on slope stability under transient unsaturated conditions[J]. Procedia Environmental Sciences, 2013, 19(2): 932-941.

[30]Guillermo Tardio, Slobodan B. Mickovski. Method for synchronization of soil and root behavior for assessment of stability of vegetated slopes[J]. Ecological Engineering, 2015, 82(3): 222-230.

[31]Guzzetti F, Peruccacci S, Rossi M, et al. Rainfall thresholds for the initiation of landslides in central and southern Europe[J]. Meteorology and Atmospheric Physics, 2007, 98(314): 239-267.

［32］Hong-Hu Zhu，Bin Shi，Jun-Fan Yan，et al. Investigation of the evolutionary process of a reinforced model slope using a fiber-optic monitoring network［J］. Engineering Geology，2015，186(12)：34-43.

［33］Rahardjo H，Indrawan I G B，Leong E C，et al. Effects of coarse-grained material on hydraulic properties and shear strength of top soil［J］. Engineering Geology，2008，101(3)：165-173.

［34］Hossain M A，Yin J H. Shear strength and dilative characteristics of an unsaturated compacted completely decomposed granite soil［J］. Canadian Geotechnical Journal，2010，47(10)：1112-1126.

［35］Indraratna B，Fatahi B，Khabbaz H. Numerical analysis of matric suction effects of tree roots［J］. Geotechnical Engineering，2006，159(2)：77-90.

［36］Jakob M，Weatherly H. A hydroclimatic threshold for landslide initiation on the North Shore Mountains of Vancouver，British Columbia［J］. Geomorphology，2003，54(23)：137-156.

［37］Jun-Fan Yan，Bin Shi，Hong-Hu Zhu，et al. A quantitative monitoring technology for seepage in slopes using DTS［J］. Engineering Geology，2015，186(12)：100-104.

［38］Kamchoom V，Leung A K，NG C W W. Effects of root geometry and transpiration on pull-out resistance［J］. Geotechnique Letters，2014，4(4)：330-336.

［39］Lu L，Wang Z J，Song M L，et al. Stability analysis of slopes with ground water during earthquakes［J］. Engineering Geology，2015，193(4)：288-296.

［40］Wu L Z，Zhou Y，Sun P，et al. Laboratory characterization of rainfall-induced loess slope failure［J］. Catena，2017，150(3)：1-8.

［41］Leung A K，Garg A，Coo J L，et al. Effects of the roots of Cynodon dactylon and Schefflera heptaphylla on water infiltration rate and soil hydraulic conductivity［J］. Hydrological Processes，2015，29(15b)：3342-3354.

［42］Leung A K，Garg A，NG C W W. Effects of plant roots on soil-water retention and induced suction in vegetated soil［J］. Engineering Geology，2015，193(a)：183-197.

［43］Leung A K，NG C W W. Analyses of groundwater flow and plant evapotranspiration in a vegetated soil slope［J］. Canadian Geotechnical Journal，2013，50(12)：1204-1218.

［44］Vna Beek LP H，Bogaard T A，Vna Ashc Th W J. Assessing the relative importance of root reinforcement and hydrology with respect to slope stabilization by eco-engineering[J]. Geophysical Research Abstracts, 2004, 605(2): 2-5.

[45]Maurel C, Verdoucq L, Luu D T, et al. Plant aquaporins: Membrane channels with multiple integrated functions[J]. Annual Review of Plant Biology, 2008, 59 (1): 595-624.

[46]Mcelrone A J, Choat B, Gambetta G A, et al. Water uptake and transport in vascular plants[J]. Nature Education Knowledge, 2013, 4(5): 6-18.

[47]Mingjing Jiang, Fuguang Zhang, Haijun Hu, et al. Structural characterization of natural loess and remolded loess under triaxial tests[J]. Engineering Geology, 2014, 181(1): 249-260.

[48]Naser A., Al-Shayea. The combined effect of clay and moisture content on the behavior of remolded unsaturated soils [J]. Engineering Geology, 2001, 62 (3): 319-342.

[49]Neri A C, Sinchez L E. A procedure to evaluate environmental rehabilitation in limestone quarries[J]. Journal of Environmental Management, 2010, 9(1): 2225-2237.

[50]N. R. Duckett. Development of Improved Predictive Tools for Mechanical Soil-Root Interaction Ph[D]. University of Dundee, College of Art Science and Engineering, School of Engineering and Physical Sciences, Department of Civil Engineering, 2014.

[51]NG C W W, Garg A, Leung A K, et al. Relationships between leaf and root area indices and soil suction induced during drying-wetting cycles[J]. Ecological Engineering, 2016, 91(b): 113-118.

[52]NG C W W, Leung A K, Woon K X. Effects of soil density on grass-induced suction distributions in compacted soil subjected to rainfall[J]. Canadian Geotechnical Journal, 2014, 51(3a): 311-321.

[53]NG C W W, Leung A K. Measurements of drying and wetting permeability functions using a new stress-controllable soil column[J]. Journal of Geotechnical and Geoenvironmental Engineering, ASCE, 2012, 138(1): 58-68.

[54]NG C W W, Liu H W, Feng S. Analytical solutions for calculating pore-water pressure in an infinite unsaturated slope with different root architectures[J]. Canadian Geotechnical Journal, 2015, 52(12): 4-40.

[55]NG C W W, NI J J, Leung A K, et al. A new and simple water retention model for root-permeated soils[J]. Geotechnique Letters, 2016, 6(1): 106-111.

[56]NG C W W, NI J J, Leung A K, et al. Effects of planting density on tree

growth and induced soil suction[J]. Geotechnique, 2016, 66(9): 711-724.

[57]NG C W W, Woon K X, Leung A K, et al. Experimental investigation of in-duced suction distributions in a grass-covered soil[J]. Ecological Engineering, 2013, 52(1): 219-223.

[58]Ning Lu. Is matric suction a stress variable[J]. Journal of Geotechnical and Geoenvironmental Engineering, 2008, 134(7): 899-905.

[59]Normaniza Osman, S. S. Barakbah. Parameters to predict slope stability-soil water and root profiles[J]. Ecological Engineering, 2006, 28(1): 90-95.

[60]Nyambayo V P, Potts D M. Numerical simulation of evapotranspiration using a root water uptake model[J]. Computers and Geotechnics, 2010, 37(1): 175-186.

[61]Prakash K J, Suresh N, GoPinathan M C, et al. Suitability of rhizobia-in-oeulated wild legumes Argyrolobium flaeeidum, Astragalus graveolens, Indigofera gange-tiea and LesPede2a stenoearpa in Providing a vegetational cover in an unreclaimed lime-stone quarry[J]. Plant and Soil, 1995, 177(1): 139-149.

[62]Pollen-Bankhead N, Simon A. Hydrologic and hydraulic effects of riparian root networks on streambank stability: Is mechanical root-reinforcement the whole story[J]. Geo-morphology, 2010, 116(3/4): 353-362.

[63]Preti F, Dani A, Laio F. Root profile assessment by means of hydrological pedological and above-ground vegetation information for bio-engineering purposes[J]. Ecol Eng, 2010, 36(2): 305-316.

[64]Rees S W, Ali N. Tree induced soil suction and slope stability[J]. Geome-chanics and Geoengineering, 2012, 7(2): 103-113.

[65]Reid C, Becaert V, Aubertin M, et al. Life cycle assessment of mine tailings management in Canada[J]. Journal of Cleaner Production, 2009, 17(3): 471-479.

[66]Resat Ulusay, Mehmet Ekmekci, Ergun Tuncay, et al. Improvement of slope stability based on integrated geotechnical evaluations and hydrogeological conceptualization at a lignite open pit[J]. Engineering Geology, 2014, 181(1): 261-280.

[67]Romano N, Palladino M, Chirico G B. Parameterization of a bucket model for soil-vegetation-atmosphere modeling under seasonal climatic regimes[J]. Hydrol Earth Syst Sci, 2011, 15(1): 3877-3893.

[68]Rong-jian Li, Jun-ding Liu, Rui Yan, et al. Characteristics of structural loess strength and preliminary framework for joint strength formula[J]. Water Science and Engineering, 2014, 7(3): 319-330.

[69] S. B. Mickovski, A. Stokes, L. P. H. van Beek, et al. Simulation of direct shear tests on rooted and non-rooted soil using finite element analysis[J]. Ecol Eng, 2011, 37(10): 1523-1532.

[70] Saha S, Strazisar T M, Menges E S, et al. Linking the patterns in soil moisture to leaf water potential stomatal conductance growth and mortality of dominant shrubs in the Florida scrub ecosystem[J]. Plant and Soil, 2008, 313(1): 113-127.

[71] Schwarz M, Preti F, Giadrossich F, et al. Quantifying the role of vegetation in slope stability: A case study in Tuscany (Italy)[J]. Ecol Eng, 2010, 36(1): 285-291.

[72] Segal E, Kushnir T, Mualem Y, et al. Water uptake and hydraulics of the root hair rhizosphere[J]. Vadose Zone Journal, 2008, 7(3): 1027-1034.

[73] Shuhao Tan, et al. Land fragmentation and its driving forces in China[J]. Land Use Policy, 2006, 23(3): 272-285.

[74] Sonnenberg R, Bransby M F, Bengough A G, et al. Centrifuge modelling of soil slopes containing model plant roots[J]. Canadian Geotechnical Journal, 2011, 49(1): 1-17.

[75] Sonnenberg R, Bransby M F, Hallett P D, et al. Centrifuge modelling of soil slopes reinforced with vegetation[J]. Canadian Geotechnical Journal, 2010, 47(12): 1415-1430.

[76] Stuart Mead, Christina Magill, James Hilton. Rain-triggered lahar susceptibility using a shallow landslide and surface erosion model[J]. Geomorphology, 2016, 273(9): 168-177.

[77] Tatizana C, Ogura M, Rocha M, et al. Analise decorrelacao entre chuvas eescorregamentos, Serra do Mar, Municipio de Cubatao[J]. Geol Eng San Paolo, 1987, 11(10): 12-25.

[78] Taylor N G. Cellulose biosynthesis and deposition in higher plants[J]. New Phytologist, 2008, 178(2): 239-252.

[79] Tony L. T. Zhan, G. W. Jia, Y.-M. Chen, et al. An analytical solution for rainfall infiltration into an unsaturated infinite slope and its application to slope stability analysis[J]. International Journal For Numerical And Analytical Methods In Geomechanics, 2013, 37(1): 1737-1760.

[80] Wheeler T D, Stroock A D. The transpiration of water at negative pressures in a synthetic tree[J]. Nature, 2008, 455(7210): 208-212.

［81］White P J, Brown P H. Plant nutrition for sustainable development and global health［J］. Annals of Botany, 2010, 105(7): 1073-1080.

［82］Wong C C, Wu S C, Kuek C, et al. The role of mycorrhizae associated with vetiver grown in Pb-Zn-contaminated soils: greenhouse study［J］. Restoration Ecology, 2007, 15(10): 60-67.

［83］Wong J T F, Chen Z K, NG C W W, et al. Gas permeability of biochar-amended clay: Potential alternative landfill final cover material［J］. Environmental Science and Pollution Research, 2015, 23(8): 7126-7131.

［84］Wu T H, Mickinnell III W P, Swanston D N. Strength of tree-roots and landslides on Prince of Wales Island, Alaska［J］. Canadian Geotechnical Journal, 1979, 16(1): 19-33.

［85］Xiao Jin Jiang, Wenjie Liu, Enheng Wang, et al. Residual plastic mulch fragments effects on soil physical properties and water flow behavior in the Minqin Oasis, northwestern China［J］. Soil & Tillage Research, 2017, 166(1): 100-107.

［86］Xi Chen, Yongkang Wu, Yuzhen Yu, et al. A two-grid search scheme for large-scale 3-D finite element analyses of slope stability［J］. Computers and Geotechnics, 2014, 62(2): 203-215.

［87］X. S. Shi, I. Herle. Modeling the compression behavior of remolded clay mixtures［J］. Computers and Geotechnics, 2016, 80(2): 215-225.

［88］Yinghao Huang, Wei Zhu, Xuede Qian, et al. Change of mechanical behavior between solidified and remolded solidified dredged materials［J］. Engineering Geology, 2011, 119(3): 112-119.

［89］Yong-Le Chen, Zhi-Shan Zhang, Lei Huang, et al. Co-variation of fine-root distribution with vegetation and soil properties along a revegetation chronosequence in a desert area in northwestern China［J］. 2017, 151(3): 16-25.

［90］Yu-peng CAO, Xue-song Wang, Long DU, et al. A method of determining nonlinear large strain consolidation parameters of dredged clays［J］. Water Science and Engineering, 2014, 7(2): 218-226.

［91］Yuze Wang, Yunmin Chen, Haijian Xie, et al. Lead adsorption and transport in loess-amended soil-bentonite cut-off wall［J］. Engineering Geology, 2016, 215 (5): 69-80.

［92］Zhan L T, NG C WW, Fredlund D G. Field study of rainfall in filtration into a grassed unsaturated expansive soil slope［J］. Canadian Geotechnical Journal, 2007, 44

（4）：392-408.

[93]Zhan T L, Jia G W, Chen Y M, et al. An analytical solution for rainfall infiltration into an unsaturated infinite slope and its application to slope stability analysis[J]. International Journal for Numerical and Analytical Methods in Geomechanics, 2013, 37（12）：1737-1760.

[94]Zhu H, Zhang L M. Evaluating suction profile in a vegetated slope considering uncertainty in transpiration[J]. Computers and Geotechnics, 2015, 63（1）：112-120.

[95]白涛, 石章胜, 杨旭, 等. 采矿废弃地堆积体绿化技术规范[J]. 湖北林业科技, 2020, 49（1）：86-90.

[96]白中科. 工矿区土地复垦与生态安全[R]. 北京：国土资源部土地整治重点实验室, 2014.

[97]毕港. 岩土堆积体的基底应力研究[D]. 南京：南京大学, 2012.

[98]蔡瑞卿. 降雨条件下浅层堆积体稳定性分析[J]. 铁道勘察, 2016, 56（3）：56-58.

[99]常金源, 包含, 伍法权, 等. 降雨条件下浅层滑坡稳定性探讨[J]. 岩土力学, 2015, 36（4）：995-1001.

[100]陈昌富, 刘怀星, 李亚平. 草根加筋土的室内三轴试验研究[J]. 岩土力学, 2007, 28（10）：2041-2045.

[101]陈昌富, 彭钊, 刘怀星. 基于 BP 神经网络的草根加筋土本构模型[J]. 水土保持通报, 2008, 28（3）：93-96.

[102]陈春晖, 晏鄂川. 植物根系对土体抗剪强度影响的研究[J]. 地质科技情报, 2012, 31（4）：123-126.

[103]陈洪凯, 吴帆. 基于植物固土机理的植物优化配置方案研究[J]. 公路, 2015, 7（7）：264-268.

[104]陈晋龙. 覆盖层中植物—土—水相互作用的现场试验研究 [D]. 哈尔滨：哈尔滨工业大学, 2015.

[105]陈终达. 狗牙根含根土体强度特性试验研究[D]. 株洲：中南林业科技大学, 2016.

[106]程鹏. 干湿循环作用下草本植物对堆积体稳定性的影响[D]. 哈尔滨：哈尔滨工业大学, 2016.

[107]程鹏, 李锦辉, 宋磊. 生态工程堆积体的水力和力学特性分析：试验研究[J]. 岩土工程学报, 2016, 1（1）：1-8.

[108]戴准, 时红莲, 方堃, 等. 一种新型防沉降仪在直剪试验中的应用[J].

长江科学院院报，2017，34（1）：151-154.

［109］崔悦．常春油麻藤在广西高速公路岩质堆积体生态修复中的应用探讨——以岑溪至水汶高速公路为例［D］．南宁：广西大学，2018.

［110］邓华锋，原先凡，李建林，等．土石混合体直剪试验的破坏特征及抗剪强度取值方法研究［J］．岩石力学与工程学报，2013，32（增2）：4065-4072.

［111］丁金华．膨胀土堆积体浅层失稳机理及土工格栅加固处理研究［D］．杭州：浙江大学，2014.

［112］丁秀美．西南地区复杂环境下典型堆积体斜坡变形及稳定性研究［D］．成都：成都理工大学，2005.

［113］丁自伟，钱坤．基于原位直剪试验的岩土体力学特性研究［J］．西安科技大学学报，2017，37（1）：32-37.

［114］豆红强．降雨入渗—重分布下土质堆积体稳定性研究［D］．杭州：浙江大学，2015.

［115］杜振东．生态护坡中植物根系与均质土相互物理作用机理研究［D］．武汉：武汉理工大学，2010.

［116］范秋雁，黄海龙，王明晓．考虑降雨入渗条件下膨胀性泥岩堆积体稳定性研究［J］．四川大学学报（工程科学版），2007，39（增刊）：186-191.

［117］冯刚．复杂堆积体变形失稳分析及其稳定性综合评价［D］．天津：天津大学，2011.

［118］冯国建，朱维伟．草本植物根系对堆积体浅层稳定性影响研究［J］．草原与草坪，2015，35（4）：23-26.

［119］傅鹤林，李昌友，郭峰，等．滑坡触发因素及其影响的原位试验［J］．中南大学学报（自然科学版），2009，40（3）：781-785.

［120］甘建军．汶川地震区大型堆积体变形破坏模式及稳定性研究［D］．成都：成都理工大学，2014.

［121］高朝侠．黄土区土体大孔隙流试验研究［D］．北京：中国科学院大学，2014.

［122］格日乐，张成福，蒙仲举，等．3种植物根—土复合体抗剪特性对比分析［J］．水土保持学报，2014，28（2）：85-90.

［123］郭付三，袁巧红，殷坤龙，等．矿山小流域地质环境灾害链及系统治理技术研究——以豫西小秦岭地区金矿开采为例［J］．金属矿山，2010（4）：146-158.

［124］郭新华，郭文秀，田小玉．基于矿山工程特点的土壤侵蚀危险性评

估——以河南某石灰岩矿山为例[J].中国土壤侵蚀与防治学报，2006，1(1)：113-118.

[125]郭颖.高纬度冻土区土质路堑堆积体冻融失稳机理及植物护坡研究[D].哈尔滨：东北林业大学，2013.

[126]韩金明，肖明.考虑降雨特征的浅层堆积体稳定性分析[J].中国城乡水利水电，2011，11(5)：105-112.

[127]韩同春，黄福明.双层结构土质堆积体降雨入渗过程及稳定性分析[J].浙江大学学报(工学版)，2012，46(1)：39-45.

[128]韩同春，马世国，徐日庆.强降雨条件下气压对滑坡延时效应研究.岩土力学，2013，5(34)：1360-1366.

[129]何芳，徐友宁，乔冈，等.中国矿山环境地质问题区域分布特征[J].中国地质，2010，37(5)：1520-1529.

[130]河南省岩土工程有限公司.1：20万洛阳幅、临汝幅区域水文地质普查报告[R].2009.

[131]河南省岩土工程有限公司.河南省宜阳县地质灾害调查与区划报告(1：10万)[R].2014.

[132]河南省岩土工程有限公司.宜阳县地质灾害防治规划(2011—2020年)[R].2011.

[133]河南省岩土工程有限公司.宜阳县白杨镇恒达石灰岩矿土地复垦方案报告书[R].2014.

[134]河南省岩土工程有限公司.河南省宜阳县1：5万地质灾害详细调查报告[R].2015.

[135]河南省岩土工程有限公司.河南省宜阳县1：5万地质灾害详细调查设计书[R].2014.

[136]何玉琼.植物发育斜坡的稳定性研究[D].昆明：昆明理工大学，2013.

[137]侯恒军，薛凯喜，胡艳香，等.橡胶粉改良非饱和黏土体直剪试验研究[J].科学技术与工程，2017，17(3)：293-297.

[138]侯佳渝.汉源唐家铅锌矿周边农田土壤重金属元素的环境地球化学研究与环境评价[D].成都：成都理工大学，2006.

[139]侯龙.非饱和土孔隙水作用机理及其在堆积体稳定分析中的应用研究[D].重庆：重庆大学，2012.

[140]黄敬军.废弃采石场岩质堆积体绿化技术及废弃地开发利用探讨[J].

中国土壤侵蚀与防治学报，2006，17(3)：69-72.

[141]黄涛，罗喜元，邬强，等．地表水入渗环境下堆积体稳定性的模型试验研究[J].岩石力学与工程学报，2004，23(16)：2671-2675.

[142]惠振德．秦岭大巴山地区山地灾害及减灾对策[J].自然灾害学报，1994(7)：30-36.

[143]胡其志，周政，肖本林，等．生态护坡中土体含根量与抗剪强度关系试验研究[J].土工基础，2010，24(5)：85-87.

[144]蒋必凤，王海飙，李淑敏．草本植物根系对土体加筋的效应[J].东北林业大学学报，2017，45(7)：51-68.

[145]姜建军，刘建伟，张进德，等．我国矿产资源开发的环境问题及对策探析[J].国土资源情报，2005，12(8)：22-26.

[146]姜伟，顾卫，江源，等．草灌植物浅细根系固土的三轴试验研究[J].公路交通科技应用技术版，2007，1(3)：40-44.

[147]嵇晓雷．基于植物根系分布形态的生态工程堆积体稳定性研究[D].南京：南京林业大学，2013.

[148]嵇晓雷，杨平．夹竹桃根系分枝角度对堆积体稳定性影响[J].生态环境学报，2012，21(12)：1966-1970.

[149]简文星，蒋毅．基于指数型的浅层滑坡非积水降雨入渗模型研究[J].安全与环境工程，2017，24(1)：22-32.

[150]孔令伟，陈正汉．特殊土与堆积体技术发展综述[J].土木工程学报，2012，45(5)：141-161.

[151]连继峰，罗强，蒋良潍，等．矩形骨架防护路基堆积体浅层稳定性及优化设计[J].岩土工程学报，2016，38(增刊2)：228-233.

[152]连继峰，罗强，蒋良潍，等．顺坡渗流条件下土质堆积体浅层稳定分析[J].岩土工程学报，2015，37(8)：1440-1448..

[153]李海英，顾尚义，吴志强．矿山废弃土地复垦技术研究进展[J].矿业工程，2007，5(2)：43-46.

[154]李广信，张丙印，于玉贞．土力学(第二版)[M].北京：清华大学出版社，2013.

[155]李焕强，孙红月，孙新民，等．降雨入渗对堆积体性状影响的模型实验研究[J].岩土工程学报，2009，31(4)：589-594.

[156]李辉，桂勇，罗嗣海，等．生态工程堆积体稳定性模型试验研究综述[J].有色金属科学与工程，2013，4(2)：66-74.

[157]李家春，田伟平．黄土路堤坡顶及土路肩暴雨冲蚀破坏机理试验[J]．长安大学学报（自然科学版），2004，24(2)：27-29.

[158]李明，张嘎，胡耘，等．堆积体开挖破坏过程的离心模型试验研究[J]．岩土工程学报，2010，31(2)：366-370.

[159]林鸿州，于玉贞，李广信，等．降雨特性对土质堆积体失稳的影响[J]．岩石力学与工程学报，2009，28(1)：198-204.

[160]李宁，许建聪，钦亚洲．降雨诱发浅层滑坡稳定性的计算模型研究[J]．岩土力学，2012，33(5)：1485-1490.

[161]李文广．考虑降雨入渗影响的非饱和土堆积体突变失稳的研究[D]．西安：西安建筑科技大学，2004.

[162]李永辉，浦少云．渗流对岩堆公路堆积体稳定性影响分析[J]．水利科技与经济，2017，23(2)：10-16.

[163]李珍玉，王丽锋，肖宏彬，等．狗牙根根系在公路堆积体土体中的分布特征[J]．应用基础与工程科学学报，2017，25(1)：102-112.

[164]刘昌义，胡夏嵩，赵玉娇，等．寒旱环境草本与灌木植物单根拉伸试验强度特征研究[J]．工程地质学报，2017，25(1)：1-10.

[165]刘果果．川东红层地区降雨诱发浅层土质滑坡试验及数值研究[D]．成都：成都理工大学，2016.

[166]刘凤梅．美丽乡村设计中的宜居性研究[D]．北京：北京交通大学，2020.

[167]刘世波．降雨入渗条件下红黏土堆积体稳定性研究[D]．青岛：青岛理工大学，2014.

[168]刘小燕．根系土的工程性状研究及其在生态工程堆积体稳定分析中的应用[D]．赣州：江西理工大学，2014.

[169]刘小燕，桂勇，罗嗣海，等．植物根系固土护坡抗剪强度试验研究[J]．江西理工大学学报，2013，34(3)：32-37.

[170]刘兴宁，石崇．堆积体直剪试验颗粒流细观数值模拟研究[J]．科学技术与工程，2014，14(36)：108-115.

[171]刘引鸽，葛永刚，周旗．秦岭以南地区降水量变化及其灾害效应研究[J]．干旱区地理，2008(1)：50-55.

[172]龙辉，秦四清，万志清．降雨触发滑坡的尖点突变模型[J]．岩石力学与工程学报，2002，21(4)：502-508.

[173]卢坤林，朱大勇，杨扬．堆积体失稳过程模型试验研究[J]．岩土力学，

2012，33（3）：778-782.

［174］芦建国，于冬梅．高速公路堆积体生态防护研究综述［J］．中外公路，2008，28（5）：29-32.

［175］罗清井．树根固坡对高填路堤稳定性作用机理研究［D］．重庆：重庆交通大学，2015.

［176］罗先启，刘德富，吴剑，等．雨水及库水作用下滑坡模型试验研究［J］．岩石力学与工程学报，2005，24（14）：2476-2483.

［177］毛伶俐，章光，焦文宇，等．马尼拉草根系力学特性初步分析［J］．科学与研究科协论坛，2007，1（7）：36-37.

［178］马强，邢文文，李丽华，等．竹条加筋土的大尺寸直剪试验研究［J］．长江科学院院报，2017，34（2）：69-74.

［179］马世国．强降雨条件下基于 Green-Ampt 入渗模型的无限堆积体稳定性研究［D］．杭州：浙江大学，2014.

［180］麻土华，李长江，孙乐玲，等．浙江地区引发滑坡的降雨强度—历时关系［J］．中国土壤侵蚀与防治学报，2011，22（2）：20-25.

［181］马宗晋，陈玉琼．灾害与社会［M］．北京：地质出版社，1990.

［182］美国材料与试验协会．ASTM D3385—2009. 用双环渗透仪现场测定土体渗透率的试验方法［Z］．美国：D18.04，2009-01-01.

［183］彭旭东．生产建设项目堆积体土体侵蚀过程［D］．重庆：西南大学，2015.

［184］卜宗举．植物根系浅层加筋作用对堆积体稳定性的影响［J］．北京交通大学学报，2016，40（3）：55-60.

［185］乔领新．高速公路岩质堆积体植被恢复初期植被和土壤研究［D］．兰州：甘肃农业大学，2010.

［186］齐丹．土石混合介质堆积体力学特性的试验研究［D］．郑州：华北水利水电大学，2016.

［187］戚国庆．降雨诱发滑坡机理及其评价方法研究——非饱和土力学理论在降雨型滑坡研究中的应用［D］．成都：成都理工大学，2004.

［188］全国地震标准化技术委员会（GB 18306—2001），中国地震动参数区划图［M］．北京：中国标准出版社，2015.

［189］单炜，郭颖，刘红军，等．土体含水率和相对密实度变化与植物根系固坡效果［J］．东北林业大学学报，2012，40（12）：111-113.

［190］沈辉，罗先启，李显平．碎石土斜坡优先流渗流特征试验［J］．水利水

电科技进展，2012，32（2）：57-61.

　　[191]沈水进，孙红月，尚岳全，等．降雨作用下路堤堆积体的冲刷—渗透耦合分析[J]．岩石力学与工程学报，2011，30（12）：2456-2462.

　　[192]盛丰，张利勇，王康．土体大孔隙发育特征对水和溶质输移的影响[J]．土体，2015，47（5）：1007-1013.

　　[193]史炜．山谷型城乡固体废弃物填埋场堆体稳定关键技术应用研究[D]．西安：西安理工大学，2013.

　　[194]石晓春，李成钢，徐峰，等．浅层堆积降雨诱发滑坡监测试验研究[J]．测绘，2013，36（1）：45-48.

　　[195]宋法龙．以基材—植被系统为基础的生态护坡技术研究[D]．合肥：安徽农业大学，2009.

　　[196]宋相兵．中小河流草皮护坡土的渗透特性研究[D]．南昌：南昌工程学院，2014.

　　[197]宋云．植物固土堆积体稳定基本原理的研究以及固坡植物的选择设计[D]．长沙：中南林学院，2005.

　　[198]苏强，万力，文宝萍，等．山地灾害对铜川社会经济的主要影响分析及防治对策[J]．辽宁工程技术大学学报，2005（24）：247-249.

　　[199]汤明高，许强，李九乾，等．降雨诱发震后松散堆积滑坡的启动试验研究[J]．水文地质工程地质，2016，43（4）：128-140.

　　[200]唐朝晖，柴波，罗超，等．矿山地质环境治理工程设计思路探讨——以广西凤山县石灰岩矿山为例[J]．水文地质工程地质，2013，1（2）：34-39.

　　[201]唐朝晖．石灰岩矿山地质环境风险分析与管理研究——以凤山石灰岩矿山为例[D]．武汉：中国地质大学（武汉）工程学院，2013.

　　[202]唐正光．降雨入渗影响因素与滑坡的研究[D]．昆明：昆明理工大学，2013.

　　[203]田涛．北京典型堆积体立地条件类型划分研究[D]．北京：北京林业大学，2011.

　　[204]王福恒，李家春，田伟平．黄土堆积体降雨入渗规律试验[J]．长安大学学报（自然科学版），2009，29（4）：20-24.

　　[205]王华．植物护坡根系固土及坡面侵蚀机理研究[D]．成都：西南交通大学，2010.

　　[206]王剑锋，于树峰．浅谈堆积体保护体系绿化工程技术[J]．河北林业科技，2012，8（4）：50-51.

［207］王亮．生态工程堆积体客土稳定性研究［D］．青岛：中国海洋大学，2006．

［208］王维早，许强，郑海君．特大暴雨诱发平缓浅层滑坡堆积土饱和与非饱和水力学参数试验研究：以王正垮滑坡为例［J］．地质科技情报，2017，36（1）：202-207．

［209］王秀菊．土石堆积体介质力学特性缩尺试验研究［J］．三峡大学学报（自然科学版），2016，38（6）：35-41．

［210］王元战，刘旭菲，张智凯，等．含根量对原状与重塑草根加筋土强度影响的试验研究［J］．岩土工程学报，2015，37（8）：1405-1410．

［211］王志泰，包玉，李毅．石灰岩堆积体植被建植两周年群落特征与土壤养分动态［J］．草业学报，2012，：34-42．

［212］王自高．西南地区深切河谷大型堆积体工程地质研究［D］．成都：成都理工大学，2015．

［213］文宝萍．浅议山地灾害对我国社会经济的主要影响及相应的承受能力［J］．中国土壤侵蚀与防治学报，1994（5）：5-10．

［214］温智，俞祁浩，马巍，等．青藏粉土—玻璃钢接触面力学特性直剪试验研究［J］．岩土力学，2013，34（增刊2）：45-50．

［215］巫锡勇，梁毅，李树鼎．降雨对绿化堆积体客土稳定性的影响［J］．西南交通大学学报，2005，40（3）：322-325．

［216］吴宏伟．大气—植物—土体相互作用：理论与机理［J］．岩土工程学报，2017，39（1）：1-47．

［217］吴琳琳．义马市矿山废弃地生态恢复探究［D］．郑州：河南农业大学，2009．

［218］肖立平，杨成斌，马俊超，等．岩质堆积体绿化防护技术研究［J］．建造技术，2017，31（5）：692-693．

［219］解河海，冯杰，冯青，等．考虑大孔隙的土体入渗模型［J］．水利水电科技进展，2011，31（5）：35-39．

［220］刑会文，刘静，王林和，等．柠条、沙柳根与土及土与土界面摩擦特性［J］．摩擦学学报，2010，30（1）：87-91．

［221］薛方．根—土相互作用及植物防护堆积体浅层稳定性分析［D］．成都：西南交通大学，2010．

［222］许建聪．碎石土滑坡变形解体破坏机理及稳定性研究［D］．杭州：浙江大学，2005．

[223]许建聪，尚岳全，郑束宁，等．强降雨作用下浅层滑坡尖点突变模型研究[J]．浙江大学学报(工学版)，2005，39(11)：1675-1679.

[224]徐友宁．矿山地质环境调查研究现状及展望[J]．地质通报，2008，27(8)：1235-1244.

[225]徐友中．矿山环境地质与地质环境[J]．两北地质，2005，38(4)：108-112.

[226]徐宗恒．植物发育斜坡非饱和带土体大孔隙研究[D]．昆明：昆明理工大学，2014.

[227]徐宗恒，徐则民，王志良．格子 Boltzmann 方法在斜坡非饱和带土体大孔隙流研究中的应用[J]．岩土工程学报，2017，39(1)：178-184.

[228]杨惠林．黄土地区路基堆积体生态防护技术研究[D]．西安：长安大学，2006.

[229]杨泓．甘肃省高等级公路绿地植被恢复技术[D]．兰州：兰州大学，2011.

[230]杨亚川，莫永京，王芝芳，等．土体—草本植物根系复合体抗水蚀强度与抗剪强度的试验研究[J]．中国农业大学学报，1996，1(2)：31-38.

[231]杨永红，刘淑珍，王成华．土体含水量和植物对浅层滑坡土体抗剪强度的影响[J]．灾害学，2006，21(2)：50-54.

[232]杨有海，夏琼．降雨对黄土路堤堆积体浅层稳定性影响的研究[J]．兰州交通大学学报(自然科学版)，2004，23(3)：98-101.

[233]姚环，沈骅，李颢，等．狗牙根固土护坡工程特性初步研究[J]．中国土壤侵蚀与防治学报，2007，18(2)：63-68.

[234]姚喜军．四种植物根系提高土体抗剪强度有效性研究[D]．呼和浩特：内蒙古农业大学，2009.

[235]姚喜军，王林和，刘静，等．3 种植物单根对土体残余抗剪强度影响的试验研究[J]．干旱区资源与环境，2015，29(2)：110-114.

[236]殷坤龙，张桂荣，陈丽霞，等．滑坡灾害风险分析[M]．北京：科学出版社，2012.

[237]余凯，姚鑫，张永双，等．基于面积和应力修正的直剪试验数据分析[J]．岩石力学与工程学报，2014，33(1)：118-124.

[238]余凯，赵传燕，荐圣淇，等．黄土丘陵区典型植物种群下土体大孔隙特征及其影响因素研究[J]．干旱区资源与环境，2013，27(6)：67-74.

[239]于士程．天花板水电站库区田坝村堆积体变形机理研究及稳定性评价

［D］．北京：中国地质大学，2015．

［240］曾强．植物发育斜坡非饱和带优先流及根—土环隙流研究［D］．昆明：昆明理工大学，2016．

［241］翟文光，罗爱道，闫宗岭．基于生态防护的公路堆积体景观提升技术浅析［J］．公路交通技术，2016，32（1）：134-139．

［242］张飞，陈静曦，陈向波．堆积体生态防护中表层含根系土抗剪试验研究［J］．土工基础，2005，19（3）：25-27．

［243］张锋，凌贤长，吴李泉，等．植物须根护坡力学效应的三轴试验研究［J］．岩石力学与工程学报，2010，29（增刊2）：3979-3985．

［244］张家明．植物发育斜坡非饱和带土体大孔隙对降雨入渗影响研究［D］．昆明：昆明理工大学，2013．

［245］张家明，徐则民．马卡山不同植物群落下非饱和带大孔隙流路径失踪试验［J］．吉林大学学报（地球科学版），2013，43（6）：1922-1935．

［246］张进德，张德强，田磊．全国矿山地质环境调查与综合评估技术方法探讨［J］．地质通报，2007，26（2）：136-140．

［247］张久龙，孟繁贺，杨虎锋，等．降雨条件下某堆积体饱和—非饱和渗流及稳定性分析［J］．安全与环境工程，2012，19（1）：4-19．

［248］张磊，王嘉学，刘保强，等．喀斯特山原红壤退化过程中土体表层团聚体变化规律［J］．山地学报，2015，33（1）：8-15．

［249］张敏江，郭尧，张丽萍，等．直剪试验中对土抗剪强度的一种修正方法［J］．沈阳建筑大学学报（自然科学版），2005，21（2）：96-98．

［250］张少妮．林草植物恢复年限对土体入渗过程的影响［D］．咸阳：西北农林科技大学，2015．

［251］张少妮，徐学选，高朝侠，等．大孔隙扭曲度对土体水分入渗的影响［J］．水土保持通报，2015，35（4）：24-28．

［252］张伟伟，江朝华，程星，等．草本植物根系对黄河故道区非饱和土特性的影响［J］．水利水电科技进展，2017，37（1）：73-78．

［253］张永杰，王桂尧，王玲，等．路堑堆积体植物防护固土效果室内外试验［J］．长沙理工大学学报（自然科学版），2012，9（3）：9-14．

［254］赵冰琴，夏振尧，许文年，等．工程扰动区堆积体生态修复技术研究综述［J］．水利水电技术，2017，48（2）：130-137．

［255］赵娇娜．长武塬区不同土地利用类型土体大孔隙流研究［D］．北京：中国科学院研究生院，2012．

[256]郑志均，施振东．考虑植物因素的生态工程堆积体浅层稳定性分析[J]．城乡道桥与防洪，2014，7(7)：105-107.

[257]郑重，赵云胜，刘能铸，等．强降雨条件下浅层滑坡失稳的尖点突变机理[J]．湖南科技大学学报(自然科学版)，2012，27(1)：63-67.

[258]中华人民共和国建设部．土工试验方法标准(GB/T 50123—1999)[M]．北京：中国建筑工业出版社，2013.

[259]周云艳．植物根系固土机理与护坡技术研究[D]．北京：中国地质大学，2010.

[260]周正军，许文年，夏振尧，等．植物根系对土质堆积体浅层稳定性影响分析[J]．人民长江，2011，42(7)：82-85.

[261]朱小利．图像处理技术在护坡植物根系监测中的应用研究[D]．哈尔滨：东北林业大学，2009.

[262]左自波．降雨诱发堆积体滑坡室内模型试验研究[D]．上海：上海交通大学，2013.